北部湾盆地涠西南凹陷页岩油形成条件及富集规律

徐长贵　范彩伟　著

科学出版社

北京

内 容 简 介

本书重点介绍涠西南凹陷页岩油形成条件和富集规律研究所取得的四方面成果：提出"三端元、四大类、十二亚类"页岩岩相划分方案，筛选出不同类型页岩中的优质岩相；建立页岩油储层微观孔喉全尺度表征技术，明确流沙港组页岩储层评价关键参数，优选出储集甜点段和甜点区；构建海上页岩油资源量分级评价标准，对涠西南页岩油进行资源量分级分类评价；发展出海上页岩油超甜点（体）概念，建立起具中国海域特色的页岩油富集超甜点（体）综合评价体系。

本书适合从事页岩油（气）研究及相关沉积矿产勘查与开发的同行参阅，也可供相关专业大专院校师生阅读参考。

审图号：GS 京（2025）0353 号

图书在版编目（CIP）数据

北部湾盆地涠西南凹陷页岩油形成条件及富集规律 / 徐长贵，范彩伟著. -- 北京 ：科学出版社，2025.4. -- ISBN 978-7-03-080813-4

Ⅰ. P618.130.2

中国国家版本馆 CIP 数据核字第 2024X7R438 号

责任编辑：焦　健 / 责任校对：何艳萍
责任印制：赵　博 / 封面设计：无极书装

科 学 出 版 社 出版
北京东黄城根北街 16 号
邮政编码：100717
http://www.sciencep.com
北京中科印刷有限公司印刷
科学出版社发行　各地新华书店经销
*
2025 年 4 月第 一 版　　开本：787×1092　1/16
2025 年 9 月第二次印刷　　印张：18 1/4
字数：430 000
定价：248.00 元
（如有印装质量问题，我社负责调换）

前　　言

页岩油是中国油气增储上产的战略接替资源，加快页岩油勘探开发不仅关系到国家能源安全，还是推动能源生产和消费革命的重要力量。中国页岩油资源丰富，根据自然资源部的估算，中国可采资源潜力为 $34.98×10^8t$，但中国页岩油储层以陆相湖盆泥页岩为主，具有非均质性强、累计厚度大、分布面积小、热演化程度相对较低、有机质类型多样等特点，增加了勘探和开发的难度。

涠西南凹陷位于北部湾盆地北部拗陷带，面积约 $3800km^2$，是目前北部湾盆地勘探程度较高、油气显示最丰富的凹陷，也是北部湾盆地目前唯一的油气产区，经过 40 多年的勘探，探明原油地质储量约 $4×10^8m^3$，探明率已达 37.8%，主产区探明率更是高达 56%，整体勘探程度较高，成熟区潜力勘探目标呈现"碎、小、难"的局面，单井探明储量逐年下降，近十年来平均单井探明储量从近 $300×10^4m^3$ 降至目前不足 $50×10^4m^3$。为了实现老油区增储稳产，页岩油成为本区新领域勘探的重点拓展方向之一。2022 年 5 月部署的我国海上首口页岩油探井——WY-1 井压裂测试成功并获商业油流，日产原油 $20m^3$，标志着我国海上页岩油勘探取得重大突破，展示了该领域广阔的勘探前景。然而，由于该地区页岩油勘探工作刚刚起步，有关富含薄砂层的页岩沉积环境、岩相划分、页岩油储集空间、可动性评价及超甜点预测等诸多问题亟待解决。

基于以上，本书以涠西南凹陷始新世流沙港组流三上亚段—流二下亚段作为重点研究对象，着重对高频层序地层搁架建立、岩相划分、储层特征、可动性评价、甜点预测开展了针对性研究。建立了 405ka 为周期的等时格架，提出"三端元、四大类、十二亚类"页岩岩相划分方案，筛选出含长英黏土质页岩等四类优势岩相，构建了页岩储层孔缝体系全孔径刻画技术。揭示了海上页岩油赋存机理与可动性，建立了"四位一体"的页岩油差异聚集模式，构建了海上页岩油超甜点概念和评价体系，明确了海上页岩油地质工程一体化超甜点分布规律。探索出一套"控+预+核"相结合的评价参数厘定技术体系，建立海上页岩油分级评价标准及超甜点评价体系，明确了纹层型可动资源量丰度最大，基质型次之。首次对涠西南凹陷页岩油开展系统性、综合性研究和评价工作，对于后期海上页岩油开发及相似地区的研究具有重要的指导和借鉴意义。

本书共六章，第一章由杜学斌、范彩伟、解习农编写，第二章由徐长贵、宋宇、张志遥编写；第三章由徐长贵、董田、游君君编写；第四章由范彩伟、陈鸣、李潇鹏编写；第五章由范彩伟、杨峰、游君君编写；第六章由徐长贵、杨宝林、陆永潮编写；最后由徐长贵、范彩伟统稿。

目　　录

绪　　论

第一节　科学意义与应用价值

随着全球对能源需求的不断增长，页岩油作为一种非常规油气资源，其储量十分可观，全球页岩油地质资源总量约 $4090×10^8$t，其中技术可采资源总量约 $2512×10^8$t（US Energy Information Administration，2024）。在全球能源需求不断增长的背景下，页岩油的开发为满足能源需求提供了新的途径。以美国为代表的页岩油勘探开发呈现良好的发展态势，美国页岩油技术可采资源量为 $153.75×10^8$t，探明率达 24.2%（白国平等，2020）。2022 年美国页岩油产量达 $3.91×10^8$t，平均日产超 $1.22×10^9$t，占美国原油年总产量的 65.6%，2023 年虽略有下降，但也达 $3.82×10^8$t（Mcmahon et al.，2024）。美国页岩油资源分布极不均衡，高度富集于二叠纪盆地，其次是海湾盆地和威利斯顿盆地页岩油革命使美国在能源领域的地位得到了极大提升，减少了对石油进口的依赖。相较美国，中国陆相页岩油同样具有巨大的资源潜力。根据"十三五"资源评价，中国陆上页岩油地质资源量为 $283×10^8$t。截至 2024 年，我国陆上页岩油已上报探明储量 $16.9×10^8$t，累计三级储量超过 $60×10^8$t。中国石油天然气集团有限公司页岩油地质资源量约 $201×10^8$t，主要分布于鄂尔多斯盆地、松辽盆地、渤海湾盆地、准噶尔盆地（地质资源量共计 $172×10^8$t），页岩油年产量自 2010 年的 $2.5×10^8$t 增至 2023 年的 $391.6×10^8$t，呈现出良好的勘探前景。我国陆相页岩油资源潜力巨大，突破勘探地质理论和开采技术后，页岩油将在相当长的一段时期内成为国内油气增储上产的重要领域（赵文智等，2020）。近年来，页岩油的勘探相继在准噶尔盆地二叠系芦草沟组、鄂尔多斯盆地三叠系延长组、四川盆地下侏罗统凉高山组、松辽盆地白垩系青山口组、渤海湾盆地古近系孔店组、沙河街组以及苏北盆地溱潼凹陷古近系阜宁组页岩获得工业突破。我国已成为全球第 4 个实现页岩油突破的国家（黎茂稳等，2020；赵贤正等，2020；马永生等，2022），经过石油行业及相关科研院所的持续攻关，目前中国页岩油开发利用已实现了"点"和"线"的突破，正在向"面"的突破努力。一旦实现规模效益开发，中国页岩油革命将改变中国能源格局，为国家的经济发展提供稳定的能源保障。

美国页岩油富集的层系以海相沉积为主，具有有机质丰度普遍高、有机质类型好、油气同产、气油比（gas oil ratio，GOR）高、压力系数较高、地层能量充足、孔隙结构好、含油性好、可动烃含量高、易流动、脆性高、易压裂等特征。与美国页岩油相比，中国陆相页岩油具有有机碳含量分布范围广、气油比相对较低、含蜡较高、压力系数相对较低、地层能量较弱等特征，关键地质参数分布区间广，地质条件整体略差。我国的页岩油主要形成于陆相沉积环境，与海相沉积环境相比，陆相沉积环境的变化较大，沉积相类型多样，这给页岩油的勘探开发带来了一定的难度（贾承造，2024）。我国的页岩油主要分布在湖相、三角洲相和河流相等沉积相带，储层岩性主要为泥页岩、粉砂质泥岩和碳酸盐岩等。其中，泥页岩是最主要的储层岩性，其孔隙度和渗透率较低，但含有丰富的有机质，是页岩油的主要赋存场所，其矿物组成、岩石结构和非均质性比海相页岩更加复杂、黏土矿物含量更高，其储集空间的类型、大小直接影响着页岩油的赋存形式和流动性。已有的研究表明，陆相页岩的储集空间类型、孔隙结构特征、微孔-中孔-大孔占比与海相页岩均明显不同（刘惠民等，2019；孙龙德等，2021；赵贤正等，2023）。粉砂质泥岩和碳酸盐岩等岩性的储层物性相对较好，但有机质含量较低。中国陆相页岩油类型多样。根据页岩油甜点岩相特征和源-储关系，可分为夹层型、混积型和页岩型三大类，不同类型页岩油源-储特征差异显著。其中，夹层型页岩油（如鄂尔多斯盆地延长组 7 段 1+2 亚段）为富有机质页岩层系内一定厚度的致密砂岩等致密储层，致密储层物性相对有利，含油性相对较好，存在从源岩到夹层致密储层的近距离运移；混积型页岩油（如准噶尔盆地吉木萨尔凹陷芦草沟组、渤海湾盆地沧东凹陷孔二段、济阳拗陷沙河街组和苏北阜宁组二段）则指富有机质页岩内碳酸盐岩与碎屑岩混积形成的储集体，源、储多频繁互层，单层厚度较薄，岩石脆性好；页岩型页岩油（如松辽盆地青山口组古龙页岩油、鄂尔多斯盆地延长组长 7 段 3 亚段）原位滞留在自身生烃的页岩储层，既生烃又储烃。近年来，中国陆相页岩油在淡、咸水湖盆生排烃差异化认识，湖盆细粒沉积与储层多样性，页岩油差异化富集因素，页岩油甜点差异化评价标准等方面取得了长足的进步。实践证实，地质认识的突破和勘探开发技术的不断创新，引领了中国页岩油的规模增产。

第二节　页岩油储集特征与富集规律研究现状

我国随着社会经济的快速发展，对能源的需求越来越大，在能源保障方面遇到较大挑战。近十年来，以页岩油气为主的非常规能源的成功开发逐渐成为弥补油气资源短缺的重要一环。截至 2024 年，我国已经成立三个国家级页岩油示范区：新疆油田吉木萨尔页岩油示范区、大庆油田古龙陆相页岩油国家级示范区、胜利济阳页岩油国家级示范区。尽管中国页岩油气的地质特征与美国广泛发育的海相页岩油气有着显著的差别，但从资源基础、工程技术和产量预期来看，我国页岩油具有广阔的开发前景与美好未来，具备页岩油革命取得成功的基本条件（邹才能等，2022；贾承造等，2023；金之钧等，2023；郭旭升等，2024；李军亮等，2024；刘惠民等，2024）。近年来，国内外学者在海相、海陆过渡相、陆相页岩的地质特征、储层结构、油气富集规律、原油赋存状态和动用机制以及地质-工程一体化等方面开展了大量研究工作并取得了重要进展，形成了页岩油的基础理论、地质评价方法、甜点预测和体积压裂开发技术，推动了石油地质理论持续深化，引领页岩油气高质量发展。

一、页岩岩相及储集空间

（一）页岩岩相分类与表征

页岩岩相分类与表征是页岩油气勘探开发地质评价的基础。岩相是指在一定沉积环境中形成的岩石类型及其组合，既包含了岩石类型、颜色、结构和构造等宏观信息，也包含了无机矿物与有机组成等微观信息。由于沉积背景、构造演化、物质来源等方面的不同，不同岩相页岩在沉积构造、矿物组成及含量、有机质类型、储集空间、含油含气性等方面具有巨大差异（Curtis et al.，2012；Dong et al.，2015；Chen et al.，2015；Ma et al.，2017）。因此，针对页岩开展岩相类型识别和不同岩相的特征描述研究，分析不同类型岩相的沉积过程及成因演化，开展有利于岩相发育的预测，是进行页岩储层表征、含油气性分析、页岩油气富集规律研究的基础。

泥页岩岩相研究工作最早开始于 1995 年，英布里（Imbrie）根据岩石元素地球化学指标首次对泥页岩等细粒岩进行了岩相分类。迄今为止，大量地质学家对泥页岩岩相进行研究，并总结了其岩相类型及特征，由于研究资料掌握程度和泥页岩岩相表征方法的差异，当前国内外在岩相划分方面所采用的划分指标和划分方法千差万别，并没有形成统一的标准（Hickey et al.，2007；董春梅等，2015；Han et al.，2016）。

对于细粒沉积，国外研究多集中在海相、海陆过渡相沉积环境。如 Loucks 和 Ruppel（2007）研究发现巴尼特（Barnett）页岩岩相类型复杂，但以细粒沉积（黏土-粉砂粒径）为主，依据各种特征指标划分出了三种岩相类型：纹层状硅质泥岩、纹层状含黏土灰质泥岩（泥灰岩）和骨架含黏土灰质泥粒灰岩。Trabucho-Alexandre 等（2012）基于结构、沉积构造、矿物组成在荷兰中央地堑侏罗纪早期识别出了 8 种岩相：生物扰动粉砂质泥岩、粉砂质泥岩、薄层生物扰动泥岩、薄层粉砂质泥岩、薄层生物扰动粉砂质泥岩、薄层泥岩、波状纹层泥岩、薄层波状纹层泥岩。Abouelresh 和 Slatt（2011）研究沃斯堡（Fort Worth）盆地 Barnett 页岩时，在页岩中发现了大量沉积构造，包括平行纹层、相交纹层、冲刷面、碎屑或生物颗粒组合、正粒序或反粒序，并根据这些沉积构造提出了 6 种页岩岩相。

国内的页岩发育环境除了海相、海陆过渡相之外，陆相页岩也占据了很大比重，受物源、水体等因素影响，岩相比国外更为复杂（表 0.1）。对于以江汉盆地为代表的咸水湖盆而言，其含盐量很高，容易沉积膏盐，所以在传统沉积岩三端元——长英质矿物（石英+长石类）、碳酸盐矿物（方解石+白云石）、黏土矿物的基础上，引入膏盐（石盐+硬石膏+钙芒硝）含量作为岩性划分单元，如俞映月等（2024）将其划分为富碳细纹层状白云岩、富碳粗纹层状白云岩、含碳块状白云岩、富碳细纹层状混合质页岩、贫碳块状膏盐岩等多种岩相类型。对于以济阳坳陷为代表的微咸水-半咸水湖盆，可以依据泥页岩矿物成分、沉积构造、有机质含量进行岩相划分，如宁方兴等（2017）则将济阳坳陷沙河街组泥页岩划分出富有机质纹层状泥质灰岩相、富有机质纹层状灰质泥岩相、富有机质层状泥质灰岩相、富有机质层状灰质泥岩相、含有机质块状灰质泥岩相等 10 余种岩相。对于坳陷淡水湖盆，其岩相发育受陆源物质影响较大，因此长英质矿物含量变化在岩相划分中至关重要。柳波等（2018）将松辽盆地古龙凹陷青一段划分成高有机质页理黏土质泥岩、高有机质块状长英质泥岩、中有机质块状长英质泥岩等 7 种岩相。对于吉木萨尔凹陷芦草沟组致密细粒沉积岩，由于其成分中夹杂着大量的火山凝灰质产物，因此在岩相划分过程中要充分考虑到火山活动的影响，如张少敏等（2018）划分出了块状凝灰质粉砂岩、块状凝灰质云岩、条带状含凝灰云岩相、纹层状粉砂质/泥质沉凝灰岩相、纹层状云质泥岩相等 26 种岩相类型。鄂尔多斯盆地长 7 段 3 亚段泥页岩也面临着同样的问题。对于处于复杂构造带的漆潼凹陷来说，由于垂向上的岩石沉积构造形态发育复杂，研究区页岩岩相非均质性较强，单一岩相并不能控制和反映含油性特征及可动性规律，所以考虑从岩相组合的角度展开研究，如李思佳等（2024）建立了以沉积结构-矿物组成-亚相内部岩相的垂向叠置关系特征相结合的岩相组合划分方案，综合矿物成分、沉积结构构造以及岩相间组合关系等多个方面，将其划分成 8 种岩相类型。总体来说，由于不同陆相湖盆之间在地层、沉积、水体、演化等方面存在明显的差异性，因此岩相的划分没有统一的标准，需要根据湖盆不同特征建立适合湖盆特性的页岩岩相划分方案，这无疑也增加了泥页岩岩相研究的复杂性。

表 0.1 国内泥页岩岩相分类标准及方案

沉积特征		代表性盆地	分类标准	岩相类型
水体盐度	咸水	江汉盆地	矿物组成（包括盐膏）+TOC+沉积构造	富碳细纹层状白云岩、富碳粗纹层状白云岩、含碳块状白云岩、富碳细纹层状混合质页岩、富碳粗纹层状混合质页岩、含碳粗纹层状粉砂岩、贫碳块状膏盐岩等
	微咸水-半咸水	济阳坳陷	泥页岩矿物成分+沉积构造+有机质含量	富有机质纹层状泥质灰岩相、富有机质纹层状灰质泥岩相、富有机质层状泥质灰岩相、富有机质层状灰质泥岩相、含有机质块状灰质泥岩相等 10 余种
	淡水	古龙凹陷	矿物组成+沉积构造+有机质含量	高有机质页理黏土质泥岩、高有机质块状长英质泥岩、中有机质块状长英质泥岩等 7 种
火山活动		吉木萨尔凹陷	沉积构造+细粒混合沉积类型	块状粉砂质砂屑云岩相、块状凝灰质粉砂岩、块状泥晶云岩相、块状凝灰质云岩、条带状含凝灰云岩相、纹层状粉砂质/泥质沉凝灰岩相、纹层状云质泥岩相等 26 种
		鄂尔多斯盆地	矿物组成+有机质含量	中有机质断续纹层泥岩、中有机质粒序层理粉砂质泥岩、富有机质模糊纹层含粉砂页岩、富有机质变形-微波页岩、富有机质凝灰页岩等 6 种
复杂构造带		溱潼凹陷	矿物成分+沉积结构构造+岩相间组合关系	块状黏土质与混合质泥岩组合、块状混合质泥岩相组合、纹层状混合质页岩为主底部含粉砂岩相组合、纹层状长英质页岩夹粉砂岩岩相组合等 8 种

注：TOC-总有机碳。

（二）页岩储层孔隙结构表征的技术和方法

不同于常规油气储层，页岩储层具有低孔、低渗、非均质性强等特点，孔隙多为微纳米级（Curtis，2002；Loucks et al.，2009；Curtis et al.，2012）。作为页岩甜点层段评价和优选的重要参数，页岩储层的孔隙结构一直是国内外众多学者研究的热门方向。页岩孔隙类型按直径大小可划分为微孔（<2nm）、中孔（2~50nm）和宏孔（>50nm）。按照孔隙与宿主矿物之间的接触关系，可将页岩中的孔隙类型划分为有机孔、粒间孔、粒内孔和微裂缝等（Loucks et al.，2012）。按照成因，可分为原生孔隙和次生孔隙。原生孔隙主要为沉积阶段所保留的原始粒间孔以及原生有机质孔，而次生孔隙主要由有机质生烃、黏土矿物转化和不稳定矿物溶蚀所形成（王玉满等，2012；王秀平等，2015；Milliken et al.，2013；Pommer and Milliken，2015；刘惠民等，2019；姜在兴等，2023）。

页岩储层孔隙结构表征方法可分为定性和定量表征方法。定性表征方法主要为显微镜和高分辨率电子显微镜观察法，主要包括场发射扫描电子显微镜、聚焦离子束扫描电子显微镜、透射扫描电子显微镜、偏振光显微镜、微米-纳米级计算机断层扫描（CT）和原子力显微镜来观测页岩的孔隙结构。这些方法均能对页岩的微米和纳米级孔隙的形态和分布进行直观的观察，并获取高分辨率的图像。一方面可以利用统计学方法对页岩孔隙的大小进行统计，获得孔隙的圆度、直径、面孔率等信息；另一方面可以观测到矿物与孔隙之间的接触关系，获得一些关于孔隙成因和成岩演化等方面的信息（Milliken et al.，2013；Pommer and Milliken，2015；Dong et al.，2019）。利用高分辨率电子显微镜对页岩孔隙进行观察前，需要制作非常平整的抛光面，目前多数采用的是对样品先进行机械抛光，再用氩离子束轰击抛光面，使其表面变得更加平整光滑，从而更加直观地观察孔隙的形态、大小等特征（Loucks et al.，2009）。Curtis 等（2012）基于聚焦离子束扫描电子显微镜技术，对小范围页岩样品层层剥离，最终获得了有机质、黄铁矿等矿物和孔隙的三维立体可视化图像。邹才能等（2011）将场发射扫描电子显微镜与纳米 CT 三维重构技术应用于五峰—龙马溪组页岩气储层，首次发现了北美之外页岩的 5～300nm 的纳米级孔隙，孔隙类型以有机质纳米孔、颗粒间孔以及微裂隙等为主，且有机质纳米孔呈蜂窝状发育。

页岩孔隙的定量表征方法包括使用流体注入和非流体注入的方法来获得页岩孔隙的孔体积、表面积和孔径分布。流体注入方法有低温气体吸附实验、高压压汞法（Chalmers et al.，2012；Mastalerz et al.，2013）。低温气体吸附实验通常用氮气和二氧化碳作为载体，在一定的压力范围内，获得气体的吸附和脱附等温曲线，然后利用不同的理论模型和方法对相关实验数据进行计算和处理，可得到孔隙体积、孔隙比表面积以及孔径分布等参数（Tian et al.，2013）。高压压汞法则是利用高压使汞侵入到样品孔隙中，记录压力范围在 1～60000psi①单个压力点下的进汞量，再利用沃什伯恩（Washburn）理论方程计算得到孔隙度、渗透率、总孔隙体积、比表面积、孔喉分布等参数。由于高压压汞法更加侧重于表征宏孔，因此也有学者将其与低温气体吸附进行结合，对页岩的微孔、中孔和宏孔三个范围内的孔隙进行精细表征，获得页岩全孔径范围内的参数（朱炎铭等，2015）。非流体注入方法有小角和超小角散射实验和核磁共振技术（Chalmers et al.，2012；Mao et al.，2013；Sun et al.，2017）。Clarkson 等（2013）综合应用 CO_2 和 N_2 吸附、高压压汞法、小角和超小角散射实验对北美 Barnett 页岩在内的多套页岩气储层进行了研究，获得了孔隙的几何结构特征、孔隙度等参数。Zhang 等（2017）将扫描电子显微镜、核磁共振、高压压汞法应用于渤海湾盆地湖相页岩的孔隙结构表征中，对比发现核磁共振具有不破坏样品原有的结构特点，在页岩孔隙结构定量评价方面较为高效。

（三）页岩储层孔隙发育演化规律与控制因素

已有的研究表明，页岩复杂孔隙网络的形成与演化不仅与原始物质组成有关，还与成岩作用有关，如压实作用、有机质生烃作用、溶蚀作用、交代作用、次生矿物的胶结作用以及黏土矿物转化作用（Milliken et al.，2013；Baruch et al.，2015；Clarkson et al.，2016；Dong et al.，2019；黎茂稳等，2020）。成岩环境的温度、压力、流体性质、矿物组分以及有机-无机相互作用等共同控制着成岩演化路径（王秀平等，2015；Milliken et al.，2013；Pommer and Milliken，2015）。压实作用是页岩主要成岩作用之一，伴随成岩演化的整个过

---

① 1psi=1lbf/in²=6.89476×10³Pa。

程。随着埋深的增加，上覆地层的压实作用变强，矿物颗粒由点接触变为线接触，最后演变为凹凸接触，定向排列更明显，孔隙度逐渐降低。由于压实过程是不可逆的，故其对于页岩孔隙的发育具有破坏性作用。溶蚀作用对于孔隙的发育具有建设作用，页岩中的易溶矿物主要包括长石、方解石、白云石等（Loucks et al.，2012；Baruch et al.，2015）。有机质生烃作用过程中能释放有机酸，造成长石、碳酸盐矿物大量溶蚀从而发育溶蚀孔；若成岩流体环境为碱性，可观察到石英溶蚀现象（王剑等，2020）。胶结作用对页岩孔隙结构具有双重影响，既可以堵塞孔隙，也可以固化岩石骨架而抑制后期压实作用，保护原始孔隙，间接增加页岩的孔隙度（Macquaker et al.，2014）。Dong 等（2015）在加拿大西部盆地霍恩河（Horn River）页岩中证实了次生石英胶结作用极大提升了该套页岩强度，并且有效保护了原生孔隙。Milliken 和 Olson（2017）也认为在莫里（Mowry）页岩地层里，大量的次生石英胶结物保留了原生孔隙，其中有些原生孔隙后期被固体沥青充填，在热裂解作用下，进一步产生有机孔。黏土矿物转化作用与有机质生烃作用具有很好的对应关系，一方面黏土矿物转化对有机质生烃起催化作用，有利于油气生成和排烃，另一方面，蒙脱石向伊利石转化释放大量自生硅，有利于微晶石英胶结物的形成，增强岩石骨架，抑制压实作用（Peltonen et al.，2009）。有机质热成熟作用是页岩最重要的成岩作用之一，也是有机孔形成的主要机制（Loucks et al.，2012；Katz et al.，2018）。在未成熟阶段，结构有机质和部分无定形有机质的原始结构中存在一些有机质孔，属于原始有机质孔。早成熟阶段，干酪根热解生成的烃类充填于干酪根原始有机质孔中，当生成的烃类超过了干酪根的溶胀能力，烃类才会从干酪根中排出（Han et al.，2017；Ko et al.，2017）。伴随着热演化程度的增加，干酪根分子会发生体积收缩且密度增加，干酪根中的孔隙再次出现（Löhr et al.，2015）。在高成熟-过成熟阶段，干酪根和液态烃裂解成气，所形成的固体沥青内发育大量有机质孔（Bernard et al.，2012；Cardott et al.，2015）。国内外大量的高成熟-过成熟海相页岩中，固体沥青发育的有机质孔贡献了主要的孔隙度（Loucks et al.，2012；Hackley and Cardott，2016）。有机质的热演化程度是富有机质页岩孔隙度形成和演化的重要控制因素之一（Mastalerz et al.，2013；Pommer and Milliken，2015）。然而，在相同成熟度条件下，有机质类型以及有机质与矿物骨架之间的配置关系也会导致有机质孔隙演化模式的差异性。

裂缝也是构成页岩储层储集空间的重要组成部分，尤其是对页岩的渗透率以及油气的渗流至关重要，依据成因可以划分为构造裂缝、层间页理缝和成岩收缩缝等（杨峰等，2013）。构造裂缝主要在构造挤压、异常高压和构造抬升作用下形成，可进一步分为张裂缝、剪裂缝和挤压裂缝。泥页岩普遍存在纹层结构或者页理构造，不同纹层之间矿物组分不同，因此平行于纹层方向为力学性质薄弱面，极易形成剥离线理，即为层间页理缝（黎茂稳等，2020；姜在兴等，2023）。成岩收缩缝是成岩作用的过程中由于矿物脱水、热收缩和矿物相变收缩等形成的裂缝（丁文龙等，2024）。由于页岩低孔、低渗的特点，裂缝对于泥页岩储集能力和渗流能力起到重要的作用，其不仅提供了有效的储集空间，还显著地增加了页岩的渗流通道，并且在水力压裂时，容易增加人工诱导裂缝，从而改善储层物性。

页岩储层的孔隙结构是埋藏-热演化过程中，在有机和无机相互作用下，原生孔隙的减小和次生孔隙的增大共同作用的结果。有机-无机协同演化过程共同控制着页岩储层孔隙类型、形态、大小、孔径分布及其连通性等特征（Pommer and Milliken，2015；姜在兴等，

2023）。因此，富有机质页岩成岩-成储的协同演化机制是非常规油气地质领域的热点和难点问题之一，其也越来越受到油气地质学家的重视。研究页岩孔隙系统的形成与演化规律，探讨成岩演化过程中的增孔、减孔机制对于页岩油气有利区带评价和预测工作均具有重要的指导意义。

二、页岩油生烃条件

（一）页岩有机质富集

富有机质页岩是常规与非常规油气重要的烃源岩，一直受到广泛关注。同时，富有机质页岩作为细粒沉积岩，其矿物组成、地球化学和沉积微结构等特征是重建古气候和水动力环境的重要资料（Han et al.，2016）。在陆相湖泊演化的不同时期，有机质的富集受到多种因素的共同控制，包括古构造、古气候和水体条件（古水深、古盐度、氧化还原性、pH等）（Carroll and Bohacs，2001）。然而，古气候与区域的构造活动对有机质富集的作用往往是最重要的，它们共同控制着湖泊有机质的来源及类型和有机质的保存条件（Song et al.，2019）。

有机质的富集机理主要存在生产力模式和保存模式，Pederson 和 Calvert（1990）认为有机质富集的主控因素是形成有机质的生物生产力。Tyson 和 Pearson（1991）认为主控因素是沉积或底层水的缺氧条件。一些证据表明，单纯的缺氧条件与富有机碳沉积层之间的关联性较弱，相反生物的高产率与富有机碳沉积层之间具有更强的关联性（Parrish，1982）。陈践发等（2006）认为影响海相沉积有机质富集的主要因素有生物生产率、沉积速率、氧化还原环境、海底深部流体作用等，其中水体中高生物生产率是海相环境形成富有机质沉积的关键因素，沉积阶段和早期成岩作用阶段水体的相对还原环境有利于有机质富集保存，海底深部流体的活动是形成富集有机质沉积的不可忽视的因素，沉积速率是影响海相沉积有机质富集的主要因素；李天义等（2008）认为中国海相优质烃源岩中有机质富集是原始生产力、沉积速率、保存条件、海平面变化、上升流、海底热液活动和沉积环境等因素综合作用的结果，当各种因素达到最优配置时，则有利于海相优质烃源岩的形成。陆相湖泊相比海洋具有相对小的水域范围，其水体环境变化频率高（Goncalves，2002），使得湖泊具有较大变化范围的盐碱度、pH 和生物群。研究证实单一裂谷盆地湖相烃源岩可能在纵向和横向上表现出生烃潜力和有机地化特征的多样性（Hao et al.，2009）。Carroll 和 Bohacs（2001）强调构造和气候控制下的湖泊充填类型（平衡充填湖泊、欠充填湖泊和过充填湖泊）控制烃源岩特性，指出有机质富集主要位于湖泛面或水进体系域的晚期-高水位体系域的早期。

总地来说，不管是海相还是陆相湖泊，有机质的富集主要是有机质来源和有机质保存条件共同作用的结果，只是在不同的盆地可能会出现主次的问题。有机质来源往往与古湖泊生产力、有机质碳同位素等密切相关，有机质保存条件往往与湖泊的水体分层、盐度和氧化还原条件等有关。

（二）页岩生排烃机理

自然界的沉积有机质随上覆地层厚度的增加，温压逐渐升高，在漫长的地质历史中演化生成石油、天然气，这是人们对油气成因的传统认识。如果要在短暂的时间内观察研究油气生成的数量、干酪根热演化过程的某些特征，模拟实验是最为有效的方法之一（傅家谟和秦匡宗，1995）。在 Connan（1976）提出温度在一定程度上可以弥补自然环境中时间对烃源岩生烃的地质效应的观点后，通过快速升温方法来进行烃源岩生烃过程模拟的实验已越来越多地应用于油气资源评价、油气源对比等工作中（邹艳荣等，2004）。对比目前各种常用的模拟方法可知，根据其开放程度可将烃源岩生烃模拟实验装置分为开放体系、封闭体系及半开放体系三类。其中，第一种实验装置主要以法国源岩评价仪（Rock-Eval）系列仪器为代表（Tang and Stauffer，1994），该系列仪器设计简单，便于操作，但与实际地质条件下烃源岩生烃并不完全开放这一条件不符，因此该类实验数据具有一定局限性。封闭体系实验装置以微体积密封容器（MSSV）（Horsfield et al.，1992）和中国科学院广州地球化学研究所的黄金管-高压釜体系为代表（刘金钟和唐永春，1998），该套体系对微量气体高真空采集和气相色谱-同位素质谱仪（GC-IRMS）在线分析系统进行了优化（田辉，2006），其最大优点是能够根据需要选择模拟升温速率，并可以探讨压力对生烃的影响。除此之外，封闭体系还有玻璃管体系和钢质容器封闭体系等。半开放体系虽然更接近地质实际，但在实验室条件下很难模拟，半开放程度的确定及产物有限排出控制是难点所在（田辉，2006）。

生排烃模拟实验能够解决众多石油地质问题，并已在油气的勘探开发中得到广泛应用。目前，该方法在油气形成、盆地资源潜力评价、油气运移等多个方面发挥了重要作用（何川等，2021）。生排烃模拟实验的应用大体可概括如下：①认识不同母质类型油气形成的机理，建立油气生、排、滞演化模式；②研究各种地质与实验因素（温度场、压力场、时间、空间以及各种无机矿物、地层水等）对油气形成过程的影响；③用于烃源岩生烃能力、油气初次运移与滞留效率研究；④研究油气与其母质在成岩演化过程中的组成、生物标志物、碳氢稳定同位素等地球化学参数的演变特征与关联性分析。

在生排烃模拟实验中，可人为改变一个或几个因素来研究各因素对油气生成、排出与滞留的影响。在各种影响因素中，温度与时间对于生排烃模拟结果的影响较大。水在实验中的加入使生排烃模拟结果更符合地下烃源岩的真实情况（秦建中等，2002），但温度与压力会改变水的相态，从而对生排烃模拟实验的结果会产生较大影响。烃源岩中矿物的催化作用也对热演化过程有较大影响（祖小京等，2007）。在模拟实验中可以通过控制单一变量的影响因素研究其对生排烃过程的影响程度，但在进行地质应用研究时应考虑地下油气生成过程的实际情况，综合多重因素做出判断。

沉积盆地油气资源潜力的大小与烃源岩的生排烃能力息息相关。氯仿沥青“A”法被广泛应用于烃源岩生烃量的计算与资源量评价，但氯仿沥青“A”属于滞留在烃源岩中的重质油，对形成常规油藏并没有作出贡献，实际上只有那些排出烃源岩且汇聚在储层中的油，才可能是有效的油气资源，因此烃源岩的排油能力与初次运移效率才是常规油气资源潜力评价的关键参数（何川等，2021）。现有的排油系数并非通过实验测试获得，仅为经验估算值，致使生油气量的计算结果存在较大的误差，资源量评价受人为因素的影响较大。现有的压实-限制体系生排油气模拟实验不仅可分别获得烃源岩生成的油和气，还能提供不同演化阶段的排出与滞留油气量，为常规与非常规油气资源量的评价提供了切实可信的基础资料。目前，油气资源量评价的模拟计算方法主要有产率法、降解率法和化学动力学法，其都是以烃源岩的生排烃模拟实验为基础。

三、页岩油富集规律

（一）页岩油赋存机理

页岩油赋存状态研究对页岩油资源潜力评价、可动性表征和有利区预测具有重要意义。目前，对页岩油赋存状态的研究主要集中于赋存影响因素分析和赋存状态表征两方面（Xu et al.，2022；宫厚健等，2024；Yang et al.，2024）。受孔隙结构、矿物组分、原油化学组成、润湿性及温压系统等多种因素的影响，页岩油的赋存状态更为复杂多样，其中孔隙结构对页岩油赋存的影响最为关键。页岩储层内主要发育大量直径介于 5～300nm 的纳米级孔隙及部分微纳米级别的微裂缝等，构成了页岩油赋存的主要空间（Milliken et al.，2013；Song et al.，2020；韩文中，2022；Zheng et al.，2022）。根据孔隙成因，页岩储层孔隙可分为有机孔、粒间孔、粒内孔、晶间孔和溶蚀孔等无机孔隙。其中粒间孔多存在于软硬颗粒界面和黏土矿物团聚体内部，随着页岩储层压实和交接作用加强，其孔径减小；粒内孔主要存在于层状或片状黏土矿物颗粒之间；晶间孔通常出现在骨架颗粒或高密度刚性颗粒晶体之间；溶蚀孔一般存在于长石、方解石等不稳定矿物中（Fu et al.，2019）。在页岩孔隙演化方面，孔隙发育主要受到页岩组分构成、有机质含量及成岩作用等因素影响。随着埋藏成岩及温度的升高，黏土矿物、碳酸盐岩矿物、有机质等物质均会发生转化作用，对页岩储层孔隙的形成具有重要作用，如有机质在生烃过程中生成大量纳米级有机孔，排出的酸性流体易溶解长石等不稳定矿物从而形成溶蚀孔隙，且在演化过程中形成大量页理缝，有效改善了页岩的储集能力，为页岩油的赋存提供了有效的赋存空间（朱如凯等，2013；Zargari et al.，2015；张顺等，2018；韩文中，2022）。

原油在页岩中的滞留赋存状态主要包括游离态、吸附态、互溶态三种状态（Shao et al.，2020；Hu et al.，2021）。其中游离态页岩油主要赋存于矿物晶间孔和溶蚀孔等孔隙中，并沿页理面、纹层及平行微裂缝分布，易形成连续的烃类聚集，通常被认为是目前技术条件下可开采原油的主要组成部分；吸附态页岩油吸附烃主要吸附在干酪根及黏土矿物颗粒表面，以密度较高的"类固态"形式存在，相对难开采；互溶态页岩油则是以化学互溶的形式溶解在干酪根中，且这部分页岩油的含量非常少，一般可忽略（王民等，2019；Zhang et al.，2023；邹才能等，2023）。近年来，针对页岩油赋存状态的研究手段取得了较大进步，相关研究方法有直接法和间接法，直接法主要是利用高分辨率扫描电子显微镜、微米-纳米级CT、激光共聚焦观察等技术对页岩油进行直接观测和模拟，研究页岩油的赋存形态及赋存孔隙类型等（柳波等，2018；王民等，2019）；间接法主要是利用岩石热解及多温阶热解技术、核磁共振技术、多溶剂逐级抽提技术以及分子动力学模拟等手段对页岩油的赋存孔径、赋存状态及含量等进行表征（宁方兴等，2015；曹婷婷等，2023）。以上各方法的原理不同，应用效果也存在显著差别，此外页岩油与页岩气的赋存特征不同，游离态和吸附态之间并不存在明显的区别或界线，且页岩油组分复杂，页岩油分子之间还存在着相互作用，如何对页岩油赋存状态进行精准定量的表征还缺少针对性研究。

（二）页岩油含油性及可动性

由于页岩储层具有超低孔、超低渗的特征，极大地限制了页岩油在储层中的流动。即使页岩油藏多采用水力压裂进行开采，但压裂后也会快速进入产量递减期，稳产效果不佳，导致页岩油藏的采收率普遍都低于 10%（Wan et al.，2015；李一波等，2021）。制约页岩油勘探开发成效的关键不仅包括油藏中的原油储量，还包括油藏中具有多少可动油量。因此，高效地对页岩油的含油性及可动性进行准确评价直接影响到页岩油的勘探开发效果，是当前亟须攻关的关键科学问题。

页岩油主要以吸附和游离状态赋存，少量以溶解态赋存的可以忽略。理论上，游离油含量一般被认为是最大可动油量，是页岩油产能的主要贡献者，而吸附油量则往往被认为是不可动用的部分。实际上，页岩油可动规律是流体渗流、赋存状态、多孔介质变形与压力场、温度场耦合作用的结果，比如受页岩复杂的孔喉系统及连通性的限制，部分存在于孤立孔隙或者连通性较差的孔喉系统内的原油在开采过程中并不能被动用出来，这一部分被称为束缚油（张鹏飞，2019）。页岩储层微纳米限域内复杂的油-岩相互作用使得目前对页岩可动性的研究仍需进一步深入。

现阶段定量表征页岩含油性及可动性的方法主要包括直接表征法和间接计算法两大类。直接表征法包括热解法、抽提法、核磁共振法等方法（朱晓萌等，2019）。常用抽提得到的氯仿沥青"A"或岩石热解得到的热解烃量 S_1、S_2 等地球化学参数来衡量页岩中的滞留烃量和可动烃量，但此类方法在实施过程中均需要对样品进行粉末化处理，导致较大的轻烃损失。在此基础上，部分学者通过密闭取心实验对常规岩样氯仿沥青"A"或 S_1 进行了校正，并采用多溶剂逐级抽提或多温阶分段热解等手段进一步提高了表征的精度（蒋启贵等，2016；李进步等 2016；郭秋麟等，2021）。在表征储层流体可流动性方面，核磁共振技术结合离心分析不仅可精确定量表征储层赋存流体可流动量，亦可通过离心前后 T_2 谱测试分析准确揭示不同尺度孔隙流体的可流动性，从而定量评价不同尺度孔隙流体可流动量。前人采用核磁共振技术结合离心实验对页岩油可动性的分析结果显示页岩可动流体含量较低，明显低于砂岩储层，可动流体主要分布在 $T_2>10ms$ 的孔裂隙内（李太伟等，2012；张鹏飞，2019）。

页岩含油性及可动性的间接计算法则主要分为三种：第一种是基于页岩孔隙含油饱和度计算法，但计算结果误差较大；第二种是体积或质量含油率法，即单位体积岩石所含油的体积百分数，或单位质量岩石所含油的质量百分数；第三种是基于页岩总滞留油量与吸附（互溶）不可动油量的差减法或总滞留油量与 TOC 的比值法。张林晔等利用页岩三元抽提残渣（主要为干酪根）混油后再热解或抽提前后的差异，确定了干酪根滞留量为 55～150mg/g（张林晔等，2015）。Jarvie 提出了应用含油饱和度指数（OSI=S_1/TOC）方法来表征页岩含有可动烃量的多少，后被我国学者引用或应用（Jarvie，2012）。前人通过对渤海湾盆地孔店组和沙河街组页岩油储层的研究，发现 OSI 随 TOC 先增加后降低，且 OSI 的峰值主要出现在 TOC 为 3%左右时（赵贤正等，2020）。通过对蒙特利（Monterey）地区、Barnett 地区、伊格福特（Eagle Ford）地区以及松辽盆地、渤海湾盆地、准噶尔盆地等国内外重点页岩油地区进行系统对比，学者普遍将可动油有利区的 OSI 下限值确定为 100mg/g，潜力区下限值确定为 75mg/g（Jarvie，2012；王民等，2014）。

此外，近年来部分学者已将分子动力学模拟技术应用到了页岩油可动性方面的研究，然而该方法仅能模拟几纳米至十几纳米范围内简单矿物表面的液态烃类赋存特征，难以有效揭示物质组成复杂、孔径分布范围广泛且流体组成多样的页岩油的赋存特征，且模拟的结果与实际的实验结果仍存在一定的偏差，仍需进行深入的探索（Wang et al.，2015；Szczerba et al.，2020）。总地来说，由于上述各研究方法各有局限性以及页岩储层内原油赋存及流动的复杂性，页岩油的含油性及可动性研究仍是页岩油地质研究较为薄弱的环节，针对页岩油可动性尤其是页岩油流动规律及地质控制机理的研究更是鲜有研究，尚未建立有效的一体化表征技术体系和统一的认知，仍需进行更为深入的针对性研究。

（三）页岩油富集机制及主控因素

我国页岩油资源以陆相页岩油为主，陆相页岩油地质资源量约 $400×10^8t$，主要发育在东部松辽盆地白垩系和古近系、中部鄂尔多斯盆地三叠系、四川盆地三叠系和侏罗系以及西北地区二叠系和侏罗系等，是油气资源增储上产的重要领域（赵文智等，2020；邹才能等，2020）。陆相页岩层系厚度一般较大、生油条件好，物性较差，地面开采条件复杂，原油富集受烃源岩条件和储层条件等多种因素控制，在构造活动强烈地区还要考虑断裂和裂缝对保存条件的影响（聂海宽等，2016；柳波等，2018；陆加敏等，2024）。正确认识页岩油富集机制对于预测页岩油富集区及勘探井位部署具有重要指导意义。

与美国的海相页岩油相比，我国陆相页岩油储层具有地层时代新、分布局限、相变频繁、有机质类型多、演化程度低、脆性矿物含量低、黏土含量高和成岩性差等特点，尤其是有机质成熟度普遍较低，高成熟度泥页岩面积相对局限且埋藏较深，成藏机理和成藏条件特殊，不利于后期改造，在页岩油的富集过程与富集机制方面也与北美地区的页岩油有着较大区别（聂海宽等，2016）。美国海相页岩油富集主控因素可以概括为储层多样化（页岩层系夹层的粉砂质页岩、泥质粉砂岩和细砂岩）、石油物性两低（较低的黏度和密度）、高气油比和高异常压力等特征（聂海宽等，2016）。但在我国，不同沉积盆地、不同属性页岩的富集机制差异明显。前人对渤海湾盆地济阳拗陷页岩油储层的研究发现有利岩相、适宜演化程度、充足游离组分、异常压力以及微裂缝网络是其页岩油稳产富集的主控因素（孙焕泉，2017；宋明水等，2020）；松辽盆地古龙凹陷页岩油富集甜点区的核心参数则是高有机质层状和纹层状页岩发育、高成熟热演化、充足的游离烃和总有机碳以及孔隙度（崔宝文等，2020；何文渊等，2021）；准噶尔盆地吉木萨尔凹陷页岩油富集的效果主要受烃源岩品质、成熟度、沉积微相、页岩的岩性与物性等 5 个方面因素控制（霍进等，2020）；鄂尔多斯盆地长 7 段页岩油富集则得益于该地区的有利岩相、良好的储集空间、高有机质丰度的烃源岩、良好的源-储配置关系以及高强度生烃和异常高压持续充注等（付锁堂等，2020；李国欣等，2021）。

虽然我国陆相页岩油的沉积环境、构造演化、地质特征等基本地质条件各有不同，但总体上优质源岩、适中的热演化、有利的岩性及其层理结构、较高的可动烃、异常高压、复杂的微裂缝、良好的保存条件是保证页岩油富集的主要因素（赵贤正等，2021；韩文中，2022；宋海强等，2024；陆加敏等，2024）。

四、页岩油资源评价与甜点优选

（一）页岩油资源评价

页岩油是推动国内原油增储上产的重要接替领域，对页岩油资源量进行准确的评价至关重要（赵文智等，2020；郭秋麟等，2023）。现阶段页岩油资源评价方法主要分为类比法、统计法、成因法三类。类比法主要用于评价具有一定规模的连续油气藏，其核心思想是利用已得到开发的油藏数据来对未开发的原始资源量进行预测，该方法主要适用于中-高勘探程度地区，对于较新的页岩油目标区块难以适用（Hood et al.，2012；李梦柔，2019）。目前，最常用的页岩油资源量评价方法是统计法，主要包括基于岩石孔隙体积的容积法和基于页岩 S_1（或氯仿沥青 "A" 含量）的体积法（郭秋麟等，2022）。利用容积法评价页岩油资源量与评价的常规油藏资源量的原理类似，主要是基于储层孔隙度、含油饱和度、储层面积及厚度等参数进行统计计算，其中准确地计算页岩储层的孔隙度是影响评价结果的关键环节。近年来，前人通过不断改进页岩孔隙度的计算方法，大幅度提高了利用此方法进行页岩油资源量评价的准确性，并在鄂尔多斯盆地、松辽盆地等得到广泛应用（Modica et al.，2012；Chen et al.，2015；杨维磊等，2019）。另外，利用体积法计算页岩油资源量虽也得到了广泛应用，但如何准确地对关键参数 S_1 或氯仿沥青 "A" 含量进行轻烃补偿校正一直是有待攻克的难点，尽管现阶段已提出了多种轻烃补偿方法，但由于各地区页岩储层性质差异巨大，尚未形成统一的定论（薛海涛等；2016；余涛等，2018；朱日房等，2019；王建等，2023）。此外，以热解模拟法、成藏数值模拟法为代表的成因法则主要是依据烃源岩的生排油动力学、成藏模式等开展物理实验模拟或计算机模拟，以此得到资源量评价结果，但此类评价方法比较复杂，需要较长的周期（胡素云等，2007；张金川等，2012；李梦柔，2019）。总的来说，在评价方法上虽已有不同的评价方法，但在定量评价的细节及不同勘探阶段的差异等方面没有明显体现出来，尤其是对可动油资源目前还没有完善的定量评价方法，仍需进行不断探索。

此外，页岩油资源评价还涉及对页岩油的分类、分级问题。在分类方面，前人认为可将页岩油分为夹层页岩油、纯页岩油和原位转化页岩油（郭秋麟等，2023）。由于这三类页岩油具有明显不同的赋存状态与成藏机制，需要分别建立不同的资源评价方法。在资源分级方面，前人提出了诸多分级方式，包括利用 TOC 与 S_1 的 "三分" 性分级、利用页岩含油性 OSI 分级以及综合页岩含油性与储集特性的原油储集性能指数（PSI）分级等，这些分级方式在不同地区的陆相页岩油评价中均取得了一定成效。

通过统计松辽盆地南部嫩江组与青山口组页岩的热解生烃潜量（S_1，mg/g）随总有机碳（TOC，%）的变化关系，卢双舫等（2012）认为低熟页岩与成熟页岩的 S_1 随 TOC 变化关系具有明显差异：当页岩处于低成熟阶段时，S_1 随 TOC 的增大表现出线性增加的趋势；当页岩处于成熟阶段时，S_1 随 TOC 的增大表现出先缓慢增大再迅速增大最后基本不变的 "三分" 特征。在 S_1 缓慢增大阶段，S_1 随 TOC 增大表现为稳定低值的特征，TOC 与 S_1 均为低值，表明页岩含油性差，因此划分为无效资源；在 S_1 迅速增大阶段，S_1 随 TOC 的增大表现为明显上升的特征，此时 TOC 居中，S_1 变化大但总体不高，因此划分为低效资源；

在 S_1 基本不变时，S_1 随 TOC 增大表现出稳定高值特征，此时页岩 TOC 高、S_1 高且基本不变，表明页岩含油性好、页岩油已达到饱和，因此划分为富集资源。利用上述"三分"法可划分出松辽盆地青山口组成熟页岩的分类界限：TOC＜0.8%为无效资源，TOC 介于 0.8%～1.8%为低效资源，TOC＞1.8%为富集资源。

油跨越作用是指石油含量在含油饱和度指数（OSI，mg/g）达到一定门限值时，页岩油可以在页岩层系内流动的一种现象。Jarvie（2012）认为页岩层段中的有机质会对生成的石油具有吸附作用，而这个吸附作用的门限所对应的 OSI 大约为 70mg/g，石油在地层中流动需要超过这个门限值。通过对 Monterey 页岩、巴泽诺夫（Bazhenov）页岩、巴肯（Bakken）页岩、塔斯卡卢萨（Tuscaloosa）页岩、奈厄布拉勒（Niobrara）页岩、Eagle Ford 页岩、托尔（Toarcian）页岩进行研究，通过识别具有页岩油跨越现象的层段，确定出页岩油产出层段的 OSI 分布，认为只有 OSI＞100mg/g 的含油页岩层段才具备良好的资源潜力，并依据此标准对上述页岩进行了分级评价。

通过结合含油饱和度指数与储层品质参数，苏思远（2017）建立 PSI 对页岩油进行分级。根据页岩油源储一体的特点，PSI 不仅采用了页岩油评价中的含油性指标 S_1 与 TOC，也考虑了储层品质参数对含油性的综合影响，从源、储两方面综合评价页岩油富集特征，认为沾化凹陷古近系沙河街组页岩油富集下限所对应的 PSI 为 50。综上，前人从不同角度提出了页岩油分级的方法，但在实际应用时，应结合研究区特点，在页岩油富集条件研究的基础上，因地制宜地提出页岩油分级参数与界限。

（二）页岩油甜点评价

页岩油甜点是指在页岩层系发育地区，同时具备优越的储集物性、含油性、可压性、可动性等特征，并结合试油、试采效果和产能等信息可优先勘探开发的非常规石油富集高产的目标区（Licitrae et al.，2015；杨智等，2015；白雪峰等，2024）。页岩油甜点评价是页岩油效益开发的保障，因此甜点评价与优选已成为全球油气工业界和学术界关注的重点工作。

对于页岩油储层而言，甜点评价应包括平面甜点区与纵向甜点段评价且评价参数众多，据不完全统计，前人选用的参数指标多达五十余个。目前，国内外对页岩储层甜点的评价主要包含 4 个方面的参数，分别是：①源岩品质，包括 TOC、镜质组反射率（R_o）、游离烃含量等；②储层品质，包括厚度、孔隙度、渗透率、含油饱和度等；③工程品质，包括埋藏深度、黏土矿物含量、泊松比、杨氏模量、破裂压力、水平应力差等；④流体品质，包括地层压力系数、流体密度、流体黏度、气油比等（赵文智等，2020；李国欣等，2021）。其中北美地区海相页岩油甜点评价的关键参数可概括为：现今 TOC＞2%、恢复 TOC＞2.5%、厚度＞25m、R_o＞1.0%、平均孔隙度＞6%、硅/钙质等脆性矿物含量＞45%、现今埋深＜4100m、地层超压等。我国各盆地的页岩油储层地质条件差异较大，评价标准也难以统一，比如大庆油田古龙陆相页岩油在甜点评价时优先开发的甜点区域标准包括 $S_1 \geq 6$mg/g、可动孔隙度 ≥ 4.5%、总孔隙度 ≥ 8%、$R_o \geq 1.2$%、压力系数 ≥ 1.4 等（孙龙德等，2021；何文渊等，2022）；而胜利济阳页岩油在进行甜点评价时选取的关键参数则是 TOC＞2.0%、R_o＞0.7%、资源丰度＞100×10^4t/km^2、S_1＞2mg/g、S_1/TOC＞100、基质孔隙度＞5%、地应力各向异性＜1.2 等（胡素云等，2022；黎茂稳等，2022）。

在甜点评价方法方面，目前尚未形成统一的评价参数、分类标准和评价方法，主要是基于岩心、录井、测井、实验测试等地质参数及工程参数资料，利用叠合法进行平面上甜点识别和有利目标区划分。近些年也有部分学者将人工智能预测、地震资料等引入了页岩油甜点的评价中，并在渤海湾盆地、鄂尔多斯盆地、松辽盆地等均取得良好的应用效果（潘仁芳等，2018；朱军等，2020；李昂等，2021）。

第三节　海域涠西南凹陷页岩油勘探前景

北部湾盆地位于我国南海北部湾海域，是我国近海重要的富油盆地之一，其中涠西南凹陷是目前北部湾盆地最大的油气产区，经过 40 多年的勘探，整体勘探程度较高，但是单井探明储量逐年下降，为了实现老油区增储稳产，页岩油成为新勘探领域的重要方向之一。涠西南凹陷是北部湾盆地中最具页岩油勘探潜力的凹陷之一。在地质历史时期，涠西南凹陷处于温暖湿润的古气候环境，湖盆水生生物尤其是藻类发育，古生产力较高，为烃源岩的形成提供了丰富的有机质来源。同时，盆地快速沉降，湖盆表层水体高生产力和底层水体缺氧还原环境，有利于有机质的保存和转化，从而促进了页岩油的形成。涠西南凹陷针对页岩油钻探了 WY-1 井，压裂测试获得日产原油 20m^3，获得海上页岩油勘探的首次突破（徐长贵等，2022）。涠西南凹陷页岩主要发育在始新统流沙港组流三上亚段—流二下亚段，埋深 2600～5700m，分布面积约 1000km^2。流沙港组流三上亚段—流二下亚段页岩有机质丰度较高，TOC 普遍＞3%，干酪根类型以Ⅰ-Ⅱ$_1$型为主，现今凹陷主体部位处于生油窗范围内，其中 R_o＞0.8%的面积占一半以上。根据岩性组合和层序位置，流三上亚段—流二下亚段页岩可以划分成三类，分别是湖侵早期夹层型、湖侵中期纹层型和湖侵晚期基质型页岩油。整体而言，流三上亚段—流二下亚段页岩的有机质丰度高、类型好、成熟度适中、发育薄砂层或者纹层，脆性矿物含量高，从生烃、储集、可动、可压性等方面展示出良好的页岩油勘探潜力（徐长贵等，2022；邓勇等，2023）。

在生油条件方面，流沙港组页岩的品质与国内主要的陆相页岩相比，属于优质生油岩，表现出更高的 TOC（普遍＞3%，最高达 11%）和含油饱和度指数（OSI 普遍＞120mg/g），并且以Ⅰ-Ⅱ$_1$型的有机质为主，有机质来源主要是浮游藻类，富含腐泥组分（于水等，2020）。基于有机质、矿物组成、纹层构造等特征，识别出富硅黏土质泥岩、混合质泥岩、富黏土硅质粉砂岩和硅质砂岩 4 类岩相，其中硅质砂岩相具有最高的孔隙度和渗透率，储集空间类型以粒间孔、晶间孔为主，含有少量溶蚀孔隙（邓勇等，2023）。流二下亚段页岩储层的孔隙度范围为 2.6%～16.7%，平均值为 8.4%，渗透率范围为（0.01～2.75）×10^{-3}μm^2，平均值为 0.52×10^{-3}μm^2。与渤海湾盆地古近系沙河街组、松辽盆地古龙地区青山口组、准噶尔盆地吉木萨尔凹陷二叠系芦草沟组、四川盆地东部复兴地区侏罗系自流井组、凉高山组等页岩油储层相比，涠西南凹陷流沙港组页岩储层富含长英质矿物，热演化程度中等，具有相对较高的孔隙度和渗透率。储集空间类型除了发育较多的碎屑矿物粒间孔、黏土矿物粒间孔、晶间孔、溶蚀孔等原生、次生孔隙外，还发育大量的微裂缝，包括水平层理缝、成岩矿物收缩缝、构造成因或者异常高压形成的高角度裂缝和网状裂缝（邓勇等，2023；范彩伟等，2025），其储集空间和渗流通道类型丰富。涠西南凹陷页岩油的整体可动性较好，但是三种不同类型页岩的可动油含量存在一定差异，平均可动油比例高达 60%以上（范彩伟等，2025）。在可压性方面，相比富含灰云质矿物的渤海湾盆地沙河街组页岩，脆性矿物含量相对较低，但是相比已经获得突破的松辽盆地古龙地区青山口组页岩，脆性矿物含量更高，普遍>50%。此外，涠西南流沙港组页岩地层具有异常高的压力，其压力系数比国内外页岩油主产区都要大，最小为 1.4，最高可达 2.0（徐长贵等，2022）。目前，已有的钻井和勘探实践表明，流沙港组页岩整体厚度大、分布广、生油品质好、孔隙度较高、成熟度适中、脆性矿含量高、发育异常高压等特征，具备页岩油规模发育的地质条件，展现出良好的勘探前景。据测算，涠西南凹陷页岩油资源量达 8×10^8t，整个北部湾盆地页岩油资源量约 12×10^8t，表明涠西南凹陷页岩分布广泛且具有丰富的油气资源潜力。相关专家在涠西南凹陷页岩形成条件、分布模式、发育控制因素等方面开展了基础工作，但整体上还处于勘查初期。

总体来看，我国海域页岩油储层中的有机质来源和类型更加复杂，其成熟度和生烃潜力也存在很大的差异；海域页岩油储层的非均质性比陆相页岩油储层更强，其孔隙度、渗透率和含油性等参数在不同的区域和深度上变化很大，不同类型页岩油的流动能力和可动用资源量存在显著差异。显然，海域页岩油的勘探面临着沉积环境、储集空间、烃源岩条件、赋存状态、可动用性等方面的精细评价与刻画一系列地质难题，急需形成一套海域页岩富集区综合评价流程和综合分析评层选区技术与方法。

本书作者针对上述地质难题，组织企业与高校联合攻关队伍，以北部湾盆地涠西南凹陷为主要解剖对象，系统总结和高度归纳我国海域页岩油地质条件、富集规律以及选区甜点评价技术等方面成果，以期为我国海域页岩油勘探与开发提供有益的理论和技术借鉴。

第一章 涠西南凹陷页岩油发育地质背景及分布特征

涠西南凹陷位于北部湾盆地北部拗陷带，面积约 3800km²，是目前北部湾盆地勘探程度较高、油气显示最丰富的凹陷，也是北部湾盆地目前唯一的油气产区，经过 40 多年勘探，探明原油地质储量约 $4×10^8m^3$，探明率已达 37.8%，主产区探明率更是高达 56%，整体勘探程度较高，成熟区潜力勘探目标呈现"碎、小、难"的局面，单井探明储量逐年下降，近十年来平均单井探明储量从近 $300×10^4m^3$ 降至目前不足 $50×10^4m^3$。为了实现老油区增储稳产，页岩油成为本区新领域勘探的重点拓展方向之一。2022 年 5 月部署的我国海上首口页岩油探井——WY-1 井压裂测试成功并获商业油流，日产原油 20m³，标志着我国海上页岩油勘探取得重大突破，展示了该领域广阔的勘探前景。

涠西南凹陷作为南海北部北部湾盆地最富生烃区之一，油气勘探显示具有较大的潜力，前人也曾经开展过多次相关沉积学和层序地层的研究，构建出层序格架及多种岩相划分方案，但对富含薄砂层的泥页岩沉积环境，层序格架下的岩相划分仍存在较多疑问。综上所述，本书选择涠西南凹陷始新统流沙港组流三上亚段—流二下亚段为重点研究对象，着重对高频层序地层的建立、岩相垂向和水平分布、影响岩相分布的控制因素及发育模式进行针对性研究，该研究将为后续相关工作提供高频等时格架，统一小层分层数据，为该区页岩储层甜点预测提供岩相约束，同时也可以为湖相细粒沉积中富砂层页岩的研究提供可参照的岩相划分方案及发育模式。

第一节 涠西南凹陷区域地质概况

（一）地理位置

涠西南凹陷坐落于北部湾盆地的北部拗陷，总体呈北东-南西向发育，东南部为企西隆起，涠西南凹陷和海中凹陷以涠西南低凸起相隔，内部可以划分为北部陡坡带、南部缓坡带和中央拗陷带三个大的一级构造单元（董贵能等，2020）。凹陷内部发育三条近北东-南西向的雁列式断层，凹陷西北一侧为涠西南大断裂，控制了北部湾盆地的发育（图 1.1）。

（二）构造演化

涠西南凹陷隶属于北部湾盆地，其构造演化受到北部湾盆地演化的影响，整个构造演化由下往上可分为加里东期、海西期、印支期、晚白垩世—古新世、始新世、渐新世、新近纪—现今等 7 个主要阶段（李春荣等，2012）。涠西南凹陷的构造阶段主要表现为古近系的裂陷阶段和新近系的拗陷阶段两个时期。

1. 裂陷阶段

在流三上亚段—流二下亚段时期，涠西南凹陷一号断裂为整个凹陷的控凹陷断裂，二号断裂活动性不强，受 NE 走向一号断裂的影响，整个涠西南凹陷的沉积中心位于研究区北部陡坡带的 A 洼地区，B 洼和 C 洼沉积厚度不大；在流一段—涠洲组时期，一号断裂的活动性逐渐减弱，二号断裂的活动性加强，整个凹陷沉积中心位于研究区中央地区的 B 洼地区，A 洼和 C 洼沉积厚度不大。

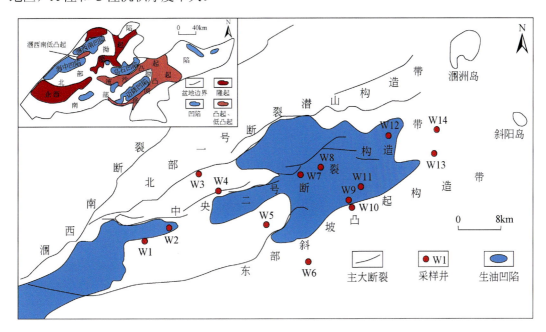

图 1.1　涠西南凹陷构造位置及构造单元（据徐建永等，2024）

2. 拗陷阶段

进入新近纪，整个凹陷断裂基本不活动，整个北部湾盆地进入拗陷阶段，构造活动减弱直至现今。

（三）主干断裂

在古近系沉积时期，涠西南凹陷为北断南超的断陷盆地。从北至南可分为三个主要的构造带，分别为北部一号断裂构造带、二号雁列式转换断裂构造带、南部涠西南断裂和企西隆起构造带（图 1.2）。共发育了三条主干断层，分别为一号断裂、二号断裂和三号断裂（张智武等，2013）。

1. 一号断裂

一号断裂位于涠西南凹陷的最北部地区，是整个涠西南凹陷的主控边界断层。在平面上，一号断裂为 NE 走向的正断裂，走向约为 70°，断层切穿了整个流沙港组，在流三段—流二段时期，断裂活动剧烈，控制了涠西南凹陷北部陡坡带的沉积。

2. 二号雁列式转换断裂

二号雁列式转换断裂处于该凹陷的中央地区，是整个涠西南凹陷的沉积体系分异控制断裂。在平面上，二号雁列式转换断裂由一系列 SE 向的雁列断层构成，走向约为 90°，在流一段—涠洲组时期，一号断裂的活动性减弱，二号雁列式转换断裂的活动性加强，抑制了北部陡坡带沉积体系的延伸距离，且二号雁列式转换断裂下降盘的沉积体系较发育。

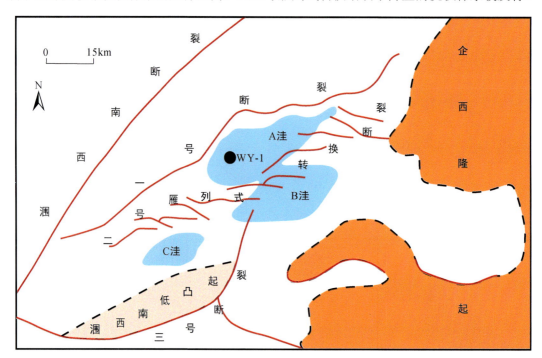

图 1.2　涠西南凹陷构造位置图（据邓勇等，2023）

3. 三号断裂

三号断裂为涠西南凹陷和海中凹陷之间的大型正断层，为两个凹陷的分界线，上升盘为涠西南低凸起，是涠西南凹陷的西南物源区。三号断裂表现为长期继承性活动的大型生长断层，走向约为80°（北东东向）。

（四）地层特征

北部湾盆地充填序列从老到新可以分为三个部分：以古近系陆相沉积为主的长流组、流沙港组和涠洲组，以新近系海相沉积为主的下洋组、角尾组、灯楼角组和望楼港组，以及沉积了灰黄色砂层和黏土的第四系（魏小松，2021；秦春雨，2020）。

（1）长流组：地震剖面上主要为 Tg—T90 反射面之间的层组，钻遇地层厚度较薄，局部地区甚至缺失，平均厚度为 50～300m，整体岩性砂砾泥混杂堆积，颜色为明显的氧化色，属于典型的冲积扇-河流沉积，时代属于古新世（图 1.3）。

（2）流沙港组：地震剖面上相当于 T90—T80 的层位，流沙港组沉积厚度大，最大可达 1200m，时代属于始新世—早渐新世。按岩性组合差异，可将流沙港组由老到新划分为流三段、流二段和流一段。

流三段（T90—T86），下段岩性以粗粒含砾砂岩大量发育为特征，上段为泥岩和砂岩互层，整体上表现为正旋回，泥质含量由底到顶逐渐增加，主要表现为一套扇三角洲沉积。

流二段（T86—T83），岩性以湖相暗色泥页岩为特征，泥页岩整体 TOC 高，是北部湾盆地的主要生油层，主要为一套深湖-半深湖沉积。

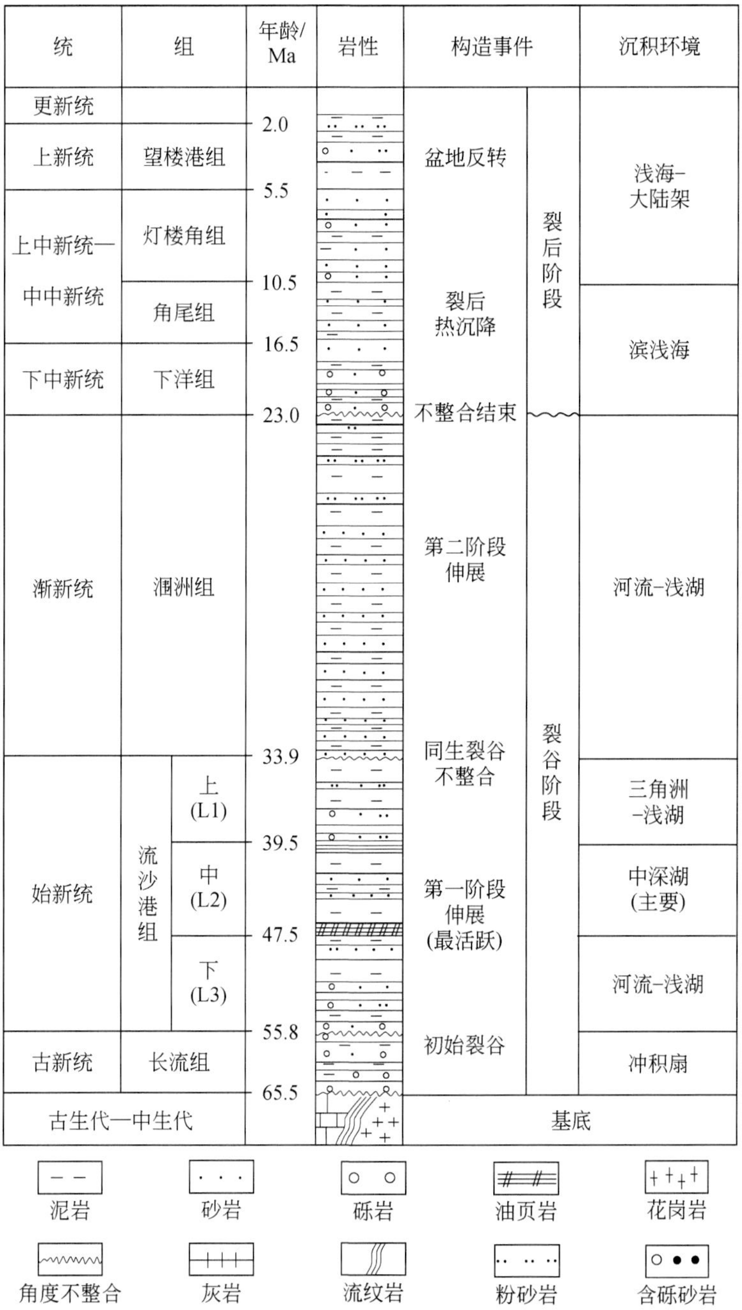

统	组		年龄/Ma	岩性	构造事件		沉积环境
更新统			2.0		盆地反转	裂后阶段	浅海-大陆架
上新统	望楼港组		5.5				
上中新统—中中新统	灯楼角组		10.5		裂后热沉降		
	角尾组		16.5				滨浅海
下中新统	下洋组		23.0		不整合结束		
渐新统	涠洲组				第二阶段伸展	裂谷阶段	河流-浅湖
			33.9		同生裂谷不整合		三角洲-浅湖
始新统	流沙港组	上(L1)	39.5		第一阶段伸展（最活跃）		中深湖（主要）
		中(L2)	47.5				
		下(L3)	55.8				河流-浅湖
古新统	长流组		65.5		初始裂谷		冲积扇
古生代—中生代						基底	

泥岩	砂岩	砾岩	油页岩	花岗岩
角度不整合	灰岩	流纹岩	粉砂岩	含砾砂岩

图 1.3 涠西南凹陷沉积地层柱状图（据严德天等，2019）

流一段（T83—T80），岩性以砂泥岩互层为主要特征，轴向体系推进远，沉积物粒度细，靠近断层的沉积体系粒度相对较粗。沉积上主要表现为辫状河三角洲（轴向体系）和扇三角洲（边部体系）共存的特征。

（3）涠洲组：地震剖面上相当于 T80—T60 的层位，时代属于渐新世。按岩性差异，涠洲组自下而上可为三段，即涠三段、涠二段和涠一段。涠三段沉积地层分布范围最广，整体上岩性粒度呈现正旋回的特征，下部主要为灰色砂岩和泥岩互层，砂多泥少；上部岩性偏细，为灰色泥岩夹粉砂岩和细砂岩，泥多砂少，属于曲流河三角洲沉积。涠二段沉积地层继承了涠三段的特征，岩性以杂色泥岩、砂岩、粉砂岩互层为特征，属于湖相沉积。涠一段沉积地层受到限制，主要位于盆地沉降中心区域，沉积厚度相对较薄、岩性粒度较粗，为杂色泥岩与砂砾岩，属于河流相沉积。

（4）下洋组：地层处于 T60—T50，与下伏地层为区域不整合接触关系。岩性以厚层砂砾岩为主，部分夹有灰色泥岩，为滨海沉积体系，时代属于早中新世。

（5）角尾组：地震剖面上相当于 T50—T40 的层位。角尾组分为角下段和角上段，角下段水体较浅，为滨海相沉积，岩性为粗砂岩，可作为储层；角上段水体加深，沉积大套厚层泥岩，其泥岩连续性较强，可作为良好的区域盖层，时代属于中—晚中新世。

（6）灯楼角组：地震剖面上相当于 T40—T30 的层位，整体沉积厚度大，岩性表现出泥岩、砂岩、砂砾岩互层特征，地层较平整，属于良好的区域盖层，时代属于中—晚中新世。

（7）望楼港组：地震剖面相当于 T30 以上的层位，整体地层厚度变化较大，在凹陷区最大沉积厚度可达 2000m，平均厚度为 1500m，在隆起区地层剥蚀严重，平均厚度约为500m，岩性主要为大套灰色泥岩夹薄层灰黄色砂砾岩和砂岩，时代属于上新世。

（8）第四系：第四系目前还没有成岩，海洋生物碎屑含量较多。

第二节　涠西南凹陷页岩油地质特征

前文提到，涠西南凹陷为中古生界基底上发育起来的典型伸展断陷盆地，古近系主要经历了三期裂陷阶段，分别对应古新统长流组、始新统流沙港组和渐新统涠洲组，其中流沙港组沉积期为湖盆发育的鼎盛时期，以半深湖-深湖及三角洲沉积为主，岩性以深灰色、暗色页岩为主，夹有薄层-厚层砂岩、粉砂岩，是涠西南凹陷的主力烃源岩。流沙港组依据岩性组合特征进一步分为流一段、流二段和流三段，其中流二下亚段和流三上亚段是本区页岩油勘探的主要目的层段。

一、页岩油地质条件

（一）富有机质页岩类型及特征

流沙港组流二段沉积时期，涠西南凹陷整体形态为典型的半地堑形态，北部陡坡带沉积地层厚度最大（约2100m），至南部缓坡带地层厚度逐渐减薄（约100m），沉积地层分布特征与凹陷形态相吻合（卢林等，2007）。一号断裂为控洼边界断裂，在流二段沉积时期强烈活动，导致湖盆快速扩张，凹陷内形成厚度巨大的沉积地层。二号雁列式转换断裂为 A洼和 B洼的分隔断层，呈雁列式展布，主要在流一段及涠洲组沉积时期活动，为涠西南凹陷重要的构造变换带和油气富集区（图1.2）。

涠西南凹陷有多口井钻与流沙港组泥页岩和油页岩，其中泥页岩主要呈深灰色、褐灰色，质纯、性硬、页理发育。与泥页岩相比，油页岩颜色较深，多呈现灰褐色、灰黑色或棕-褐黑色，质纯、性硬、页理发育，岩屑具淡油味，有暗黄色荧光。通常分布在流二下亚段和流三上亚段，单井累计厚度为 6～119m，平均厚度为 46m。尤其是流二下亚段油页岩最为发育，厚度较大，横向稳定分布（图 1.4）。

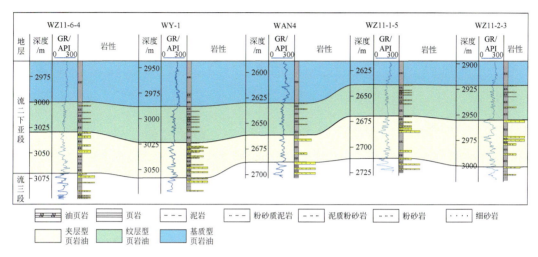

图 1.4　涠西南凹陷流沙港组流二下亚段油页岩横向对比（据徐长贵等，2022）

GR 为自然伽马，单位为 API

涠西南凹陷油页岩在地震剖面上表现为低频、连续、平行和强反射，是一套区域性标志层。油页岩地层钻、测井特征整体表现为高气测、高电阻率、高声波时差、低密度的"三高、一低"特征，主体分布在 A、B 两个洼陷的沉降中心部位，埋深为 2600～5700m，分布面积约 1000km^2（图 1.5）。

依据页岩层段岩性组合特征，将涠西南凹陷油页岩大致划分为三类：夹层型油页岩、纹层型油页岩和基质型油页岩。

夹层型油页岩：厚层灰褐色油页岩夹灰色薄层粉-细砂岩，油页岩累计厚度为 18～33m，占比 80%～95%，砂岩成分以石英为主，少量暗色矿物。岩心精描及成像测井图像显示多期冲刷面、正粒序层理及沙纹层理，泥页岩水平层理及页理发育，反映半深湖-深湖相泥页岩与多期次浊流沉积。

纹层型油页岩：仍以厚层灰褐色油页岩为主，油页岩累计厚度为 27～36m，占比 95%～99%，薄层粉-细砂岩厚度和占比较早期显著降低，粒度变细，水平层理及页理发育，局部可见到浊流沉积（图 1.6，表 1.1）。

基质型油页岩：油页岩累计厚度为 23～41m，占比 99%以上，砂岩欠发育，仅局部见厚度<0.005m 的粉砂-泥质粉砂岩条带，页理非常发育（图 1.6，表 1.1）。

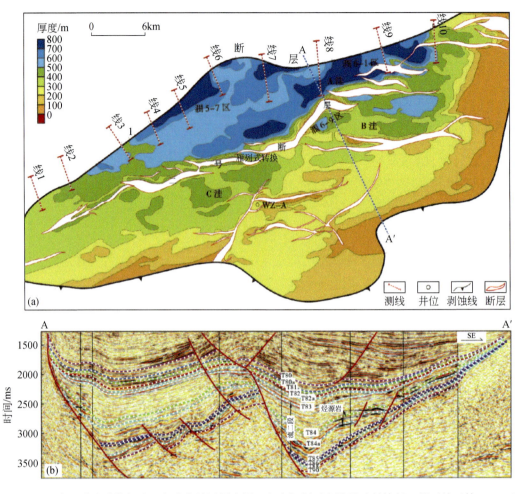

图 1.5　涠西南凹陷流沙港组流二段残余地层厚度图及富有机制页岩地震反射特征（据严德天等，2019）

（二）页岩有机质丰度

涠西南凹陷流沙港组页岩包括油页岩和普通页岩，其中油页岩有机质丰度高，TOC 普遍＞3%（平均为 5.78%），热解生烃潜量＞12mg/g（有约 77% 以上样品的 S_1+S_2＞20mg/g，平均为 35.23mg/g），基本上属于优质烃源岩，具有很大的生烃潜力（图 1.7）。目前，涠西南凹陷普遍揭示油页岩，其中涠西南凹陷油页岩厚度为 13～117m（平均 53m），是涠西南凹陷原油的主要贡献者（傅宁等，2017）。

涠西南凹陷流三上亚段湖侵早、晚期夹层型页岩油源岩 TOC 整体较低，主要介于 2%～4%，属中等-好烃源岩；流二下亚段湖侵早、中期纹层型 TOC 明显高于互层型，普遍＞3%，平均为 5%～6%，属优质烃源岩；流二下亚段湖侵晚期基质型 TOC 最高，介于 4.25%～10.3%，平均为 6.79%；氯仿沥青 "A" 为 0.4131%～1.5313%，平均为 0.8485%；S_1+S_2 为 7.81～72.97mg/g，平均为 35.46mg/g；氢指数 HI 为 337.8～893.7mg/g TOC，平均为 620.46mg/g TOC。

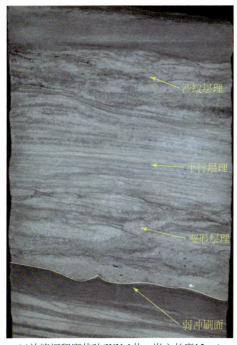

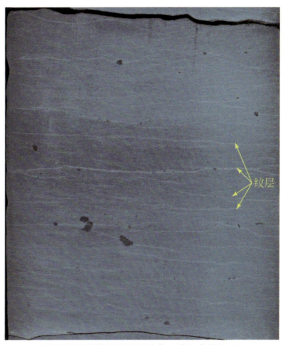

(a)浊流沉积席状砂(WY-1井，岩心长度15cm)　　　(b)浊流沉积纹层砂(WY-1井，岩心长度6cm)

图 1.6　纹层型油页岩典型照片

表 1.1　涠西南凹陷油页岩分类及主要特征参数

特征参数/类型	夹层型油页岩	纹层型油页岩	基质型油页岩
岩性特征	粉-细砂岩、泥质粉砂岩与泥页岩互层	油页岩为主，岩心可见砂质纹层	油页岩，砂岩不发育
电性特征	中-低伽马、高电阻、中-低速、中-低密度	高伽马、高电阻、低速、低密度	
页岩油赋存相带	三角洲远端	中深湖泥页岩、浊流沉积席状砂	中深湖页岩
单砂体厚度/m	0.2~2	0.005~0.2	<0.005
砂地比/%	20~30	5~20	<5
孔隙度/%	4~22.9，平均为 10.5	5.2~11.9，平均为 8.1	4.2~6，平均为 5.1
渗透率/mD*	0.005~535，平均为 7.5	0.0007~2.7，平均为 0.4	0.01~1.7，平均为 0.3

* $1D=0.986923\times10^{-12}m^2$。

（三）烃源岩有机质类型

涠西南凹陷流沙港组三种类型油页岩均以腐泥组和镜质组为主，且这两种组分平均含量占 60%以上，最高可达 96%；而陆源高等植物碎屑成分含量极少，壳质组和惰质组平均含量不到 30%。镜下观察显示，夹层型、纹层型和基质型油页岩内均有大量非海相沟鞭藻、葡萄藻、光面球藻、粒面球藻及绿藻等藻类化石。除此之外，烃源岩饱和烃生物标志化合

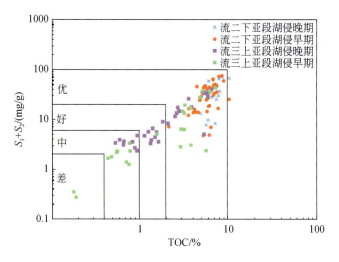

图 1.7　涠西南凹陷流沙港组不同类型页岩油源岩 TOC 与 S_1+S_2 关系图

物中还检测到一定量的 C_{30}-4 甲基甾烷，且基本不含"W、T"等树脂化合物（游君君等，2012），指示其生烃母质主要为低等水生生物，生油潜力大。根据岩石热解最大峰温（T_{max}）与 HI 关系图版，纹层型油页岩有机质类型主要为 I - II$_1$ 型，基质型油页岩有机质类型主要为 I 型，均具有良好的生油能力（图 1.8）。

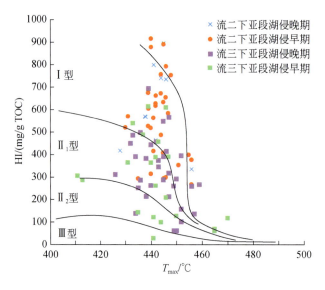

图 1.8　涠西南凹陷流沙港组不同类型页岩油源岩 T_{max} 与 HI 关系图

（四）烃源岩成熟度

流二段为涠西南凹陷主要烃源岩发育段，其热演化程度对各凹陷油气生成具有决定性作用。根据涠西南凹陷沉积中心部位选取的虚拟井流沙港组烃源岩成熟史模拟表明（图 1.9），涠西南凹陷流二段上部烃源岩现今处于成熟演化阶段（R_o=0.7%～1.3%），流二段下部烃源岩处于高成熟阶段（R_o=1.3%～2.0%），流二段底部烃源岩已进入过成熟阶段（R_o>2.0%）（陈善斌等，2014）。

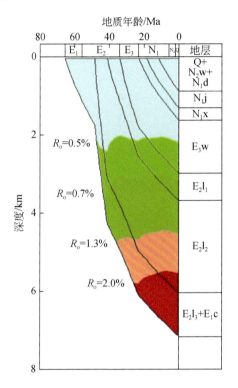

图 1.9 涠西南凹陷流沙港组虚拟单井烃源岩成熟史模拟

此外，单点埋藏史分析与生烃史模拟结果表明，流沙港组油页岩在 2400m 左右进入生烃门限，R_o 为 0.6%。据此门限深度，现今凹陷主体部位流沙港组油页岩仍处于生油窗范围。其中，R_o>0.8%是页岩油勘探的较有利范围，流沙港组流二下亚段油页岩段中间面 R_o>0.8%的面积可达 540km²，约占经源岩分布总面积的 50%以上（图 1.10）。综合分析认为，涠西南凹陷流沙港组油页岩热演化程度适中，现今仍以生油为主。

二、页岩油岩石学特征

（一）矿物组成

通过岩石薄片观察、扫描电子显微镜分析及全岩 X 射线衍射分析等，认为涠西南凹陷流沙港组油页岩层系矿物组分整体呈"矿物类型复杂、脆性矿物含量高"的特征，特别是长英质（QFM）脆性矿物含量较多，揭示油页岩段地层可压性较好。油页岩段岩石矿物组分以石英、长石等长英质矿物为主，长英质矿物含量为 30%～75%，平均为 52%（图 1.11）；其次是黏土矿物，含量为 25%～53%，平均为 41%；方解石、白云石等碳酸盐矿物含量相对偏低，平均为 9%；其他矿物，如黄铁矿、菱铁矿、硬石膏等的平均含量为 1%～4%。黏土矿物中伊利石含量高，占黏土矿物的 39%～75%，平均为 55%；高岭石和伊蒙混层含量相当，平均含量分别为 15% 和 16%；绿泥石含量偏低，平均为 6%（图 1.11）。

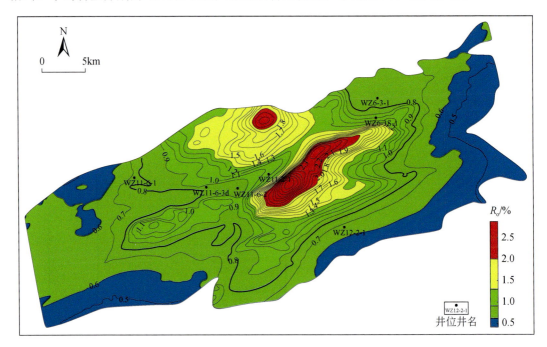

图 1.10　涠西南凹陷流二下亚段油页岩段现今 R_o 平面分布（据徐长贵等，2022）

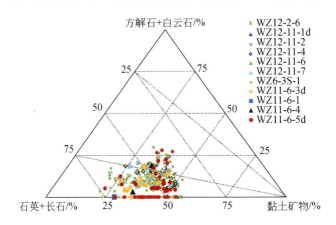

图 1.11　涠西南凹陷页岩矿物组成分布三端元图（据徐长贵等，2022）

（二）储集特征

储层岩石孔隙结构是指岩石所具有的孔隙和喉道的几何形状、大小、分布及其相互连通关系（梁晓伟等，2020）。涠西南凹陷流沙港组页岩发育多且小的微孔隙和裂缝，是页岩油的主要储集空间。其中，基质型页岩油储层孔隙发育较差，以有机孔、黄铁矿晶间孔及黏土矿物粒间孔为主，孔隙多呈椭圆状及不规则状，孔隙空间一般 <2nm。此外，基质型页岩油储层中顺层发育的层理缝和有机质粒缘收缩缝也较为常见，缝宽主要介于 100nm 至

2μm［图 1.12（a）～（c）］。纹层型页岩油储层除了发育有机孔、黄铁矿晶间孔、黏土矿物粒间孔、层理缝外，还发育骨架矿物粒间孔等［图 1.12（d）～（i）］，孔隙空间一般介于 10～50nm。夹层型页岩油储层孔隙发育，以晶间孔、粒间孔、粒内孔、溶蚀孔等为主，孔隙空间较大，连通性较好，部分孔隙半径＞50nm，这主要与夹层型页岩储层中发育的砂岩薄夹层有关［图 1.12（j）～（o）］。

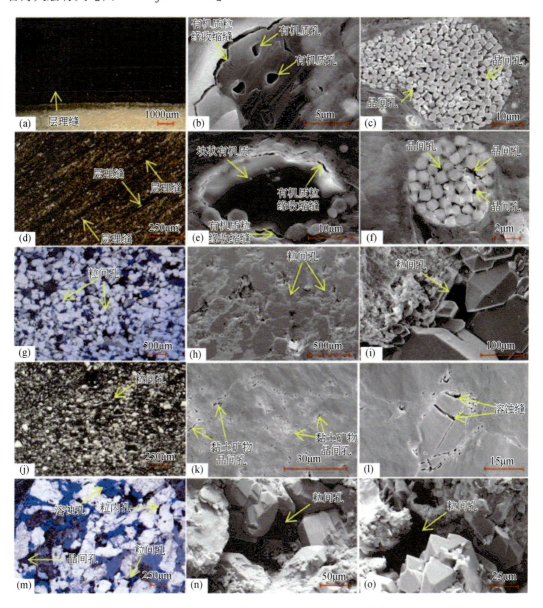

图 1.12 涠西南凹陷不同类型页岩油储层铸体薄片与扫描电子显微镜特征图（范彩伟等，2025）

第三节　涠西南凹陷页岩层系高精度等时地层格架

高精度等时地层的划分与对比是开展页岩各项研究的基础。常规借助地震剖面、测井组合等信息研究层序地层的技术手段已不能满足页岩的高精度研究需求，目前国际较为流行的方法是以旋回地层学理论为基础，以时间序列划分为手段的天文旋回技术。该方法具有准确度较高、技术手段相对完善且研究精度高（层序级别可达七级）的特点。因此，本书充分利用了涠西南凹陷典型单井的岩心资料、测井数据、小波分析等数据，通过预分段、分段计算、频谱分析等手段，建立古近系流沙港组流三上亚段和流二下亚段浮动天文年代格架，为后续泥页岩相关的深入研究提供高精度的等时框架。

一、天文节律约束的高精度等时框架

（一）旋回地层学基础——米兰科维奇理论

20 世纪中叶，米兰科维奇（Mlankovitch）提出地球轨道参数偏心率（eccenticit）、斜率（oblcuity）和岁差（precession）发生周期性变化，会引起地球表面日照量周期性变化，进而导致地球气候系统周期性变化，这种在米兰科维奇天文轨道作用下形成的地层被叫作米兰科维奇旋回（简称米氏旋回）（吴怀春和房强，2020）。米兰科维奇旋回的核心是围绕地球轨道三要素展开（图 1.13）。偏心率指地球轨道偏离正圆的程度，是地球轨道长轴与短轴之差和赤道半径的比，偏心率周期可以分为 405ka 的长偏心率周期和约 100ka 的短偏心率周期，其中 405ka 的长偏心率周期主要受木星与地球之间的相互作用，由于木星的质量非常大，保证了长偏心率周期在地质历史时期的稳定性，因此 405ka 偏心率周期常被称为一座精确的"沉积物钟"或地质计时的"钟摆"（汪品先，2006）。偏心率越大，四季变化越明显。斜率通常表示地球黄道面和赤道面的夹角，是指地轴的倾斜程度，斜率周期可以分为 54ka、41ka 和 39ka 等，由于气候摩擦和潮汐耗散作用，不同地质时期其周期也会发生变化。地球轴向倾角越大，季节差异就越极端。岁差在空间上类似一个正在旋转的陀螺，地球、太阳以及其他行星之间的引力不均衡使得地球自转轴产生缓慢的运动，并使近日点

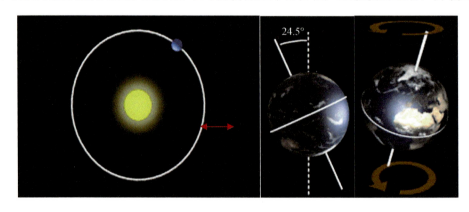

图 1.13　米兰科维奇理论示意图

在冬至点或夏至点。岁差周期可能出现 24ka、22ka、19ka 和 17ka 等，主要为 20ka 左右，在地质历史时期，岁差周期跟斜率周期相同，也是随着时间向前推移而变短（吴怀春等，2016）。

（二）地层预分段计算

由于不同层段地层沉积厚度、沉积时间、沉积速率等存在着差异，为了确保计算数据的可靠性，需要把不同的沉积过程、沉积速率层段分开计算。通常在处理数据之前，要对研究层段沉积过程进行一个初步的评估。以 WY-1 井流三上亚段—流二下亚段为例，根据对应层段的沉积速率演化图谱，大致可以判断沉积过程分为三个阶段（图谱高亮值范围）：①段 2944～2990m（流二下亚段上半段）沉积速率最慢，对应的岩性组合为纯油页岩；②段 2990～3060m（流二下亚段下半段）沉积速率较慢，对应的岩性组合为油页岩夹砂质条带；③段 3060～3286.5m（流三上亚段）沉积速率较快，对应的岩性组合为砂泥互层（图1.14）。后续数据处理、计算及分析均按分段进行。

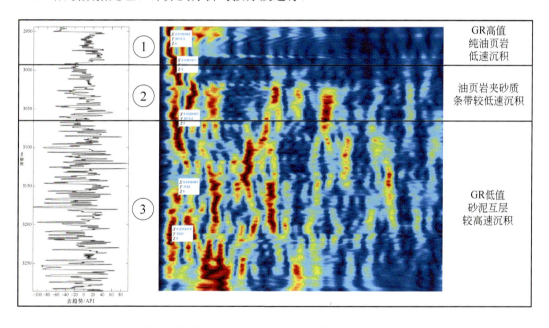

图 1.14　涠西南凹陷流三上亚段—流二下亚段预分段结果（WY-1 井）

以①段（2944～2990m，流二下亚段上半段）为例，简单展示数据处理和计算过程。

（1）识别最佳沉积速率：借助区域锆石定年、古生物和综合对比，将流二下亚段年龄锚定在 48.5～45Ma；利用相关系数法（COCO）分析出最佳沉积速率 5～6cm/ka（图 1.15）。

（2）功率谱分析：计算能谱图中显著峰值的沉积速率，对比 COCO 识别出来的最佳沉积速率，确定 405ka 长偏心率旋回的频率范围与其对应的沉积速率约 6cm/ka（图 1.16）。

（3）滤波分析：滤波是使用数学方法将一段信号中的特定频段滤除，从而得到所需频段信息。通常所用方法有低通滤波、高通滤波以及高斯带通滤波。此处选取的是高斯带通滤波提取频谱图中的特定信号。调谐是指将滤波后得到特定频段的波形与地球轨道要素所计算的日照量曲线（即理论曲线）进行精确对比，在其中加入适量调谐控制点，保证滤波所得曲线与理论曲线是相匹配的。通过滤波，输出 405ka 长偏心率曲线，识别 405ka 旋回两个（以 405ka 滤波曲线最小值为锚点），100ka 旋回 10 个（图 1.17）。

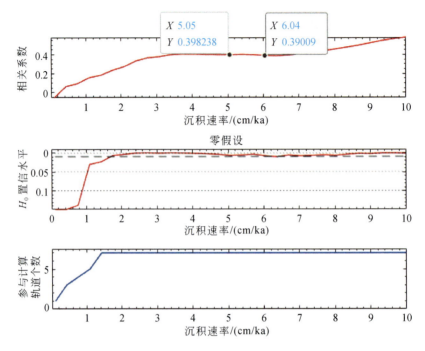

图 1.15　涠西南凹陷流二下亚段上半段 COCO 分析

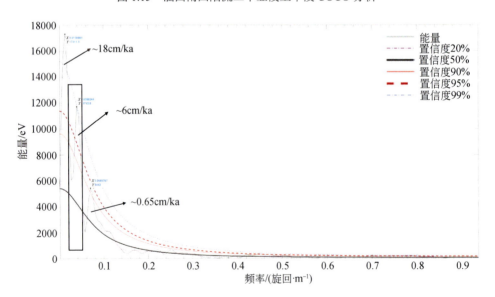

图 1.16　涠西南凹陷流二下亚段上半段能谱分析谱图

同理，对第②段 2990～3060m（流二下亚段下半段）进行分析，最终识别 405ka 旋回 4.5 个（以 405ka 滤波曲线最小值为锚点），100ka 旋回 16.5 个（图 1.18）。

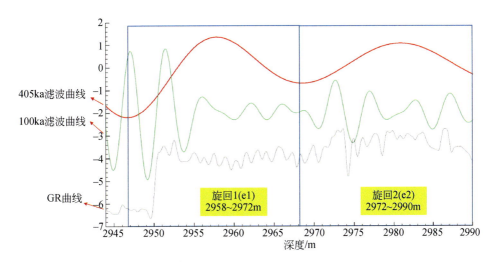

图 1.17　涠西南凹陷 WY-1 井流二下亚段上半段调谐和滤波后的偏心率曲线

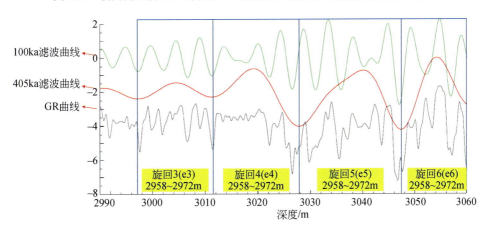

图 1.18　涠西南凹陷 WY-1 井流二下亚段下半段调谐和滤波后的偏心率曲线

（三）建立浮动天文年代格架

1. 建立年龄模型-输出沉积速率曲线、恢复沉积时间

以 405ka 滤波曲线为锚点进行时深转换，输出较为精确的沉积速率曲线，从而得到不同时间段较为可信的沉积速率（图 1.19），即流二下亚段平均沉积速率约为 4cm/ka，流三上亚段平均沉积速率约为 10cm/ka。

2. 沉积噪声模拟-识别相对水深变化

滤除天文旋回中米兰科维奇轨道参数信号，将剩余的沉积噪声信号强弱变化与湖平面变化匹配，建立沉积噪声与水深变化的关系，由此建立涠西南凹陷 WY-1 井流二下亚段水深变化曲线（图 1.20）。

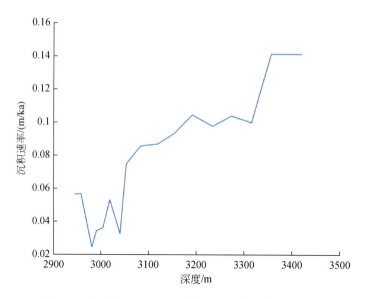

图 1.19 涠西南凹陷 WY-1 井流二下亚段沉积速率曲线

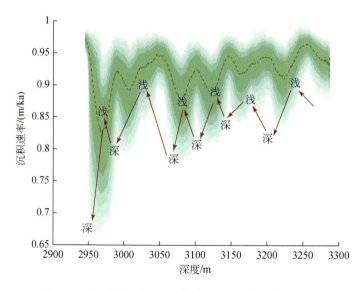

图 1.20 涠西南凹陷 WY-1 井流二下亚段水深变化曲线

3. 时间约束单元

基于上述分析，在 WY-1 井流三上亚段—流二下亚段识别出 16 个 405ka，65 个 100ka 旋回。其中流二下亚段 6 个 405ka 旋回，流三上亚段 7 个 405ka 旋回，流三下亚段 3 个 405ka 旋回，每一个 405ka 间隔相当于一个 4 级层序/准层序组，由此建立了涠西南凹陷 WY-1 井流三上亚段—流二下亚段天文浮动年代标尺（图 1.21）。

（四）小层划分

基于已经建立的天文浮动年代标尺，以 405ka 滤波曲线极小值为界面，在研究目的层

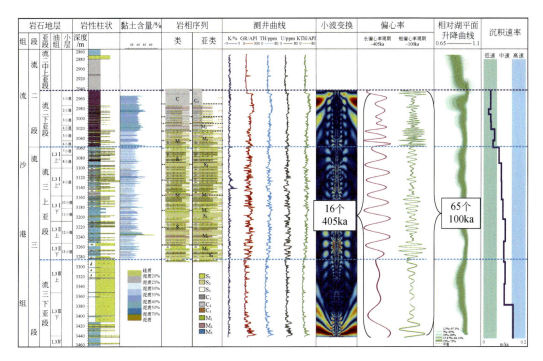

图 1.21　涠西南凹陷 WY-1 井流三上亚段—流二下亚段天文浮动年代标尺

C、M、S、S_1、S_2、S_3、C_1、C_2、C_3、M_1、M_2、M_3 含义见本章第四节；ppm 为 10^{-6}

段（流三上亚段—流二下亚段）共识别 13 个小层，其中流二下亚段划分为 6 个小层（编号 1～6 小层），流三上亚段划分为 7 个小层（编号 7～13 小层）。一个小层对应一个准层序组/4 级层序（持续时间为一个长偏心率周期，405ka），每个小层沉积持续时间均为 405ka，从而为建立全区的高精度等时框架奠定了基础。同时，这些小层也为下一步开发提供了借鉴（图 1.22）。

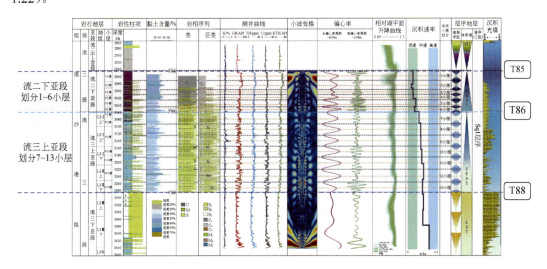

图 1.22　涠西南凹陷流三上亚段—流二下亚段小层划分

LEST 为湖扩晚期；EEST 为湖扩早期

（五）重点单井小层划分

基于测井曲线识别特征、录井岩性垂向变化、天文旋回滤波曲线、小波变换等多项手段，对涠西南凹陷 WY-1 井、WY-4 井、WY-5 井等典型单井开展高精度层序综合划分，具体见图 1.23～图 1.25。

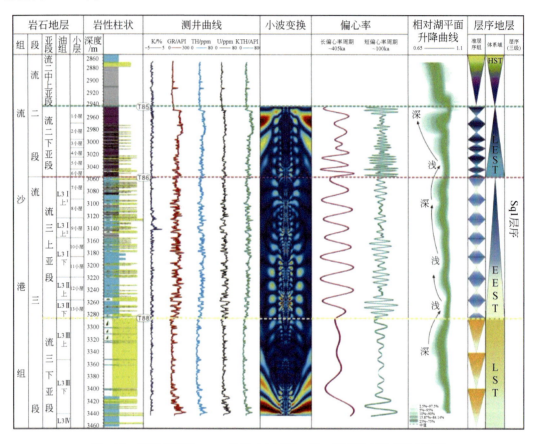

图 1.23　涠西南凹陷 WY-1 井流三上亚段—流二下亚段高精度层序划分

总体而言，一共可以识别出三个关键界面，即 T88、T86、T85。T88 界面是湖扩体系域与低位体系域的界面，其相对湖平面曲线呈降低的趋势，小波曲线反射明显变强；T86 界面是早期湖扩体系域与晚期湖扩体系域分界面，上下岩性存在明显变化，界面之下为薄层砂岩和泥岩互层岩性特征，其上则发育有大套厚层页岩，表现出沉积环境发生转变，同时表现为自然伽马曲线突变面，小波曲线也表现出明显特征；T85 界面是湖扩体系域和上覆高位体系域分界面，其相对湖平面曲线呈降低的趋势，小波曲线特征明显。

尽管不同单井之间在测井曲线品质上存在差异，但是利用天文旋回技术结合小波变化、测井组合特征、岩性组合特征等手段，仍然可以清楚地在流三上亚段—流二下亚段共识别出 13 个准层序组，每个准层序组持续时间为 405ka，包含了上升短旋回和下降短旋回两个次一级过程。

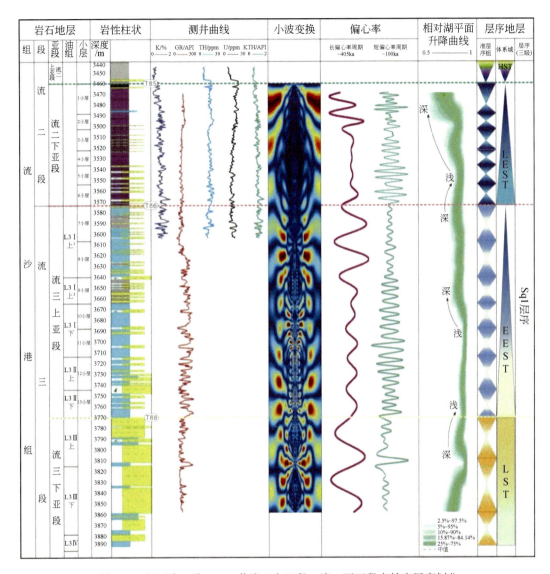

图 1.24 涠西南凹陷 WY-4 井流三上亚段—流二下亚段高精度层序划分

基于以上方法，后续对涠西南凹陷 17 口单井均开展了高精度层序划分，均识别了 1～13 小层，具体数据可见表 1.2。

二、天文节律约束的小层对比

以天文节律约束的小层划分为依据，搭建层序地层格架，共建立了 8 条小层对比剖面（铁篱笆），实现开发小层等时横向对比，即 WY-5—WY-1—WY-8—WY-4 连井（1 号剖面）、WY-5—WY-1—WY-4—WZ12-2-6 连井（2 号剖面）、WY-7—WY-5—WY-6—WY-1—WY-4 连井（3 号剖面）、WY-8—WY-4—WZ11-2-1 连井（4 号剖面）、WZ11-1-2—WZ11-1-5—WZ11-6-3d—WZ11-2-1 连井（5 号剖面）、WZ11-6-1—WY-1—WZ11-6-3d 连井（6 号剖面）、WZ11-6-2—WZ-5—WZ11-1-2 连井（7 号剖面）、WZ11-6-2—WZ11-6-1—WZ11-6-4—WY-8

连井（8 号剖面）共 8 条连井剖面（图 1.26）。

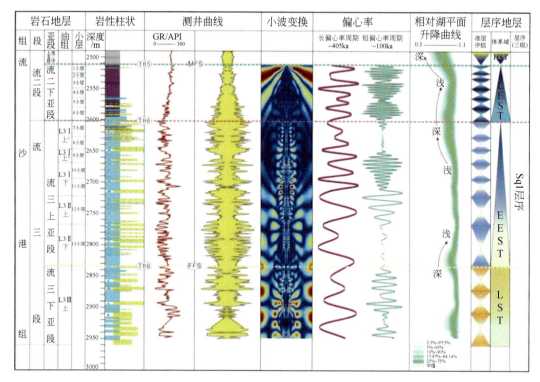

图 1.25 涠西南凹陷 WY-5 井流三上亚段—流二下亚段高精度层序划分

表 1.2 涠西南凹陷部分单井高频单元分层数据 （单位：m）

井	T85	1/2 小层界线	2/3 小层界线	3/4 小层界线	4/5 小层界线	5/6 小层界线	T86	7/8 小层界线	8/9 小层界线	9/10 小层界线	10/11 小层界线	11/12 小层界线	12/13 小层界线	T88
WY-1	2944	2972	2997	3010.5	3026	3045	3060.5	3094	3125.5	3156.8	3187.5	3221	3257	3286
WY-4	3461	3489	3503.5	3522.6	3537	3554.2	3574	3607	3640.3	3665	3688	3714	3745	3770.5
WY-5	2512	2526	2532	2549.5	2565	2580.4	2602	2602	2647	2669	2694	2722.5	2768	2844
WY-6	2817	2838	2851	2860.5	2872	2882	2893	2937	2977	3018	3054	3095	3135	3172
WY-7	2388	2399.5	2309.5	2418	2427	2432.2	2440	2467.1	2486.5	2502.1	2521.7	2539.2	2563.1	2597
WY-8	3251.5	3264.5	3278	3291	3303	3310.5	3328	3352	3373	3395	3424	3438	3462	3497
WZ11-1-2	2395	2400.5	2408	2415.5	2424.6	2434.6	2447.7	2473.4	2511.5	2534.1	2556.2	2574.6	2596.7	2616.7
WZ11-1-5	2616	2639.5	2657.5	2669.8	2684	2703	2711	2740	2761	2782	2798	2815	2838	2862
WZ11-2-1	3331.5	3345.5	3370.5	3389	3405	3417	3435	3447.1	3459.7	3474.6	3490.6	3503.6	3516.6	3437.8
WZ11-2-2	2980.9	2992.5	2998.5	3008.1	3016	3025	3036	3047	3062.3	3076	3091	3105.3	3124.5	3134.5
WZ11-2-3	2897.8	2920.3	2939.4	2957.6	2973.5	2990.3	3000.9	3009.4	3021.4	3042.6	3060.7	3074	3085.7	3096.8
WZ11-6-1	2602	2615	2625	2635	2645	2655	2668	2682	2697	2716	2735	2752	2771	2792
WZ11-6-2	2405	2418	2429	2440	2452	2464.4	2483	2499.2	2527	2555.4	2573.6	2589	2608	2630

续表

井	T85	1/2小层界线	2/3小层界线	3/4小层界线	4/5小层界线	5/6小层界线	T86	7/8小层界线	8/9小层界线	9/10小层界线	10/11小层界线	11/12小层界线	12/13小层界线	T88
WZ11-6-3d	2876	2905	2427	2949	2969	2991	3015	3041	3063	3084	3104	3125	3154	3190
WZ11-6-4	2944	2974.6	2989.1	3008.6	3031.3	3052.1	3072.6	3088.3	3104.5	3115.9	3130.8	3145.5	3164	3188
WZ12-2-6	2862	2884	2896	2907	2918	2930	2947	2957	2967	2979	2990.5	3004	3012.5	3018
WZ12-2-9	2693	2721	2742	2756	2770	2784	2798	2817	2824	2848	2880	—	—	—

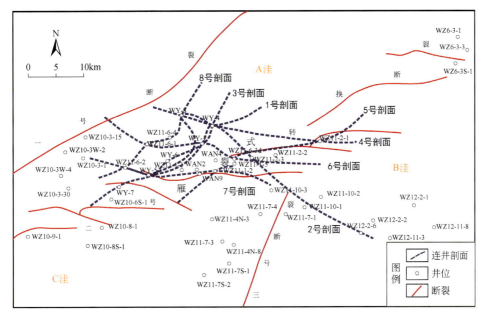

图 1.26　涠西南凹陷连井剖面分布图

以涠西南凹陷 1 号剖面为例，分别经过 WY-5 井、WY-1 井、WY-8 井、WY-4 井。可以看出，流三上亚段层序厚度在横向上差距相对较小，流二下亚段层序厚度在横向上差距相对较大。相比而言，4 口单井中流三上亚段早期湖扩体系域层序厚度明显大于流二下亚段晚期湖扩体系域层序厚度。同时 WY-4 井比 WY-1 井和 WY-5 井层序厚度略微变小，可能是存在断层发育的原因。WY-8 井与 WY-4 井相比层序厚度变小。整体上涠西南凹陷流沙港组主要层序单元发育相对完整，且与其他区域特征相对统一（图 1.27）。

涠西南凹陷 2 号剖面为东西向剖面。从西向东分别经过 WY-5 井、WY-1 井、WY-4 井、WZ12-2-6 井。可以看出，4 口井中 WY-1 井、WY-4 井、WY-5 井流三上亚段层序的厚度明显大于流二下亚段的厚度，即流三上亚段早期湖扩体系域层序厚度明显大于流二下亚段晚期湖扩体系域层序厚度；但 WZ12-2-6 井流三上亚段层序的厚度小于流二下亚段的厚度，即流三上亚段早期湖扩体系域层序厚度小于流二下亚段晚期湖扩体系域层序厚度。同时 WY-4 井比 WY-1 井和 WY-5 井层序厚度略微变小，可能是断层发育的原因。WZ12-2-6 井比 WY-4 井层序厚度变小且与其他井有较大不同，是因为 WZ12-2-6 井离其他井较远，位于不同洼陷中，经历了不同的地质构造过程及沉积环境（图 1.28）。

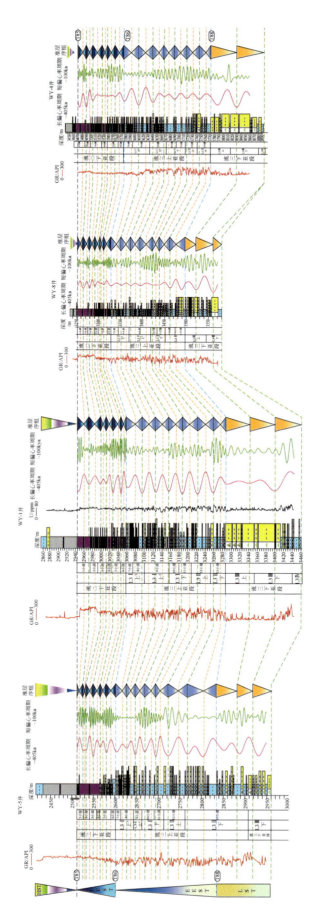

图1.27 涠西南凹陷WY-5—WY-1—WY-8—WY-4(1号剖面)流三上亚段—流二下亚段高精度层序划分对比图

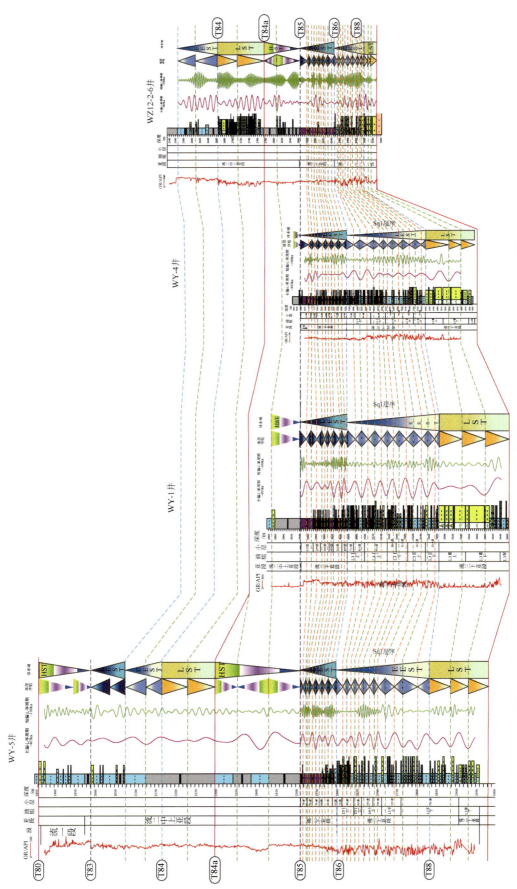

图1.28　WY-5—WY-1—WY-4—WZ12-2-6d(2号剖面)流三上亚段—流二下段连井高精度层序划分对比

第四节　涠西南凹陷页岩岩相类型与特征

岩相即岩石相，属于相概念的延伸，是指在一定沉积环境中形成的岩石或岩石组合，是沉积相的主要组合部分，它能够反映沉积的过程和沉积环境（Hickey and Henk，2007；姜在兴等，2013；杨万芹等，2015）。早期学者总结并细化了泥页岩岩相的分类方案，其中主要包含颜色、矿物成分及含量、生物种类和丰度、原生沉积构造、压实和变形构造及成岩构造等。迄今有许多学者对泥页岩岩相进行了大量的研究，其划分主要依赖于岩石构造、矿物组成特征，有时候也包含了有机质等关键性参数，相关页岩类型既包含了海相页岩、陆相页岩，也涵盖了海陆过渡相页岩。总体来看，对于泥页岩岩相划分，学者一般都基于页岩油勘探实际，以岩石矿物为基础，依据控制页岩含油性、储集性、可动性的岩石组分、沉积构造、结构和 TOC 相关参数制定页岩类型划分方案，其中上述参数因研究目的不同和侧重点迥异而出现选择差异。本书通过充分调研前人研究成果并结合涠西南西凹陷的实际情况，以页岩中的主要矿物成分为分类基础，提出了符合涠西南凹陷流三上亚段—流二下亚段富有机质泥页岩实际情况的页岩岩相划分方案。

一、页岩岩相划分方案

涠西南凹陷流沙港组泥页岩矿物类型多样，以石英、长石、黏土矿物为主，含部分方解石，白云石含量相对较低。因此，根据长英质+灰质+黏土质矿物三端元不同含量，提出了研究区四大类十二亚类岩性分类方案。首先，以相对含量 50% 为界，把页岩岩相划分为黏土类、长英质类、灰质类及混合类四大类岩相；在此基础上，以相对含量 25%、75% 为界，把岩相进一步划分为长英质页岩（S_1）、含黏土长英质页岩（S_2）、含灰长英质页岩（S_3）、黏土质页岩（C_1）、含长英黏土质页岩（C_2）、含灰黏土质页岩（C_3）、灰质页岩（Ca_1）、含长英灰质页岩（Ca_2）、含黏土灰质页岩（Ca_3）、含长英混合质页岩（M_1）、含黏土混合质页岩（M_2）、含灰混合质页岩（M_3）等 12 亚类岩相（图 1.29），具体含量和命名可见表 1.3。

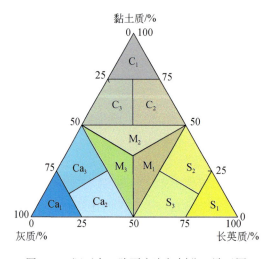

图 1.29　涠西南凹陷页岩岩相划分三端元图

表 1.3　页岩岩相划分各矿物组分含量表　　（单位：%）

类		亚类		长英质	灰质	黏土质
S	长英质页岩相	S_1	长英质页岩	75～100	<25	<25
		S_2	含黏土长英质页岩	50～75	<25	25～50
		S_3	含灰长英质页岩	50～75	<25	<25
M	混合质页岩相	M_1	含长英混合质页岩	25～50	25～50	<25
		M_2	含黏土混合质页岩	25～50	<25	25～50
		M_3	含灰混合质页岩	25～50	25～50	25～50
C	黏土质页岩相	C_1	黏土质页岩	<25	<25	>75
		C_2	含长英黏土质页岩	25～50	<25	50～75
		C_3	含灰黏土质页岩	<25	<25	50～75
Ca	灰质页岩岩相	Ca_1	灰质页岩	25～50	50～75	<25
		Ca_2	含长英灰质页岩	<25	50～75	<25
		Ca_3	含黏土灰质页岩	<25	50～75	25～50

二、页岩岩相类型与特征

（一）涠西南凹陷页岩数据处理

1. 去砂层处理

虽然本书主要研究对象为油页岩，但在实际工作中发现流三段含有较多薄砂层，在进行整体研究时，因其含砂量大导致预测的硅质矿物含量增大，在随后的样本学习中由于硅矿质物含量偏大会导致预测数据不准确，直接造成岩相分类的不准确。因此，在实际工作中首先要做的是去除砂层的影响，再进行定量计算与后期预测，便于更好地反映页岩岩相真实特征。图 1.30 为 WY-1 井实测数据去砂前 [图 1.30（a）] 和去砂后 [图 1.30（b）] 对比，能够明显看到岩相的差异。

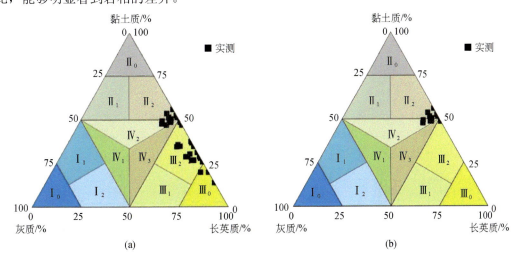

图 1.30　WY-1 井实测数据去砂前后对比

2. 基于 BP 神经网络（矿物含量）定量预测

要实现页岩岩相准确连续地分析，必须有连续的数据支撑。但是对于研究区页岩来说，取样点有限，实测数据有限，如果仅仅依据实测数据做页岩岩相分析，只能得到一些不连续、不典型的结果，无法窥探整个研究层段岩相的全貌。因此，为了解决数据不全面、不连续的问题，借助误差逆传播算法（BP）神经网络手段，依托实测数据，建立了矿物含量定量预测模型，进行矿物含量连续预测。

BP 神经网络的全称是误差信号反馈网络，它是基于误差反向传播算法的并行结构网络，具有灵活性、多样性和样本学习算法强大的特点，也是目前应用非常广泛的神经网络基础模型，一共包括输入层、隐含层和输出层三层。算法运行过程中首先初始化原始变量参数，然后利用给定样本通过作用函数计算输入值和输出值，再对权值和阈值进行修正，最终保证输出结果与期望目标相近。其用于测井识别岩相的原理是通过激活函数将输入的测井曲线投射到隐含层，每一个隐含层代表测井曲线数据的一个特征层，通过多个隐含层对测井曲线特征属性训练形成定量判识模型，即可以判别各种沉积成岩岩性及矿物组分含量预测。

在研究区 65 个 X 射线衍射（XRD）实测数据的基础上，确定样品的黏土矿物含量区间，同时提取样品点的自然伽马（GR）、自然电位（SP）、声波（AC）等测井数据，利用 MATLAB 软件建立各单井岩性判别与矿物含量的 BP 神经网络判别模型，用于定量预测 WY-1 井、WY-4 井、WY-5 井、WY-8 井、WZ12-2-6 井等重点井的黏土矿物含量。具体步骤包括：数据定量判别、神经网络模型建立、数据定量预测、预测数据校对、连续数据支撑下成图等。表 1.4 展示的是 WY-1 井实测值及与其对应的预测值，可以看到，误差基本不大。

表 1.4　基于 BP 神经网络岩矿预测数据对比表

实测值/%	预测值/%	误差值/%	实测值/%	预测值/%	误差值/%	实测值/%	预测值/%	误差值/%
44	48.90839214	4.908392136	45	53.11753895	8.117538952	27	28.94177039	1.941770393
36	43.26986786	7.269867864	41	45.11817309	4.118173089	25	25.05636268	0.056362678
36	42.00759047	6.007590472	35	47.29413667	12.29413667	20	34.43241948	14.43241948
36	44.19566977	8.195669769	42	46.57751939	4.57751939	17	24.50537639	7.505376392
35	43.80219389	8.80219389	41	47.19120641	6.191206409	22	40.50482884	18.50482884
42	42.7202485	0.720248499	45	46.16757507	1.167575071	31	30.18430367	-0.815696326
41	45.46833141	4.468331408	47	43.89975498	-3.100245017	19	35.97299413	16.97299413
34	40.35378764	6.353787636	39	46.10384895	7.103848949	36	28.52897336	-7.471026636
36	42.38259931	6.38259931	34	47.39941343	13.39941343	30	28.13196029	-1.868039714
41	48.56359641	7.563596407	40	40.54015647	0.540156466	47	27.56756776	-19.43243224
43	40.49931881	-2.500681187	50	35.43957783	-14.56042217	38	32.1666978	-5.833302196
42	46.6870282	4.687028196	21	32.11206499	11.11206499	26	27.45107471	1.451074706
38	43.81406366	5.814063659	21	32.31489816	11.31489816	29	36.14520145	7.145201455

续表

实测值/%	预测值/%	误差值/%	实测值/%	预测值/%	误差值/%	实测值/%	预测值/%	误差值/%
44	46.60410629	2.604106286	20	27.8108045	7.8108045	22	27.93012071	5.930120709
47	46.18148329	-0.818516708	24	31.77505168	7.775051678	17	26.96960518	9.969605183
48	52.57131092	4.571310923	30	35.88693128	5.886931284	18	18.27084222	0.270842223
49	54.24469819	5.244698193	24	30.02466531	6.024665313	24	28.19143007	4.191430072
48	48.84812732	0.848127323	23	33.68225222	10.68225222	24	28.26190632	4.261906318
50	46.57198144	-3.428018563	27	35.4658262	8.465826201	42	35.92695689	-6.073043115
42	39.51967159	-2.480328409	26	30.79247541	4.792475414	26	39.90483565	13.90483565
38	40.6816452	2.681645202	35	41.24856563	6.248565634	28	30.63204129	2.632041288
28	40.42583347	12.42583347	35	35.81112889	0.811128892	36	26.12744736	-9.872552642
33	41.59785436	8.597854362	24	29.52757198	5.527571977	42	33.91724824	-8.082751757
32	41.12747302	9.127473023	21	38.39278421	17.39278421	16	31.27898484	15.27898484
41	43.89181108	2.89181108	32	39.52934721	7.529347205	34	24.01902175	-9.980978247
45	41.75681071	-3.243189291	27	25.39600575	-1.603994248	24	26.7410106	2.741010605
33	43.11516557	10.11516557	25	38.00234223	13.00234223	23	23.03056378	0.030563781
40	45.44364076	5.44364076	18	29.61803365	11.61803365	29	34.95535953	5.955359526
38	43.8974377	5.897437702	21	37.04443675	16.04443675	37	28.75831695	-8.241683051
45	47.6326591	2.632659096	25	27.00543658	2.005436577	27	36.66384837	9.663848371
42	42.45239781	0.452397807	29	34.07396966	5.073969661	32	26.78205196	-5.217948043
45	41.93623416	-3.063765843	33	30.43163512	-2.568364878	19	31.13986137	12.13986137
42	46.02029284	4.020292845	35	26.17710804	-8.822891962	34	26.59935134	-7.400648657
41	46.59734286	5.597342856	29	32.29051087	3.290510866	41	29.54066366	-11.45933634
44	48.39883843	4.398838427	14	23.35385824	9.353858244	29	25.33854612	-3.66145388
42	49.70980906	7.709809056	30	37.22296193	7.222961929	21	25.57815862	4.578158623

为了进一步验证预测数据的可靠性，更准确地反映页岩岩相的真实特征，以 WY-4 井 2 小层和 6 小层为例，将预测数据与实测数据进行比对，结果显示拟合度大于 70%。WY-4 井 3490~3670m 共训练 108 个点，预测准确率可达 74.2%，表明预测数据吻合度高，数据基本可靠（图 1.31）。

以实测矿物数据为基础，利用上述方法，能够获得连续的矿物预测数据，从而可以实现不同尺度的（三级层序、体系域、准层序、小层）岩相分析与预测（图 1.32）。

（二）涠西南凹陷岩相精细表征

依据前文提到的页岩类型划分标准，依托获取的连续矿物预测数据，对涠西南凹陷 WY-1 井、WY-4 井、WY-5 井、WY-8 井、WY12-2-6 井等重点单井流沙港组流三上亚段—流二下亚段开展了详细的页岩岩相分析。

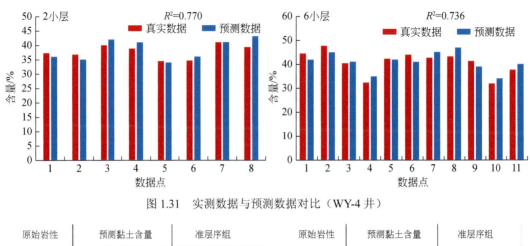

图 1.31　实测数据与预测数据对比（WY-4 井）

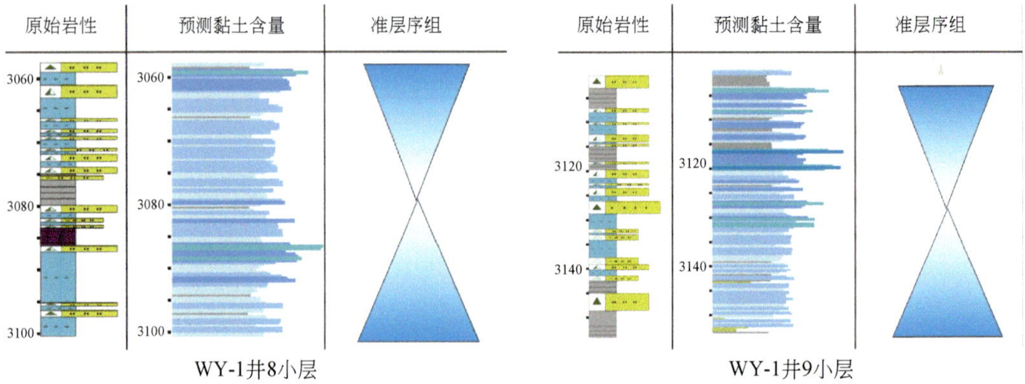

原始岩性	预测黏土含量	准层序组	原始岩性	预测黏土含量	准层序组

WY-1井8小层　　　　　　　　　　　　　WY-1井9小层

图 1.32　小层级别的矿物数据预测

1. 基质型页岩

基质型页岩岩相主要有 4 类：含长英黏土质页岩（C_2）、含黏土混合质页岩（M_2）、含长英混合质页岩（M_1）、含灰黏土质页岩（C_3）。其中含长英黏土质页岩（C_2）为优势岩相，占总岩相的 70%（图 1.33）。

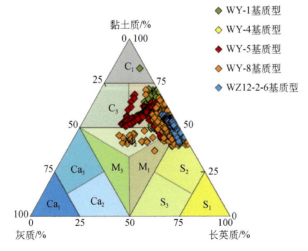

图 1.33　基质型页岩岩相分类图

含长英黏土质页岩（C_2）黏土矿物含量在 50%～75%，长英质矿物含量在 20%～50%，灰质矿物含量在 0～30%，且 TOC 大多数在 4% 以上。岩心颜色呈深灰色，纹层不发育，多呈块状结构，夹黑色泥质条带，裂缝较发育，有机质呈分散状、不连续条带状分布，见变形层理、交错层理和生物扰动构造。薄片下，成层性不明显，有机质多呈分散状富集（图 1.34）。

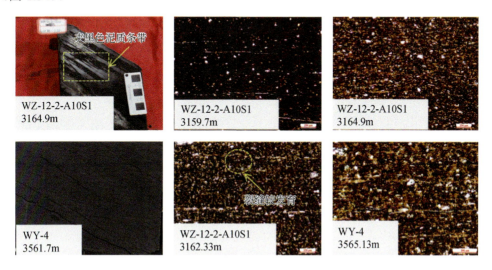

图 1.34　含长英黏土质页岩（C_2）主要特征

2. 纹层型页岩

纹层型页岩岩相主要有 4 类：含长英混合质页岩（M_1）、含黏土混合质页岩（M_2）、含长英黏土质页岩（C_2）、含黏土长英质页岩（S_2）。其中含长英混合质页岩（M_1）与含黏土混合质页岩（M_2）为优势岩相，分别占总岩相的 35% 和 30%（图 1.35）。

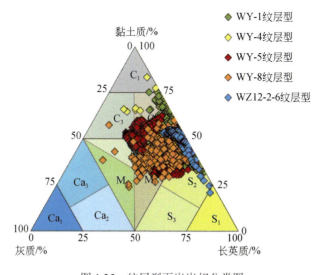

图 1.35　纹层型页岩岩相分类图

含长英混合质页岩（M₁）黏土矿物含量在 0～50%，长英质矿物含量在 30%～50%，灰质矿物含量在 0～50%，岩心颜色呈灰色，明暗相间纹层发育，纹层连续性好，多呈水平状，局部层位呈波状、透镜状，裂缝发育，有机质呈分散状、不连续条带状分布，见变形层理、交错层理和生物扰动构造。薄片下，明暗相间纹层清晰，浅色层主要由方解石组成，方解石多呈泥晶结构，深色层多为富有机质泥质纹层（黏土、长石和石英组成的纹层）（图 1.36）。

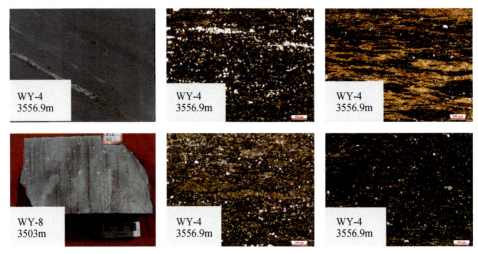

图 1.36　含长英混合质页岩（M₁）岩相主要特征

含黏土混合质页岩（M₂）黏土矿物含量在 30%～50%，长英质矿物含量在 0～50%，灰质矿物含量在 0～50%，岩心颜色呈灰色，明暗相间纹层发育，纹层连续性好，多呈水平状，局部层位呈波状、透镜状，裂缝发育，有机质呈分散状、不连续条带状分布，见变形层理、交错层理和生物扰动构造。薄片下，明暗相间纹层清晰，浅色层主要由方解石组成，方解石多呈泥晶结构，深色层多为富有机质泥质纹层（黏土、长石和石英组成的纹层），黏土含量高于石英，有机碳含量高，一般在 2%～4%（图 1.37）。

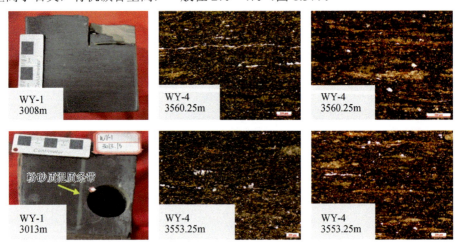

图 1.37　含黏土混合质页岩（M₂）岩相主要特征

3. 夹层型页岩

夹层型页岩岩相主要有 4 类：含黏土长英质页岩（S_2）、含长英质混合页岩（M_1）、含黏土质混合页岩（M_2）、含长英质黏土页岩（C_2）。其中含黏土长英质页岩（S_2）为优势岩相，占总岩相的 40%（图 1.38）。

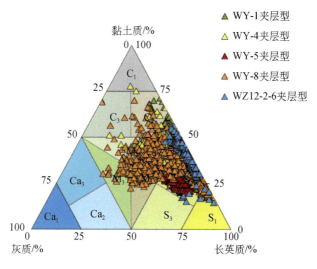

图 1.38　夹层型页岩岩相分类图

含黏土长英质页岩（S_2）黏土矿物含量在 20%～50%，长英质矿物含量在 50%～75%，灰质矿物含量在 0～30%，岩心颜色呈浅灰色，成层性明显，裂缝较发育。薄片下，长石、石英含量相对较高，以斜长石为主，颗粒棱角明显，磨圆度低，多呈分散状分布于黏土；有机碳含量较低，绝大部分都小于 2%（图 1.39）。

图 1.39　含黏土长英质页岩（S_2）岩相特征

三、各小层优势岩相分析

结合上述高频层序分析及岩相分类，发现流三下亚段—流二上亚段 13 个小层都有典型的优势岩相（图 1.40，表 1.5）。13 小层至 7 小层的优势岩相均为长英质页岩中的含黏土长英质页岩（S_2），且从 13 小层至 7 小层该岩相所占比例有逐渐减小的趋势，优势越来越不明显；6 小层、5 小层优势岩相均为混合质页岩中的含长英混合质页岩（M_1）和含黏土混合质页岩（M_2）；4 小层、3 小层优势岩相为含长英混合质页岩（M_1）、含黏土混合质页岩（M_2）和含长英黏土质页岩（C_2）；2 小层、1 小层优势岩相为黏土质页岩相中的含长英黏土质页岩（C_2）。从下往上地层整体上呈现长英质矿物含量逐渐减少，黏土质矿物含量逐渐增加，灰质矿物变化不大的趋势，岩相也对应地呈现出由长英质页岩向混合质页岩、黏土质页岩逐渐过渡的趋势。

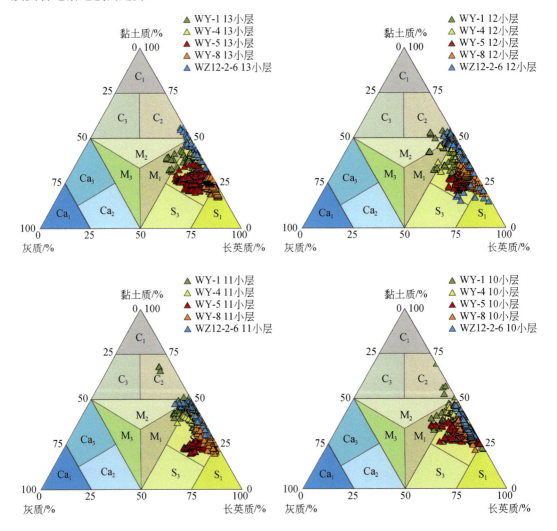

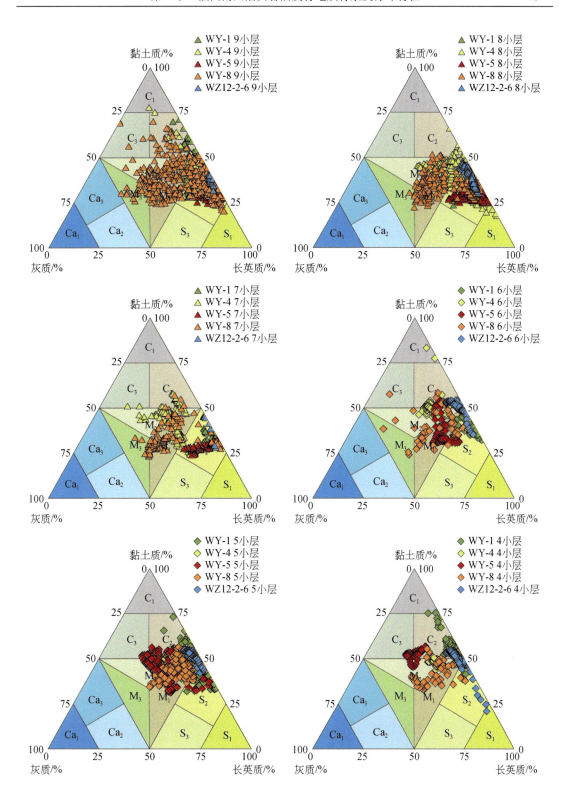

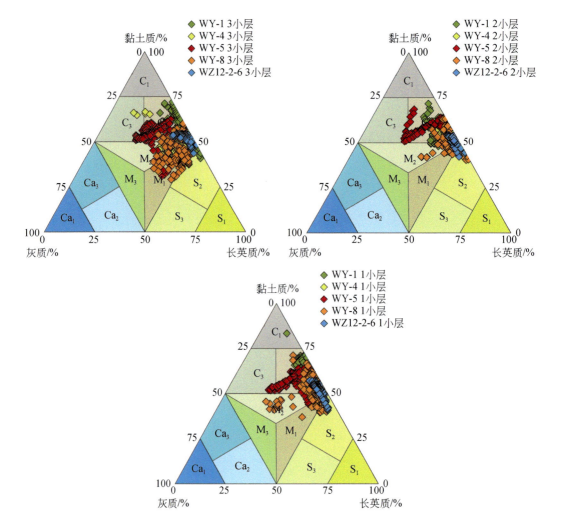

图 1.40　涠西南凹陷流三上亚段—流二下亚段各小层页岩岩相类型图

表 1.5　涠西南凹陷流三上亚段—流二下亚段各小层岩相占比　　　　（单位：%）

小层	类	亚类	占比	优势岩相
1 小层	黏土质页岩相（C）	含长英黏土质页岩（C_2）	85	√
	混合质页岩（M）	含黏土混合质页岩（M_2）	10	
2 小层	黏土质页岩相（C）	含长英黏土质页岩（C_2）	89.7	√
	混合质页岩（M）	含黏土混合质页岩（M_2）	5.3	
3 小层	混合质页岩相（M）	含长英混合质页岩（M_1）	30	√
		含黏土混合质页岩（M_2）	30	√
	黏土质页岩相（C）	含长英黏土质页岩（C_2）	40	√

小层	类	亚类	占比	优势岩相
4 小层	黏土质页岩相（C）	含长英黏土质页岩（C$_2$）	30	√
	混合质页岩相（M）	含长英混合质页岩（M$_1$）	30	√
		含黏土混合质页岩（M$_2$）	30	√
	长英质页岩相（S）	含黏土长英质页岩（S$_2$）	10	
5 小层	黏土质页岩相（C）	含长英黏土质页岩（C$_2$）	10	
	混合质页岩相（M）	含长英混合质页岩（M$_1$）	40	√
		含黏土混合质页岩（M$_2$）	40	√
	长英质页岩相（S）	含黏土长英质页岩（S$_2$）	10	
6 小层	混合质页岩相（M）	含长英混合质页岩（M$_1$）	45	√
		含黏土混合质页岩（M$_2$）	35	
	长英质页岩相（S）	含黏土长英质页岩（S$_2$）	10	
7 小层	长英质页岩相（S）	含黏土长英质页岩（S$_2$）	40	√
	混合质页岩相（M）	含长英混合质页岩（M$_1$）	30	
		含黏土混合质页岩（M$_2$）	20	
8 小层	长英质页岩相（S）	含黏土长英质页岩（S$_2$）	50	√
	混合质页岩相（M）	含长英混合质页岩（M$_1$）	30	
		含黏土混合质页岩（M$_2$）	15	
9 小层	长英质页岩相（S）	含黏土长英质页岩（S$_2$）	40	√
	混合质页岩相（M）	含长英混合质页岩（M$_1$）	30	
		含黏土混合质页岩（M$_2$）	15	
10 小层	长英质页岩相（S）	含黏土长英质页岩（S$_2$）	79.5	√
	混合质页岩相（M）	含长英混合质页岩（M$_1$）	19	
11 小层	长英质页岩相（S）	含黏土长英质页岩（S$_2$）	85.2	√
	混合质页岩相（M）	含长英混合质页岩（M$_1$）	14	
12 小层	长英质页岩相（S）	含黏土长英质页岩（S$_2$）	78.9	√
	混合质页岩相（M）	含长英混合质页岩（M$_1$）	20	
13 小层	长英质页岩相（S）	含黏土长英质页岩（S$_2$）	86.7	√
	混合质页岩相（M）	含长英混合质页岩（M$_1$）	12	

第五节　涠西南凹陷页岩岩相分布规律

　　岩相分布规律是开展有利储层预测的基础。本书在岩相分类方案确定的基础上，以高精度的层序地层框架为依托，并结合沉积相分析、含砂率展布、古地貌形态、地震属性分析等约束条件，系统地分析了岩相在垂向和平面上的展布规律，为后期甜点平面预测奠定了坚实的基础。

一、页岩岩相垂向分布特征

（一）流三上亚段页岩岩相类型及其特征

从整体上看，涠西南凹陷始新统流三上亚段页岩岩相以含黏土长英质页岩（S₂）为主，且在湖盆各个位置广泛分布；流三上亚段晚期砂质减少，出现部分含黏土混合质页岩（M₂）-含长英混合质页岩（M₁）-含黏土长英质页岩（S₂）岩相组合。硅质矿物含量整体较高，介于 50%～75%，泥质矿物含量居中，均在 25%～50%，碳酸盐矿物含量较低，小于 25%。自下而上，长英质矿物含量逐渐减少，黏土质矿物逐渐增加。沉积速率大部分时间处于中-高速，对应的沉积地层厚度也较大并且多为厚层，反映受物源影响比较大（图 1.41，图 1.42）。

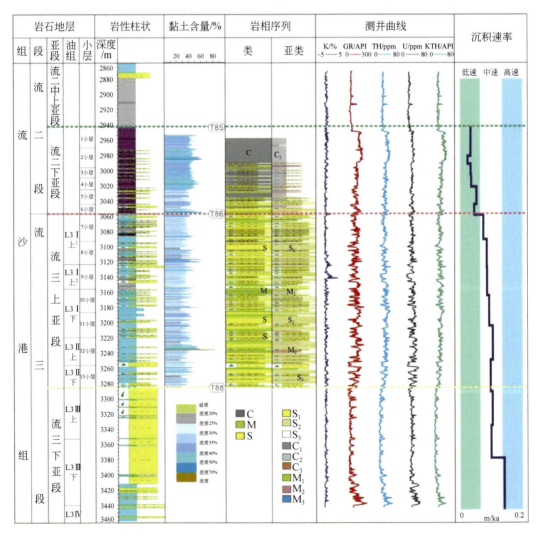

图 1.41　涠西南凹陷 WY-1 井流三上亚段—流二下亚段页岩岩相垂向分布

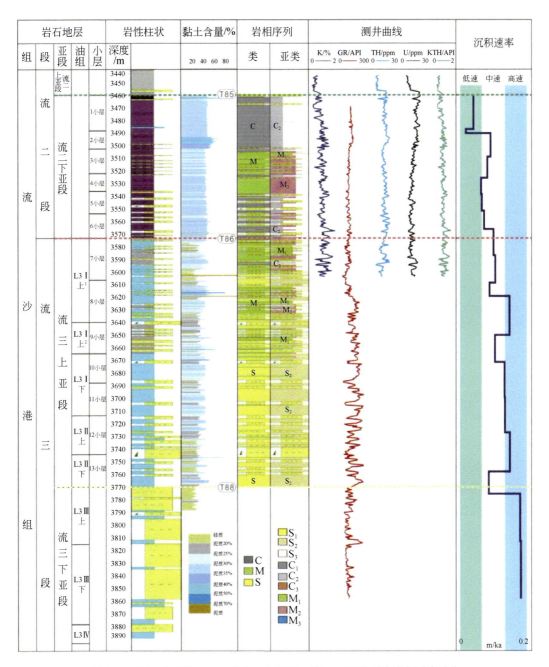

图 1.42 涠西南凹陷 WY-4 井流三上亚段—流二下亚段页岩岩相垂向分布

（二）流二下亚段页岩岩相类型及其特征

涠西南凹陷始新统流二下亚段以含长英混合质页岩（M_1）、含黏土混合质页岩（M_2）以及含长英黏土质页岩（C_2）三类岩相为主，且在湖盆各个位置广泛分布。自下而上，长英质矿物含量减少，岩相组合也从含长英混合质页岩（M_1）-含黏土混合质页岩（M_2）到混合质页岩（M）-含长英黏土质页岩（C_2）再到含长英黏土质页岩（C_2）逐渐过渡。硅质矿物含量的值都介于 25%～50%，且沉积地层年代越新，沉积物中泥质矿物的含量越高，逐步从小于 50%变为 50%～75%，含长英黏土质页岩岩相（C_2）占比也越来越大。其沉积速率显示整体上为低速沉积（图 1.43，图 1.44）。

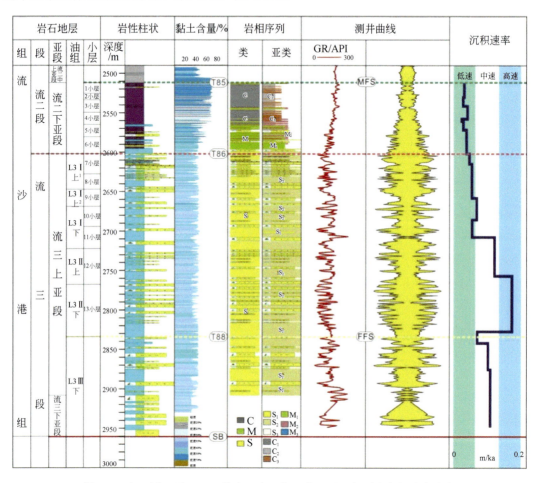

图 1.43　涠西南凹陷 WY-5 井流三上亚段—流二下亚段页岩岩相垂向分布

整体来看，在垂向序列上，从流三上亚段到流二下亚段演化过程中，岩相从湖扩体系域早期的含黏土长英质页岩（S_2）、含黏土长英质页岩（S_2）-含长英混合质页岩（M_1）组合过渡到含黏土混合质页岩（M_2）-含长英黏土质页岩（C_2）-含黏土长英质页岩（S_2）组合再到湖扩体系域晚期含长英黏土质页岩（C_2）的岩相变化序列（图 1.45）。从矿物变化上来讲，早期岩石含有较多石英、长石等长英质矿物，黏土矿物含量相对较少，晚期石英等长英质矿物含量迅速减少，黏土矿物含量增加，纹层整体发育不明显且不典型，裂缝较发育。

从横向变化来看，靠近物源的区域，含黏土长英质页岩（S_2）岩相占比较高，随着逐步远离物源，岩相逐渐转变为含长英混合质页岩（M_1）、含黏土混合质页岩（M_2）和含长英黏土质页岩（C_2）。此外，湖扩早期岩相主要为含黏土长英质页岩（S_2）、含长英混合质页岩（M_1）和含黏土混合质页岩（M_2）的岩相组合，岩相展布稳定，优势岩相为含黏土长英质页岩（S_2）、含长英混合质页岩（M_1）。湖扩晚期岩相主要为含长英黏土质页岩（C_2）、含长英混合质页岩（M_1）、含黏土混合质页岩（M_2）、含黏土长英质页岩（S_2）组合，优势岩相为含长英黏土质页岩（C_2）、含长英混合质页岩（M_1）、含黏土混合质页岩（M_2）（图1.46）。

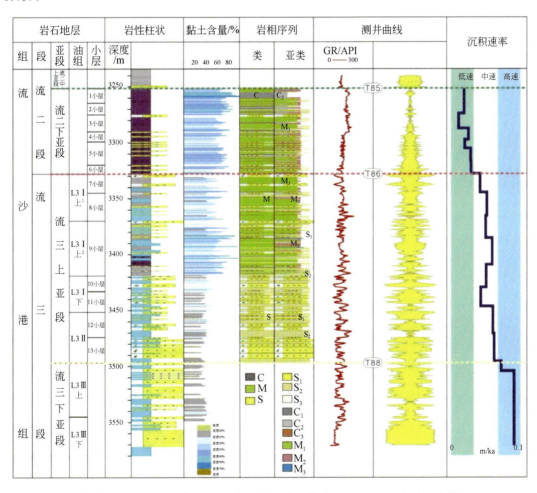

图1.44 涠西南凹陷 WY-8 井流三上亚段—流二下亚段页岩岩相垂向分布

二、页岩岩相平面分布规律

在岩相分类与横向展布研究的基础上，基于研究区域油页岩古地貌约束相带、地震属性识别页岩边界，并结合砂地比、砂岩厚度分布规律及单井结果矫正，从而得出不同层段岩相平面展布图。

1. 夹层段岩相分布规律

涠西南凹陷页岩油流三上亚段夹层段古地貌图如图1.47所示，基于泥页岩厚度和古地

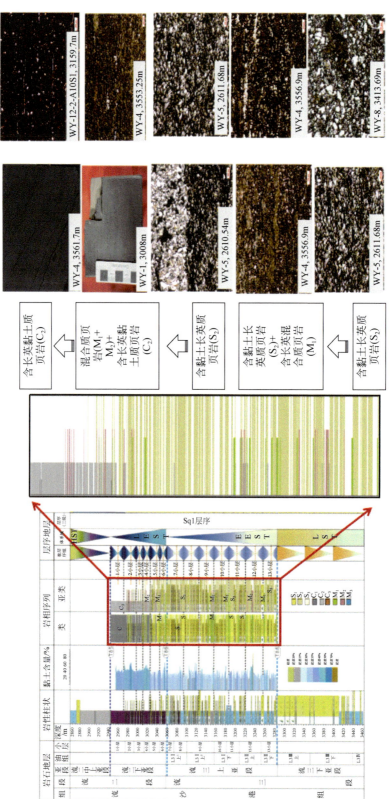

图1.45　涠西南凹陷WY-1井流三上亚段—流二下亚段页岩岩相垂向分布

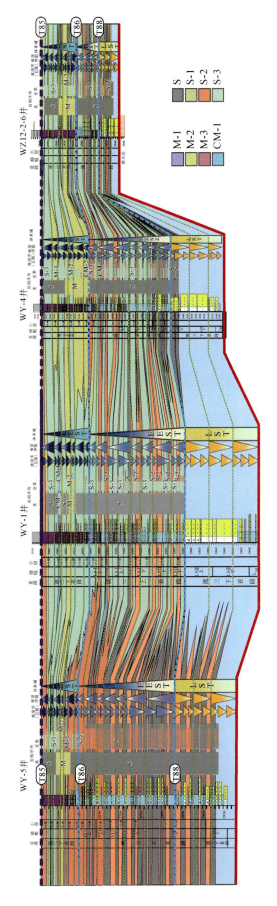

图1.46 涠西南凹陷流三上亚段—流三下亚段页岩岩相横向变化(WY-5—WY-1—WY-4—WZ12-2-6连井剖面)

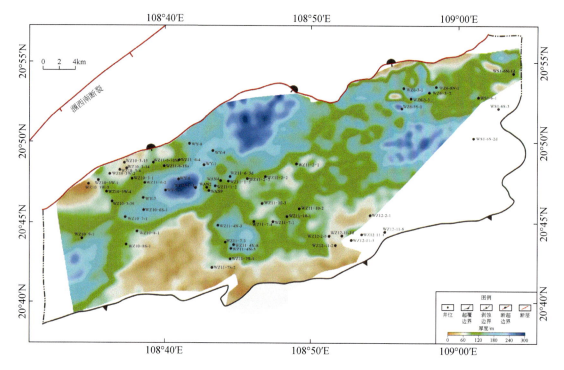

图 1.47　涠西南凹陷页岩油流三上亚段夹层段古地貌图

貌数据可以将其分为内环带（200m＜地层厚度≤300m）、中环带（150m＜地层厚度≤200m）、外环带（60m＜地层厚度≤150m）、陆源区（地层厚度≤60m）；沉降中心主要分布于WZ6-3S-1 井围区南侧、WY-4 井围区北侧、WY-5 井围区附近。

涠西南凹陷流三上亚段夹层段砂地比等值线图及砂层厚度等值线图如图 1.48 和图 1.49所示，可以看到，物源来自多个方向，砂地比较高（＞30%）且砂层厚度较大（＞50m）的区域有多个区域，包括 WS1-6-11d 井围区，其影响范围一直延伸至 WS1-3-1 井围区附近；WZ11-7-2 井围区，影响范围延伸至 WZ11-7-1 井围区附近；WY-6 井围区，影响范围延伸至 WZ11-6-3d 井围区；WZ12-2-2 井围区，影响范围延伸至 WZ12-11-7 井围区附近。因此，砂地比等值线图及砂层厚度等值线图可反映出该地区受到较多砂质物源沉积的影响，故前文对研究井进行了去砂层处理，以减少物源对泥页岩研究的影响。

从岩相平面展布来说，夹层段沉积时期主要发育含长英黏土质页岩相、混合质页岩相、长英质页岩相及（扇）三角洲前缘砂岩相，其中长英质页岩相为本层段优势岩相，在区内大范围分布。页岩岩相在平面上的分布主要受古地貌和古物源两者共同影响，整体呈环带展布（图 1.50），其中，内环带分布在 WZ11-2-1 井围区东侧，主要为中深湖相，发育含长英黏土质页岩相，发育范围较小；中环带以浅湖相为主，分布于内环带外侧及 WS1-6N-1d井和 WY-8 井北侧围区，岩相主要为混合质页岩相，发育范围较小；外环带岩相主要为长英质页岩相，发育范围广；陆源区含砂率高，岩相主要为（扇）三角洲前缘砂岩相，属于常规储层。

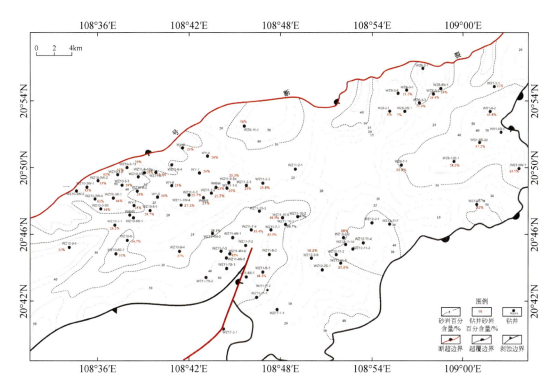

图 1.48　涠西南凹陷流三上亚段夹层段砂地比等值线图

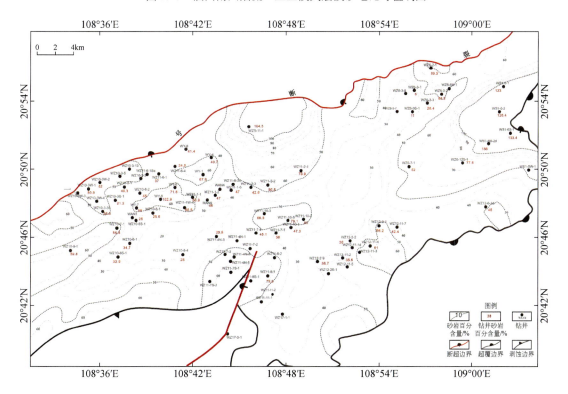

图 1.49　涠西南凹陷流三上亚段夹层段砂层厚度等值线图

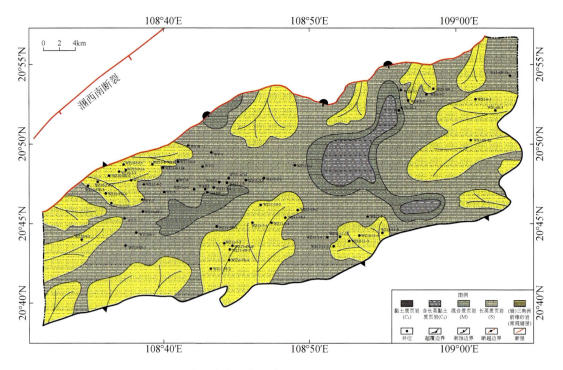

图1.50　涠西南凹陷流沙港组流三上亚段夹层段岩相平面分布图

2. 纹层段岩相分布规律

涠西南凹陷页岩油流二下亚段纹层段古地貌图如图1.51所示，根据地层起伏和厚度变

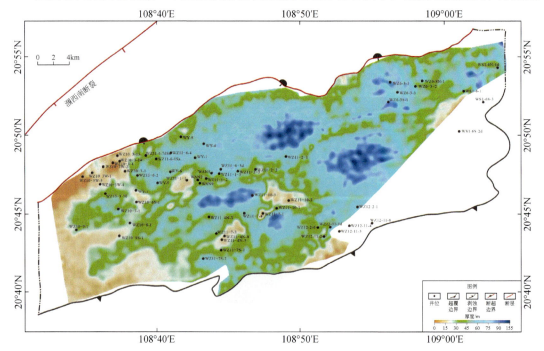

图1.51　涠西南凹陷页岩油流二下亚段纹层段古地貌图

化可以将其分为内环带（75m＜地层厚度≤115m）、中环带（45m＜地层厚度≤75m）、外环带（23m＜地层厚度≤45m）、陆源区（地层厚度≤23m）；沉降中心主要分布于 WZ6-3-3 井围区、WZ11-2-1 井围区北侧及南侧、WZ11-10-3 井围区附近。

　　涠西南凹陷流二下亚段层序纹层段砂地比等值线图如图 1.52 所示，其分布与夹层型具有一定的继承性，其物源方向与夹层型大致相同，主要为西南方向、东南方向和东北方向，但其影响范围大幅缩小，可反映出该地区受到砂质物源沉积的影响减小。砂地比在继承性物源方向上一般均在 40%以上，但是与流三上亚段夹层段相比，范围明显减小，其前缘大部分地区砂地比处在 5%～20%，认为是纹层段页岩发育的主要区域。

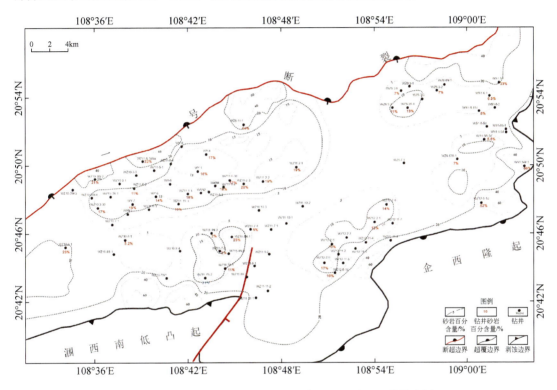

图 1.52　涠西南凹陷流二下亚段层序纹层段砂地比等值线图

　　对于岩相平面展布来讲，纹层段沉积时期包括含黏土质页岩相、含长英黏土质页岩相、混合质页岩相、长英质页岩相、（扇）三角洲前缘砂岩相等几种类型。页岩岩相在平面上的分布主要受古地貌和古物源两者共同影响，该期沉积物中黏土质矿物含量有所增加，长英质矿物虽然含量下降，但与夹层型有一定继承性，整体同样呈环展布（图 1.53）。其中，内环内带分布在 WZ11-2-1 井围区北侧以及南侧，岩相主要为黏土质页岩相，沉积相为深湖相；内环外带主要分布在 WZ11-2-1 井围区北侧及 WZ11-7-4 井围区，主要为含长英黏土质页岩相，沉积相为半深湖相，发育范围相对于夹层型有所扩大；中环内带以浅湖相为主，岩相主要为混合质页岩相，发育范围很大；外环带岩相主要为长英质页岩相，发育范围大幅减少；陆源区分布于西北侧、南侧、东南侧靠近物源区域，分布范围较小，岩相主要为（扇）三角洲前缘砂岩相，属于常规储层范围。

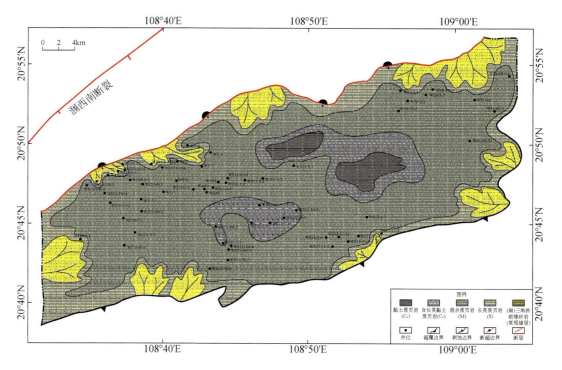

图 1.53　涠西南凹陷流二下亚段纹层段岩相平面分布图

3. 基质段岩相分布规律

涠西南凹陷页岩油流二下亚段基质段古地貌图如图 1.54 所示，基于泥页岩厚度和古地

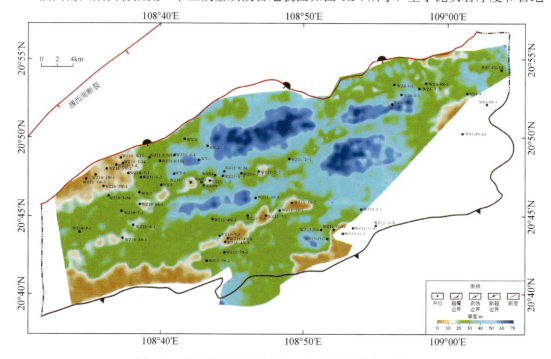

图 1.54　涠西南凹陷页岩油流二下亚段基质段古地貌图

貌数据可以将其分为内环带（42m＜地层厚度≤70m）、中环带（33m＜地层厚度≤42m）、外环带（15m＜地层厚度≤33m）、陆源区（地层厚度≤15m）；沉降中心主要分布于 WZ6-3S-1井围区、WZ11-2-1 井围区北侧及南侧、WZ11-10-3 井围区附近。

从该时期砂地比分布来看，大部分区域处于 5% 以下，高砂地比区域（＞20%）虽然继承了纹层段，但是分布范围非常局限，显示这个时期大部分地区被中深湖水体覆盖（图1.55）。

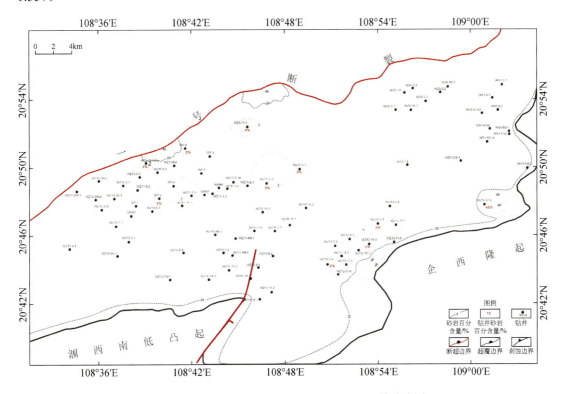

图 1.55　涠西南凹陷流二下亚段基质段砂地比等值线图

从岩相平面展布来看，基质段沉积时期包括黏土质页岩相、含长英黏土质页岩相、混合质页岩相、长英质页岩相、（扇）三角洲前缘砂岩相等岩相。页岩岩相在平面上的分布与古地貌分带图重合度很高，整体同样呈环展布，该期沉积物中黏土质矿物含量大幅增加，长英质矿物含量大幅下降。其中，内环内带分布在东北侧 WZ11-2-1 井围区北侧及南侧，主要为深湖相，发育黏土质页岩相；内环外带以半深湖相为主，岩相主要为含长英黏土质页岩相，发育范围大幅增大；中环带岩相主要为混合质页岩相，发育范围大幅减小；外环带发育长英质页岩相和（扇）三角洲前缘砂岩相，发育范围急剧萎缩（图1.56）。

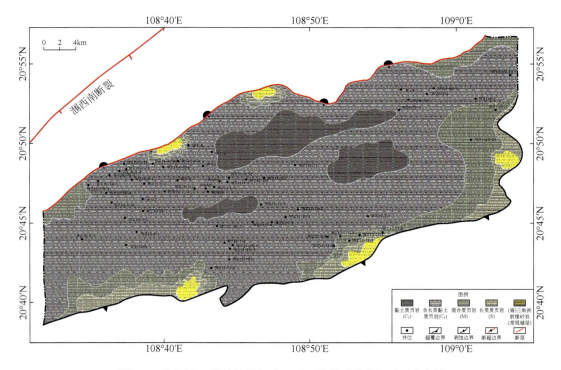

图 1.56　涠西南凹陷流沙港组流二下亚段基质段岩相平面分布图

第六节　涠西南凹陷页岩岩相发育控制因素

前文分析可见，涠西南凹陷页岩岩相类型多、非均质变化强，预示着岩相控制因素也较为复杂。本节通过对 WY-1 井、WY-4 井、WY-5 井、WY-8 井、WZ12-2-A10S1 井的连续取心段开展岩心观察、配套实验设计与室内分析测试，在岩相划分的基础上，对该段页岩沉积环境进行了重建，探讨了岩相分布与古物源及沉积环境之间的内在联系，以及明确了岩相非均质性分布的主控因素。

一、古物源分析

基于研究区目的层段页岩沉积主要由石英、长石、黏土矿物和碳酸盐矿物组成的特点，沿用粗碎屑的研究思路，将页岩细粒沉积古物源量指定为经机械搬运的石英、长石和黏土矿物等陆源物质的输入量。因此，从物质构成的角度来说，古物源方向、搬运距离及物源矿物差异对岩相的影响起着至关重要的作用。

（一）古物源方向

1. 夹层型页岩发育期

该时期主要物源来自西北、西南及东南方向，整体含砂率高，多源供给，砂体厚度大。整体优势岩相为含黏土长英质页岩（S$_2$）；不同物源岩相差异明显，WY-1 井、WY-4 井、

WY-8 井主要是受西北物源控制，WZ12-2-6 井主要受东南物源控制；同一物源方向岩相也存在差异，WY-5 井含砂率增高可能与存在新物源有关，即同时受到西北物源和西南物源的影响，导致其含黏土长英质页岩（S$_2$）占比过高（图 1.57）。

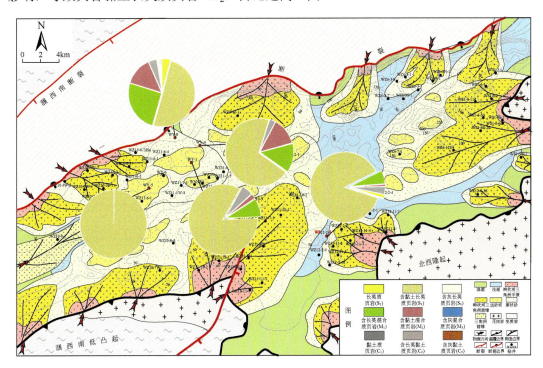

图 1.57　涠西南凹陷夹层型层段岩相与古物源关系图

2. 纹层型页岩发育期

这个时期沉积背景与基质页岩发育时期相似。整体优势岩相为含长英混合质页岩（M$_1$）、含黏土混合质页岩（M$_2$）、含长英黏土质页岩（C$_2$）；不同物源岩相差异明显，WY-1 井、WY-4 井、WY-5 井、WY-8 井主要是受西北物源控制，WZ12-2-6 井主要受东南物源控制；同一物源方向岩相也存在差异，WY-1 井可能受到二号雁列式转换断裂的影响，使其岩相与其受同一物源控制的其他井位有所不同，含有较多的长英质页岩相（图 1.58）。

3. 基质型页岩发育期

研究区包含了西北物源及东南物源，沉积时期整体含砂量低，多源供给、砂体厚度小、以深湖相为主。整体优势岩相为含长英黏土质页岩（C$_2$）>43%；西北物源与东南物源岩相类型存在明显差异，WY-1 井、WY-4 井、WY-5 井、WY-8 井主要是受西北物源控制，WZ12-2-6 井主要受东南物源控制；同一物源岩相也存在差异，其中 WY-8 井距物源较近，砂质陆源碎屑输入增加，使其岩相与其受同一物源控制的其他井位有所不同，含有较多的混合质页岩相（M）及长英质页岩相（S）（图 1.59）。

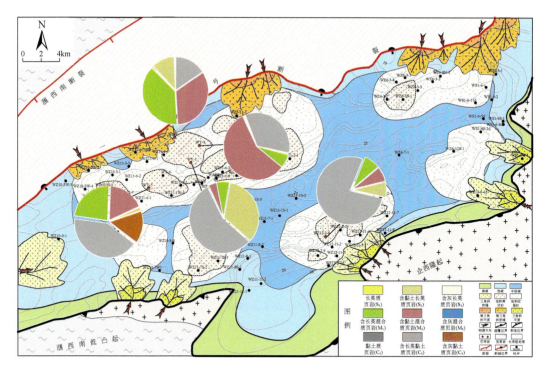

图 1.58　涠西南凹陷纹层型层段岩相与古物源关系图

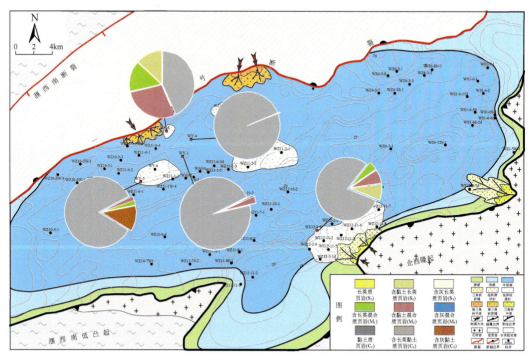

图 1.59　涠西南凹陷基质型层段岩相与古物源关系图

（二）物源矿物差异

重矿物在成岩作用中由于其化学性质稳定，抗风化能力强，因此能够很好地反映母岩区的特征。根据其抗风化能力可将其划分为稳定重矿物和不稳定重矿物两类（表1.6）。稳定重矿物在远离母岩区的岩石中含量相对较高，不稳定重矿物抗风化能力弱，在远离母岩区的岩石中含量较低（何香香，2012；张冬杰，2013；郑良烁，2013）。根据涠西南凹陷重矿物的相对含量，常见的重矿物有7种，分别为锆石、电气石、金红石、白钛矿、石榴子石、磁铁矿、赤褐铁矿。

表1.6 最常见的稳定及不稳定重矿物（罗婷婷，2011；胡帮举，2009；张启岩，2014）

稳定重矿物	石榴子石、锆石、刚玉、电气石、锡石、金红石、白钛矿、板钛矿、磁铁矿、榍石、十字石、蓝晶石、独居石
不稳定重矿物	重晶石、磷灰石、绿帘石、黝帘石、阳起石、符山石、红柱石、硅线石、黄铁矿、透闪石、普通角闪石、透辉石、普通辉石、斜方辉石、橄榄石、黑云母、赤褐铁矿

夹层型页岩沉积时期，重矿物分析资料在涠西南凹陷西北和西南部钻井较多（图1.60）。凹陷西南部稳定重矿物石榴子石、锆石、电气石含量较高，约占60%，由凹陷西北向凹陷中心锆石、石榴子石、电气石含量占比急剧减小，不稳定重矿物赤褐铁矿和白钛矿增多。凹陷西北部重矿物含量较高的为赤褐铁矿、白钛矿、锆石，由西南物源向凹陷中心，不稳定组分递增。东南物源稳定重矿物含量很小，以不稳定重矿物赤褐铁矿、白钛矿为主。

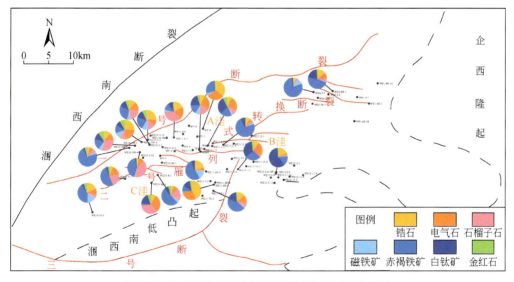

图1.60 涠西南凹陷夹层型页岩沉积时期重矿物组合

纹层型页岩沉积时期，湖泊逐渐扩大，水体不断加深，发育大套泥岩沉积，砂体不发育。钻井分析资料表明东南部重矿物组合以不稳定重矿物赤褐铁矿和白钛矿为主，稳定重矿物组分含量很低。西部主要为石榴子石和赤褐铁矿，稳定重矿物含量增加（图1.61）。WY-1井相对于WY-4井钾长石含量大幅减少，黏土和石英有不同程度的增加，其他矿物对比不明显（图 1.62）。

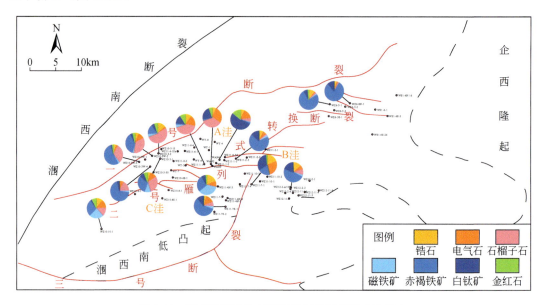

图 1.61　涠西南凹陷纹层型页岩沉积时期重矿物组合

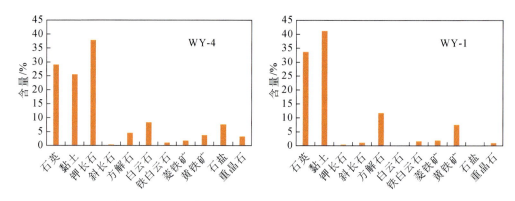

图 1.62　纹层型层段 WY-1 井、WY-4 井矿物含量实测值

基质型页岩发育时期，湖盆范围大，沉积时期为湖泊发育鼎盛期，发育大套泥岩沉积，砂体不发育或很少发育。重矿物钻井分析资料主要在凹陷西部，可见西部重矿物组合以不稳定重矿物赤褐铁矿和稳定重矿物白钛矿、磁铁矿为主，稳定重矿物组分含量很低，东南物源的延伸范围相对较小（图 1.63）。

二、古环境变化

古环境是指漫长的地质历史时期中的古气候以及古水体环境。陆相页岩细粒混积岩组构具有复杂、岩相类型多、相变快的特点，反映了陆相页岩细粒混积岩形成环境的多变性。相对于海洋，湖小、波浪作用弱，半深湖-深湖沉积能够保留沉积环境和水体的较多信息。因此，通过湖盆页岩沉积特征研究，一定程度上可揭示发育的沉积环境。目前，沉积环境恢复方法较多，包括沉积矿物、古地磁、古生物、地球化学和同位素法等。考虑到各类方

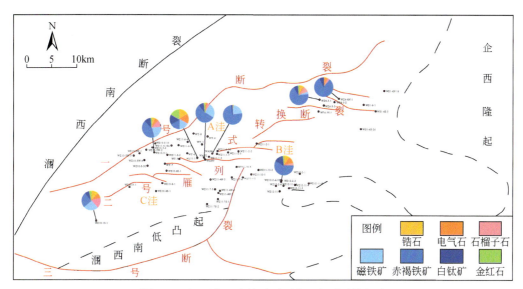

图 1.63　涠西南凹陷基质型页岩层段重矿物组合

法的优缺点，尽量用多种方法综合进行古气候、古物源、古水深、古盐度、古氧相、古风化程度恢复。本书中数据来源于涠西南凹陷页岩层段岩心开展的主微量测试、碳氧同位素测试及手持元素分析仪测试。

古气候：目前，利用湖盆沉积物进行古气候研究方法已基本成熟，相继形成了岩矿学、古生物学、地球化学等多种方法。表征古气候的元素指标较多，如 Na、Ca、K、Sr/Cu、Rb/Sr 等，单一元素往往受其他因素的影响较大，不能准确地反映当时沉积的环境，将多个元素恢复结果综合使用，在一定程度上可以消除这种影响，本书通过两个元素比值即 Cu/Sr，来反映当地气候特征，其<0.2 指示炎热干燥，相反即为温暖湿润。研究区从流三上亚段—流二下亚段比值先减小后增大，整体处于>0.2 的范围内，指示该地气候可能由半湿润转变为湿润（图 1.64）。

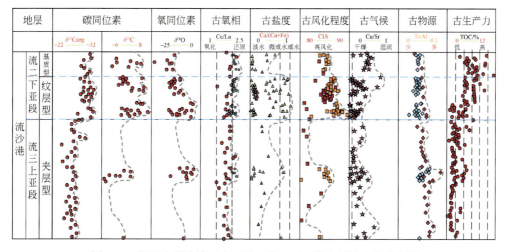

图 1.64　涠西南凹陷流三上亚段—流二下亚段古环境变化综合图

红色：搜集前人数据；其余颜色：实验室测试值；CIA：化学蚀变指数；Corg：土壤或沉积物中有机碳的含量

古物源：通常用于物源恢复的元素有 Ti、Al、Ca 等，一般 Ti 使用更多。主要利用页岩中 Ti 含量比较高、稳定性好的特征，通常情况下，Ti 值愈高则表明陆源物输入越多（王国平等，2005），本书选用 Ti/Al 来反映物源输入，目的层段从流三上亚段—流二下亚段整体上比值在减小，指示物源输入量在减少（图 1.64）。

古水深：湖盆古水深恢复一直是湖盆研究的重点和难点之一，古水深的恢复方法较多，主要有沉积学、生物学和地球化学法。沉积学法以定性-半定量为主，主要利用沉积物颜色、水平层理发育程度、沉积厚度、大型沉积体系发育特征进行古水深恢复，但受页岩形成环境、组构和产状的影响，这些方法对细粒混积岩适应性相对较差。生物分异度法以半定量为主，研究区页岩中化石以介形虫为主，含量低，不适用于半深湖-深湖页岩细粒沉积水体的深度研究。地球化学法主要利用元素的比值进行古水深恢复，常用 Th/U、Fe/Co、Fe/Mn元素比值法。本书选用 Fe/Mn 来反映水深大小，比值越大，即水深越大。目的层段从流三上亚段—流二下亚段整体上比值先增大后减小，指示水深先增大后减小，整体上流二下亚段水深比流三上亚段水深加深（图 1.65）。

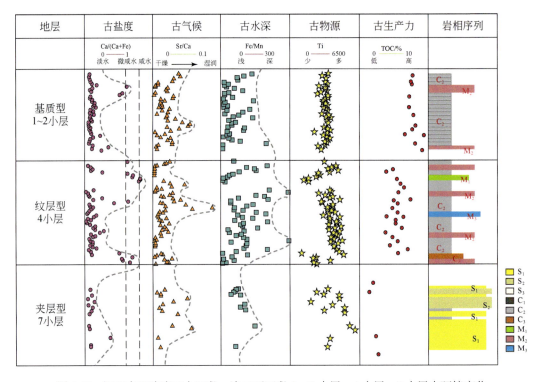

图 1.65　涠西南凹陷流三上亚段—流二下亚段 1～2 小层、4 小层、7 小层古环境变化

古盐度：湖盆古盐度的研究方法相对成熟，主要包括矿物学定性法、同位素和地球化学半定量法、孔隙流体和液相包裹体直接测量盐度定量法。Fe 和 Ca 的相对比例对水体盐度敏感，细粒沉积物中的 Ca/（Ca+Fe）可用于区分盐度变化。<0.6 为淡水，0.6～0.8 为微咸水，>0.8 为咸水，整个研究层段样品的 Ca/（Ca+Fe）在 0.2～0.75 变化，故水体盐度整体以淡水-微咸水环境为主,顶部水体咸度有所下降（图 1.64）。

古氧相：湖水氧化还原性主要与湖水中游离氧的含量有关，基于这一认识，建立了表征氧化还原性的一系列方法，包括岩矿法、元素法和有机地化法。岩矿法仅为定性判识标志，往往作为一种辅助手段，如用草莓状黄铁矿含量表征沉积水体氧化还原性，认为颗粒直径<10μm、分布范围窄的黄铁矿通常形成于缺氧环境，颗粒直径>10μm 的黄铁矿大多形成于氧化环境中（Bood et al，2010）。元素法通常用 Ni/Co、V/（V+Ni）、U/Th 表征水体的氧化还原性，本书选用了 Ce/La，目的层段比值从下至上整体上小幅度增大，但其变化不大，表明还原性在逐渐增大，整体处于弱还原-弱氧化-还原环境中（图 1.64）。

古风化程度：风化作用是地表流体和气候综合作用的结果，直接影响到沉积物的矿物组成和化学成分。沉积物的风化程度可以用化学蚀变指数（CIA）、化学风化指数（CIW）和斜长石蚀变指数（PIA）来定量表征。本书选用 CIA 来指示古风化程度，其可以有效表征风化程度，能够保留物源区的古气候信息，被广泛应用在地质领域。当 CIA>50 时，表明沉积物没有发生风化作用；当 50<CIA<60 时，表明轻微风化作用；当 CIA 介于 60～80 时，表明中等风化强度；而当 CIA>80 时，表明沉积物经历了强烈的风化作用。经过计算得知，研究区页岩发育层段 CIA 处在 80～90，故整体处于强烈风化作用下。

此外，为了反映不同类型页岩、不同小层古环境差异，在不同类型页岩中选择了具有的代表性的小层开展对比分析，见图 1.65。

夹层型页岩（7 小层）：水体为弱还原-弱氧化环境，淡水-微咸水，高风化强度，半湿润气候，陆源碎屑输入较多，古生产力相对减小，碳氧同位素为负偏。

纹层型页岩（4 小层）：水体为弱还原-弱氧化-还原环境，淡水-微咸水，高风化强度，湿润气候，陆源碎屑输入较少，古生产力较高，碳氧同位素为负偏。

基质型页岩（1～2 小层）：水体为还原环境，淡水，高风化强度，湿润气候，陆源碎屑输入少，古生产力高，碳氧氧同位素为正偏。

三、页岩岩相发育模式

湖泊中页岩的矿物组成表现出多种搬运沉积特征，这揭示了细粒沉积过程的复杂性。最常见的黏土矿物和长英质矿物大多来源于母岩的风化产物，经过搬运沉积形成地层，属于陆源碎屑组分。其中，黏土矿物主要通过悬浮物运输到集水区，需要通过絮凝沉淀，长英质矿物主要通过机械沉积。不同岩相的形成往往是构造运动、古气候、古水深、古盐度、古生产力和古氧相等因素在湖泊水体中相互作用的结果，它们在不同的沉积时期，相互影响，导致泥页岩岩相在时空尺度上的非均质性特征（彭丽，2017）。通过多控制因素分析发现，研究层段沉积环境变化具有明显的阶段性特征，虽然研究层段整体位于湖扩体系域时期（EST），但流三上亚段湖平面较低，流二下亚段湖平面较高，在湖平面变化条件下，通常伴随着沉积环境的改变，包括陆源碎屑的输入、气候条件、水体盐度、氧化还原条件和湖盆生产力等环境的改变。因此，在岩相变化规律与控制因素分析基础上，分段建立了岩相发育模式。

夹层段页岩岩相分布模式：受陆源碎屑沉积体系影响，垂直断陷湖盆长轴方向，岩相在剖面上大致呈对称分布，具有典型的环带展布特征，南北方向均存在较多的物源输入，物源影响较强，导致在两侧陆源区均发育较大范围的砂岩，随着物源输入影响逐渐减小，外环带发育长英质页岩相，中环带发育混合质页岩相，位于低隆的内环带发育含长英黏土质页岩相。故从缓坡向陡坡（南到北），依次发育砂岩（陆源区）—长英质页岩（外环带）—混合质页岩（中环带）—含长英黏土质页岩（内环带）—混合质页岩（中环带）—含长英黏土质页岩（内环带）—混合质页岩（中环带）—长英质页岩（外环带）—砂岩（陆源区）（图1.66）。

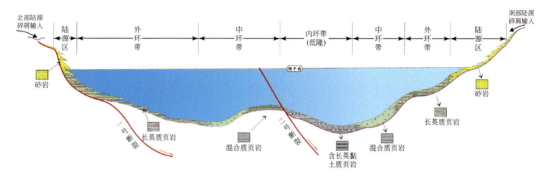

图1.66 涠西南凹陷夹层段页岩岩相分布模式图

纹层段页岩岩相分布模式：同样受陆源碎屑沉积体系的影响，垂直断陷湖盆长轴方向，岩相在剖面上大致呈对称分布，具有典型的环带展布特征，具有一定的继承性，南北方向陆源输入相对夹层段有所减少，导致其影响范围减小，此时期长英质矿物含量下降，黏土质矿物含量上升，同时出现发育油页岩的深洼区内环内带。两侧陆源区发育砂岩，随着物源输入影响逐渐减小，外环带发育长英质页岩相，中环带发育混合质页岩相，位于低隆的内环带发育含长英黏土质页岩相，位于深洼的内环带发育黏土质页岩相。故从缓坡向陡坡（南到北），依次发育砂岩（陆源区）—长英质页岩（外环带）—混合质页岩（中环带）—含长英黏土质页岩（内环带）—黏土质页岩（内环带）—含长英黏土质页岩（内环带）—黏土质页岩（内环带）—含长英黏土质页岩（内环带）—混合质页岩（中环带）—长英质页岩（外环带）—砂岩（陆源区）（图1.67）。

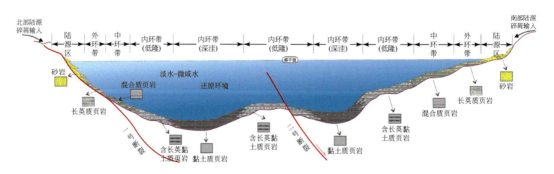

图1.67 涠西南凹陷纹层段页岩岩相分布模式图

基质段页岩岩相分布模式：在垂直断陷湖盆长轴方向，岩相在剖面上大致呈对称分布，同样具有典型的环带展布特征，此时南北方向的物源输入相对纹层段再次减少，导致其影响范围缩小，此时期长英质矿物含量下降，黏土质矿物含量上升。两侧陆源区发育砂岩，随着物源输入影响逐渐减小，外环带发育长英质页岩相，中环带发育混合质页岩相，位于低隆的内环带发育含长英黏土质页岩相，位于深洼的内环带发育黏土质页岩相。故从缓坡向陡坡（南到北），依次发育砂岩（陆源区）—长英质页岩（外环带）—混合质页岩（中环带）—含长英黏土质页岩（内环带）—黏土质页岩（内环带）—含长英黏土质页岩（内环带）—黏土质页岩（内环带）—含长英黏土质页岩（内环带）—混合质页岩（中环带）—长英质页岩（外环带）—砂岩（陆源区）（图1.68）。

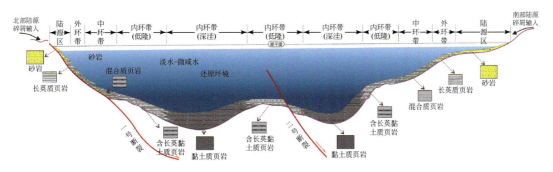

图 1.68　涠西南凹陷基质段页岩岩相分布模式

第二章　涠西南凹陷页岩油源岩条件分析

页岩油源岩有机质的非均质性直接关系到有利甜点的识别和效益开发。与北美等地区页岩油形成富集的地质条件相比，中国页岩油形成环境以陆相湖盆为主，多发育于拗陷或断陷盆地，地质条件更为复杂多样，具有明显的非均质性特征，且往往经历过较多期旋回的构造演化和改造（田在艺和张庆春，1993）。因此，湖盆类型及特征差异较大，物源条件和沉积水体条件在湖盆不同演化期内的变化，是形成具有强有机质非均质性的多套页岩油源岩的重要原因（赵文智等，2018；胡素云等，2022）。对于北部湾盆地涠西南凹陷来说，页岩油源岩的发育则更具特色，已发现的海上页岩油源岩在岩相组合、成烃机制等方面与陆上页岩油相比，具有显著差异，因此需要对其特异性开展研究。

第一节　页岩油源岩有机质非均质性特征

一、源岩岩性和岩相的非均质性

中国陆相页岩油烃源岩岩性多样，淡水湖盆如鄂尔多斯盆地长 7 段页岩油源岩以泥页岩为主，矿物包括长石、石英、黏土以及少量的黄铁矿、火山灰等，黏土含量可达 30%～50%，部分超过 50%，属于陆源供给体系形成的岩性特征；而咸化湖盆页岩油源岩主体为泥质白云岩、白云质泥岩、凝灰质泥岩等内源供给形成的岩性组合，具有黏土矿物含量低、碳酸盐矿物含量偏高的特征（胡素云等，2020；李森等，2019）。如准噶尔盆地东北缘三塘湖盆地，是叠合在古生代褶皱基底之上的晚古生代—中新生代叠合改造型陆内沉积盆地，二叠纪芦草沟组沉积期湖盆面积大，湖水深度大，接受稳定持续沉积时间长，芦草沟组泥页岩形成于咸水湖盆，源岩抽提物中伽马蜡烷和胡萝卜烷含量高，也指示其沉积环境为咸水湖泊环境，普遍发育火山物质，岩性复杂多变，形成了以泥质白云岩、白云质泥岩、凝灰质泥岩、凝灰质粉砂岩等多种频繁互层的混积岩石组合，其中白云石含量可达 20%～40%，而黏土矿物含量普遍＜10%（齐雪峰等，2013；唐勇等，2003；马克等，2017；杨焱钧等，2019）。淡水到微咸水湖盆如松辽盆地青山口组，岩性特征介于上述两种沉积环境之间，主要发育长英质泥页岩，夹少量粉砂质泥岩和介壳灰岩。矿物成分以石英和黏土为主，长石和碳酸盐矿物含量偏低。古龙凹陷青山口组泥页岩中石英与黏土矿物含量合计可达 60%～75%，而碳酸盐矿物含量基本在 10%上下（霍秋立等，2020；金成志等，2020）。

因此，总体来说，淡水湖盆页岩油烃源岩以黏土质为主，黏土矿物含量高，长英质和碳酸盐矿物含量偏低；而咸化湖盆长英质和白云岩组成的混积岩发育，黏土矿物含量低，脆性好，两者的过渡类型烃源岩矿物组成也介于两者之间，如黏土矿物和长英质含量各占三分之一左右（孙龙德等，2021）。

北部湾盆地流三上亚段—流二下亚段沉积水体整体为不断加深的湖侵过程。流二下亚段作为油页岩发育的主要层段，不同湖侵阶段岩性组合特征有差异（图 2.1），依据层序位置和岩性组合特征，北部湾盆地油页岩可划分为三类：湖侵早期夹层型油页岩、湖侵中期纹层型油页岩和湖侵晚期基质型油页岩（徐长贵等，2022）。湖侵早期夹层型油页岩，厚层灰褐色油页岩夹灰色薄层粉-细砂岩，油页岩累计厚度为 18～33m，占比 80%～95%，砂岩成分以石英为主，少量暗色矿物，分选较好（徐长贵等，2022）。岩心精描及成像测井图像显示多期冲刷面、正粒序层理及沙纹层理，泥页岩水平层理及页理发育，反映半深湖-深湖相泥页岩与多期次浊流沉积（徐长贵等，2022）。湖侵中期纹层型油页岩，仍以厚层灰褐色油页岩为主，油页岩累计厚度为 27～36m，占比 95%～99%，薄层粉-细砂岩厚度和占比较早期显著降低，粒度变细，水平层理及页理发育（图 2.1）。湖侵晚期基质型油页岩，油页岩累计厚度为 23～41m，占比达 99% 以上，砂岩欠发育，仅局部见厚度<0.005m 的粉砂-泥质粉砂岩条带，页理非常发育（图 2.1）。

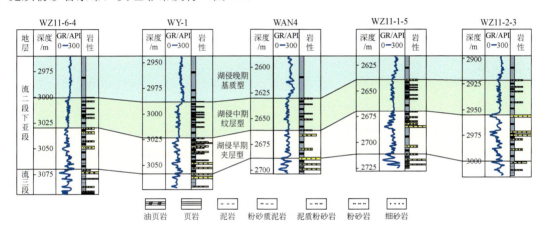

图 2.1　涠西南凹陷流沙港组油页岩储集层类型划分图（据徐长贵等，2022）

二、源岩地球化学特征的非均质性

本小节首先基于岩石热解、有机地球化学分析等厘清了涠西南凹陷流沙港组页岩油烃源岩特征，并通过对 WZ11-6-1 井流三上亚段—流二下亚段完整柱子的元素地球化学分析，探究了该沉积时期内涠西南凹陷的气候环境特征，并总结了其对烃源岩有机质富集程度的控制。有机质丰度是指岩石中有机质的相对含量，有机质是烃源岩中油气生成的物质基础，有机质丰度决定了烃源岩中有机质的富集程度，是评价烃源岩生烃能力的一项重要指标（卢双舫等，2017）。有机质丰度常用总有机碳（TOC）、生烃潜量（S_1+S_2）、氯仿沥青"A"等指标进行衡量和评价（侯读杰等，2012）。生烃潜量（S_1+S_2）是对单位质量岩石直接加热获得的烃类化合物总量，它的高低与 TOC 之间具有良好的相关性。因此，根据 TOC 与生烃潜量（S_1+S_2）关系图可以用来综合判断烃源岩的有机质丰度（Yang et al.，2020）。TOC 与 S_1+S_2 交会图显示。总体上，涠西南凹陷流沙港组三类页岩油烃源岩都具有较高的有机质丰度，但 TOC 和生烃潜量有所差异（图 2.2）。

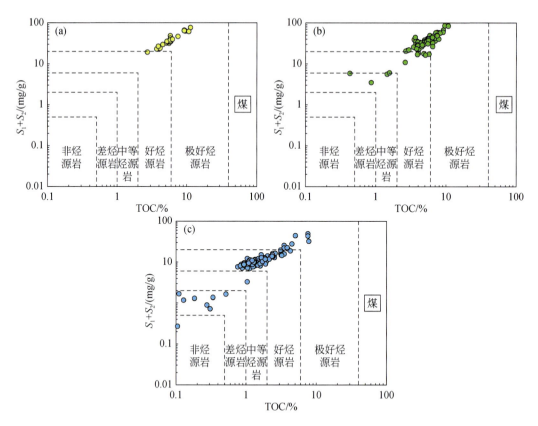

图 2.2　涠西南凹陷流沙港组烃源岩 TOC 和生烃潜量相关关系

（a）基质型；（b）纹层型；（c）夹层型，如无特殊说明，下文均为此标注方法

基质型 TOC 和生烃潜量最高，TOC 可达 2.71%～11.3%（平均为 6.14%），生烃潜量为 19.22～76.42mg/g（平均为 40.37mg/g），全部属于极好烃源岩；纹层型 TOC 普遍>3%，为 0.42%～10.7%（平均为 5.25%），生烃潜量为 3.50～85.28mg/g（平均为 36.2mg/g），大部分属于好-极好烃源岩，但也有小部分在中等-差烃源岩的范围；夹层型 TOC 和生烃潜量相对较低，TOC 为 0.05%～7.83%（平均为 1.86%），生烃潜量为 0.17～49.34mg/g（平均为 12.31mg/g），以中等-好烃源岩为主（图 2.2）。

热解 S_1 和氯仿沥青 "A" 含量常用于页岩油含量评价。热解 S_1 是在 300℃热解过程中测试的游离和挥发性烃类，氯仿沥青 "A" 含量是指页岩岩心样品中可提取的有机质，多代表碳原子数在 15 个及以上的原油。这两个指标的一个重要区别是氯仿沥青 "A" 含量比 S_1 含有更重的烃类。考虑到本书样品的页岩储层特征（低孔隙度、低渗透性）和页岩油生产特征（主要产出轻质油），选择用热解 S_1 来估算页岩样品的含油量，这对指导页岩油开发具有重要的作用。依据 S_1/TOC 指标可将涠西南凹陷湖相页岩油划分为 4 类（图 2.3）：①富集资源，S_1 高，S_1/TOC 高，页岩油勘探潜力最大（$S_1>4mg/g$ 且 $S_1/TOC>1$）；②次富集资源，S_1 中等，S_1/TOC 高，页岩油勘探潜力中等（$1mg/g<S_1<4mg/g$ 且 $S_1/TOC>1$）；③低效资源，S_1 含量中等，S_1/TOC 低，页岩油勘探潜力较低（$1mg/g<S_1<4mg/g$ 且 $S_1/TOC<1$）；④无效资源，S_1 含量低，S_1/TOC 低，不具备页岩油勘探潜力（$S_1<1mg/g$ 且 S_1/TOC

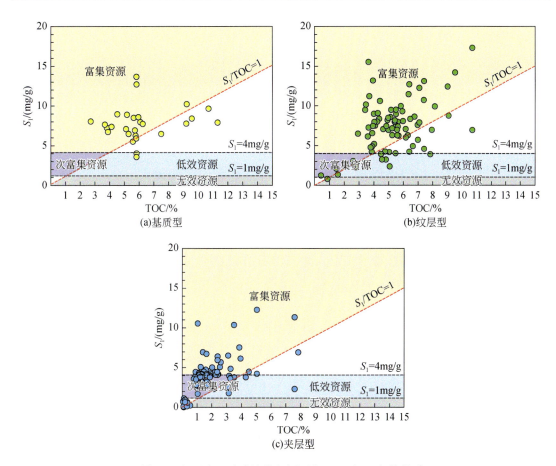

图2.3　涠西南凹陷流沙港组烃源岩 TOC 和 S_1 相关关系

<1）。在这 4 类页岩油资源中，只有代表富集和次富集资源的湖相页岩可以利用现有技术进行经济开采（Hu et al.，2018）。

　　热解 S_1 和 TOC 的相关关系结果表明，纹层型的含油性最好、S_1 相对最高，基质型和夹层型略次之（图 2.3）。纹层型 S_1 相对最高，主体为 5～17mg/g，资源富集程度主要为富集资源，相较而言，基质型 S_1 略低一些，主体为 5～10mg/g，资源富集程度也主要为富集资源，夹层型 S_1 则为三者中最低，主体为 2～7mg/g，资源富集程度主要为富集-次富集资源。有机质类型是衡量有机质产烃能力的参数，可以反映有机质主要是生油还是生气。有机质类型的划分常采用最高热解温度 T_{max}、氢指数 HI、有机显微组分等参数进行划分（卢双舫等，2017；唐友军，2023）。根据岩石热解参数、有机显微组分和生物标志物组成等信息综合判断涠西南凹陷流沙港组三类页岩油烃源岩有机质类型较好，且均已达到成熟阶段，R_o 主体为 0.5%～1.0%。在氢指数和最高热解温度 T_{max} 的交会图中，基质型和纹层型的氢指数普遍高于 400mg/g TOC，以Ⅰ型为主，兼有少量Ⅱ$_1$型，夹层型则具有很大的氢指数波动范围，为 50～950mg/g TOC，Ⅰ型和Ⅱ型有机质呈现均势特点（图 2.4，图 2.5）。

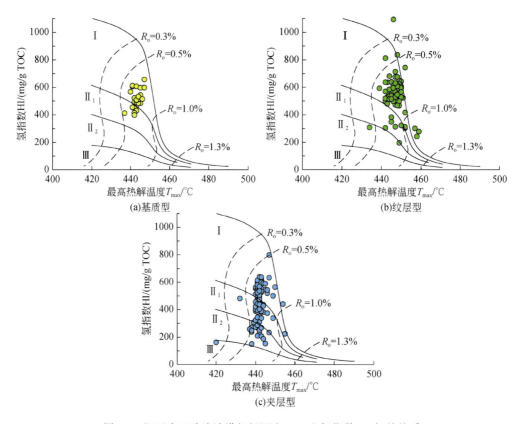

图 2.4 涠西南凹陷流沙港组烃源岩 T_{max} 和氢指数 HI 相关关系

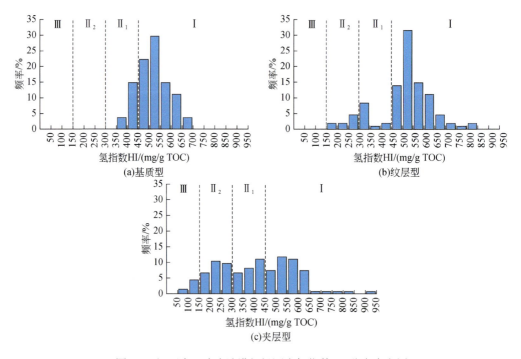

图 2.5 涠西南凹陷流沙港组烃源岩氢指数 HI 分布直方图

　　干酪根的显微组分组成受沉积古环境和原始母质的控制，其决定了烃源岩的有机质类型和油气生烃潜力（Tissot，1984）。根据烃源岩中各显微组分的相对含量也可判断有机质类型，常用显微组分三元图和有机质类型指数 TI（TI=100×腐泥组+50×壳质组-75×镜质组-100×惰质组，%）进行判别。TI 越高，三元图中数据点越偏向腐泥组端元，则表明低等水生生物或细菌贡献的程度越高，有机质类型也越偏向Ⅰ型。有机显微组分的三端元判别结果与热解结果对应性好，基质型和纹层型烃源岩有机质类型略好于夹层型（图 2.6）。

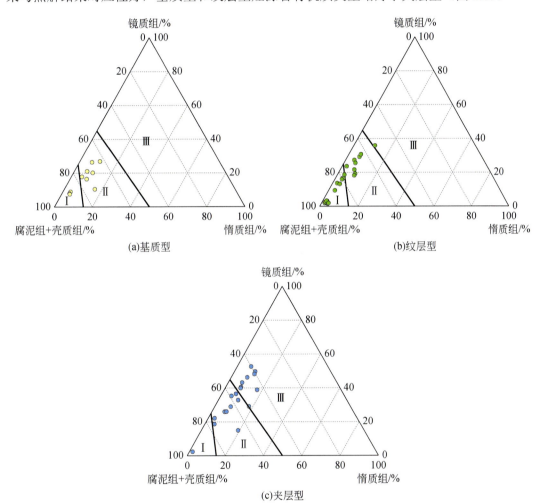

图 2.6　涠西南凹陷流沙港组烃源岩有机显微组分三端元组成

　　油页岩源岩抽提物中的有机分子化合物（正构烷烃系列、萜烷系列、甾烷系列）指示整体以偏还原环境下的低等生物生源为主，正构烷烃系列主要为单峰式分布，主峰靠前，姥鲛烷 Pr 含量低于植烷 Ph，指示低等生物为主，属于偏还原环境。三环萜烷（TT）富集通常表明微生物和藻类是主要的有机质输入源（Greenwood et al.，2000；Van Graas，1990），而四环萜烷（TeT）则主要来自陆地输入（Clark and Philp，1989）。涠西南地区油页岩源岩中三环萜烷相对富集，藿烷含量较高，且具有完整的升藿烷序列，自 C_{31} 升藿烷至 C_{35} 升藿烷含量逐渐降低。完整的藿烷类化合物组成也指示以细菌和蓝绿藻类为主的母质来源类型。伽马蜡烷具有明显的生源意义，常用伽马蜡烷指数（伽马蜡烷/C_{30}藿烷）来表征母质来源于咸水还原环境的程度，较高的该参数值指示沉积水体盐度相对较高，出现了水体分层。C_{27-29}规则甾烷呈"L"形分布，是以细菌和藻类等低等生物来源为主的特征，孕甾烷、升孕甾烷含量较高也反映了水体盐度相对较高（图2.7）。

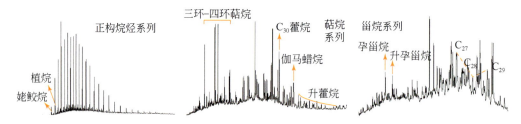

图2.7　涠西南凹陷流沙港组油页岩岩心抽提物正构烷烃系列、萜烷系列、甾烷系列化合物分布

样品：WY-4井岩心，3554.5m，纹层型

类异戊二烯烷烃化合物（姥鲛烷与植烷）对成岩环境十分敏感，提供了分析沉积水体环境的有效参数，是反映沉积过程中氧化还原条件的重要地球化学指标，一般 Pr/Ph<1 指示还原环境，Pr/Ph>2.5 指示偏氧化的还原环境（吕岑，2019）。研究区三类烃源岩 Pr/Ph 整体偏低，普遍处于还原环境，但三类存在差异，基质型 Pr/Ph 整体较低，为 0.16～3.16，平均值为 1.81；纹层型为 0.35～5.67，平均值为 1.99；夹层型相对较高，为 0.19～6.55，平均值为 2.69。由此来看，基质型和纹层型整体处于还原环境，而夹层型页岩处于偏氧化的还原环境（图2.8）。

Pr/nC_{17} 和 Ph/nC_{18} 可以揭示烃源岩有机质来源（Yang et al.，2020），根据 Pr/nC_{17} 与 Ph/nC_{18} 关系图可以看出基质型有机质母质以湖相藻类（Ⅰ/Ⅱ）和混合相（Ⅱ/Ⅲ）为主；纹层型则以混合相（Ⅱ/Ⅲ）为主；夹层型以混合相（Ⅱ/Ⅲ）为主，同时兼有陆相（Ⅲ）来源（图2.8）。

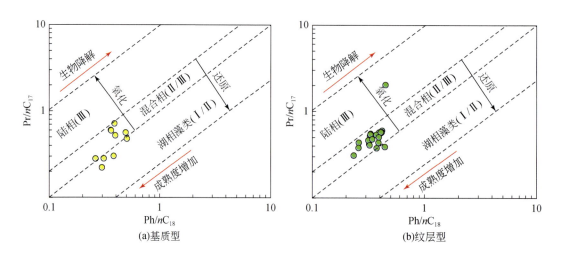

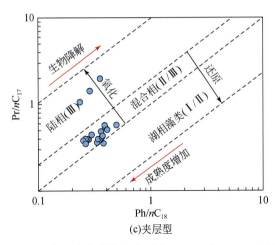

(c)夹层型

图 2.8 涠西南凹陷流沙港组油页岩 Pr/nC_{17} 和 Ph/nC_{18} 关系图

　　C_{27-29} 规则甾烷系列可以指示有机质母质来源，C_{27} 规则甾烷来自藻类和低等水生生物，C_{29} 规则甾烷来自陆源高等植物（吕岑，2019）。依据 C_{27}-C_{28}-C_{29} 规则甾烷三角图可以看出涠西南凹陷三类页岩油源岩有机质类型存在显著差异，基质型和纹层型烃源岩有机质主要来自浮游生物和细菌的贡献，而夹层型烃源岩则主要来源于浮游生物和陆源高等植物，这也与前述判别结果一致（图 2.9）。

　　衡量有机质生烃能力的另一指标为有机质热演化程度，只有当有机质达到一定的热演化程度烃源岩才能开始大规模生烃，热演化程度的高低将直接影响油气藏的规模（侯读杰等，2012）。岩石最高热解温度 T_{max} 反映地质历史时期烃源岩经受的热演化程度，其随成熟度的增大而增大。镜质组反射率 R_o 可以反映生油岩经历的时间-古地温史最有效的成熟度指标之一（卢双舫等，2017）。此外，甲基菲指数 MPI 和折算成熟度 R_c 也常用于成熟度计算。

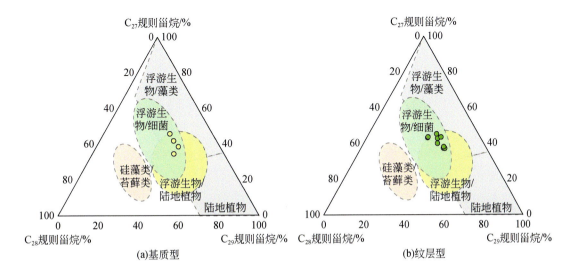

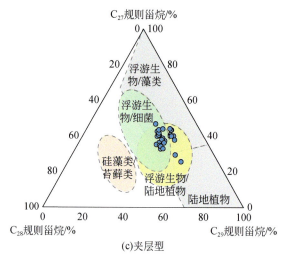

图 2.9　涠西南凹陷流沙港组烃源岩 C_{27}-C_{28}-C_{29} 规则甾烷三角图

对三种类型页岩油烃源岩样品最高热解温度 T_{max}、镜质组反射率 R_o、甲基菲参数 MPI-2{MPI-2=[3×(2-MP)]/(P+1-MP+9-MP)}、MPI-3[MPI-3=(2-MP+2-MP)/(1-MP+9-MP)]（Zheng et al.，2023）和折算成熟度 R_c（R_c=0.49+0.09×DNR）（P 为菲，DNR 为二甲基萘指数）（Bian et al.，2023）参数与深度的关系及其对比可见，三类烃源岩具有正常的有机质热演化趋势，与埋深呈正相关关系，折算成熟度主体为 0.5%～0.9%（图 2.10），主体处于成熟阶段，以生成熟油为主。

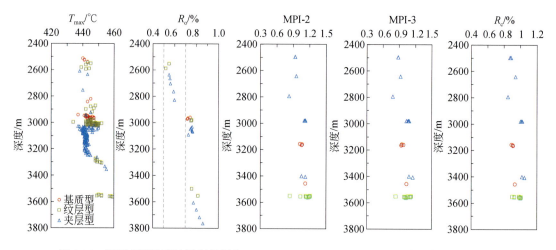

图 2.10　涠西南凹陷流沙港组烃源岩 T_{max}、R_o、MPI-2、MPI-3 及 R_c 随深度的变化关系

从成熟度平面分布来看，三类油页岩成熟度主要受控于构造埋深，自基质型向纹层型、夹层型成熟度依次升高。自凹陷四周向洼陷中心成熟度逐渐升高。其中，B 洼中心成熟度略高于 A 洼，最高＞1.6%，C 洼埋深相对较浅，折算成熟度整体较低，最高＞0.9%。

第二节　页岩油源岩有机质非均质性控制因素

随着页岩油气勘探开发研究的迅速发展，在页岩储集条件、生油气机理和富集规律方面已得到了长足的进展，但对于陆相湖盆油页岩源岩的非均质性及其控制因素方面的研究相对较弱（杨峰等，2013；焦堃等 2014；龙海岑和李绍鹏，2022）。页岩油源岩中有机质的富集主要受控于有机质的输入和保存两大方面，即湖盆古生产力水平和有机质保存条件，古生产力水平又是各种环境因素共控下的结果，包括沉积水体盐度、温度、氧化还原条件和水体循环等（Murphy and Haugen，1985；Kinkel et al.，2000；Ragueneau et al.，2000），都会影响古生产力的繁盛与否。有机质的保存同样受到多种沉积环境因素的影响，包括底水氧化还原条件、水体酸碱度、水体温度、地表径流等，这些因素会直接导致其能否被有效保存从而形成沉积有机质（Zhang et al.，2017；Pedersen and Calvert，1990）。而上述各环境因素随时空的变化是导致源岩岩性、岩相乃至有机质非均质性特征的重要原因，因此针对涠西南凹陷三套不同的页岩油源岩，可通过有机-无机手段探索沉积古环境在纵向和横向上的变化及其对古生产力水平和保存条件的影响，继而明确有机质非均质性的控制因素。

一、页岩油源岩形成的古环境重建

沉积环境的变化不仅可以通过调节降雨量、水体深度、沉积物供给等因素来调节沉积过程，而且可以决定生物群落的种类和数量，从而影响有机质的累积和分布（Yang et al.，2024）。因此，重建古沉积环境对于了解烃源岩形成演化至关重要。

三类页岩油源岩虽然都达到好-优质烃源岩的标准，但在有机质丰度、生烃潜量、含油性等方面存在一定差异，因此进一步利用生物标志物-主微量元素相结合，从沉积水体类型、古氧相、古盐度、古气候和古生产力 5 个方面探究烃源岩沉积环境及差异。古环境研究的经验性参数众多，需因地制宜地考虑元素指标在不同区域的敏感性，本书利用以下参数来重建研究区古环境：沉积水体类型采用 Pr/Ph、二苯并噻吩/菲（DBT/P）参数；古氧相采用 Ni/Co、Th/U、V/Cr、V/（V+Ni）、Pr/Ph 参数；古盐度采用 Ga、Li、Ni 元素含量和 Sr/Ba 参数；古气候采用环境气候指数、Sr/Cu、Al/Mg、Mg/Ca 等参数；古生产力则采用 P 浓度、P/Ti、Ti/Al 等参数。

总体上，流沙港组由流三上亚段—流二下亚段经历了浅水至深水的演变过程，流三上亚段沉积相类型以扇三角洲、滨浅湖为主，半深-深湖相局部发育，流二下亚段湖侵早期湖泊扩张，扇三角洲衰退，浊积席状砂和纹层砂大范围分布，流二下亚段湖侵晚期半深-深湖相占主导地位，水深增加、陆源输入相应减少（图 2.11）。

对沉积环境有响应的分子化合物参数如 Pr/Ph、DBT/P 建立相关关系可以较好地用于指示烃源岩沉积环境及其主要岩性类型（Zheng et al.，2022；Wu et al.，2022）。DBT 是一类典型的含硫化合物，它的富集一般反映硫化细菌较发育的偏还原性的水体特征，根据 Pr/Ph 和 DBT/P 交会图显示三类页岩油源岩均具有相对较低的 DBT/P，反映沉积水体类型以湖相为主，水体硫化程度相对较低。纹层型和夹层型发育河流-三角洲相的页岩，反映流三上亚段、流二下亚段早期相对浅水的环境特征，存在陆源碎屑输入（图 2.12）。

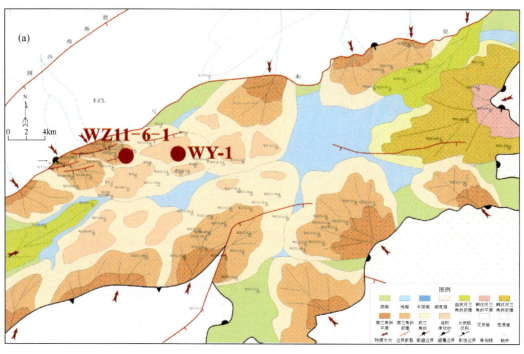

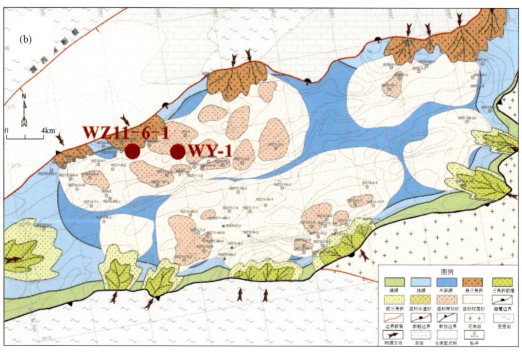

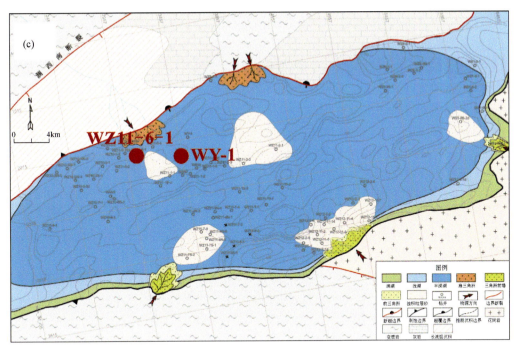

图 2.11　涠西南凹陷流沙港组沉积微相分布图

（a）基质型；（b）纹层型；（c）夹层型

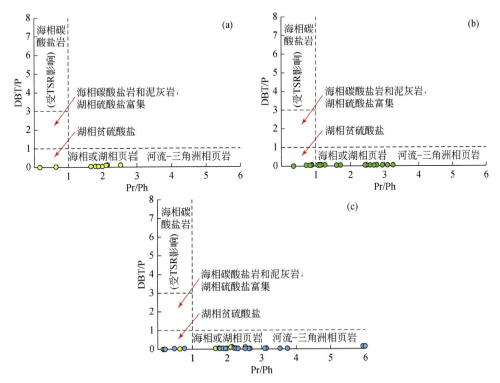

图 2.12　涠西南凹陷流沙港组烃源岩 Pr/Ph 和 DBT/P 相关关系

（a）基质型；（b）纹层型；（c）夹层型；TSR 为热化学硫酸盐还原反应

　　沉积环境在富有机质烃源岩的形成过程中，扮演着举足轻重的角色。其中，氧化还原条件是决定有机质能否得以有效保存的关键因素（Tang et al.，2020）。无论是海相还是陆相沉积，泥页岩中有机质的保存与水体氧化还原状态密切相关（徐川，2023）。稳定的还原环境有利于沉积有机质保存，而在氧化环境下有机质会发生氧化分解，不利于保存（范代军，2023）。常用的判别氧化还原条件的方法包括生物标志物法、元素法、碳氧同位素法等（曹磊，2021）。

　　Pr/Ph、C_{19} 三环萜烷 $C_{19}TT/C_{21}TT$、C_{24} 四环萜烷/C_{26} 三环萜烷 $C_{24}TeT/C_{26}TT$ 等生物标志化合物判别参数对于沉积水体的氧化还原状态有较好的指示意义（图 2.13，图 2.14）。Pr 和 Ph 的前体都是植醇，植醇在不同的氧化还原状态下的演化路径有所差异，还原环境下植醇向植酸演化，经过脱羧后形成 Pr，在演化环境下则经过脱羟基向植烯演化，最终形成 Ph。因此，Pr/Ph 是沉积水体氧化还原状态的敏感性参数，其值随着氧化程度加剧而增高。流沙港组三类烃源岩 Pr/Ph 普遍<3，少数<1，反应以还原-弱还原为主的水体特征（图 2.13，图 2.14）。从 Pr/Ph 与 $C_{19}TT/C_{21}TT$ 交会图、Pr/Ph 与 $C_{24}TeT/C_{26}TT$ 交会图可以看出，三类油页岩主体处于还原-弱还原环境，其中纹层型和夹层型有部分处于弱氧化环境，氧化性逐渐增强。

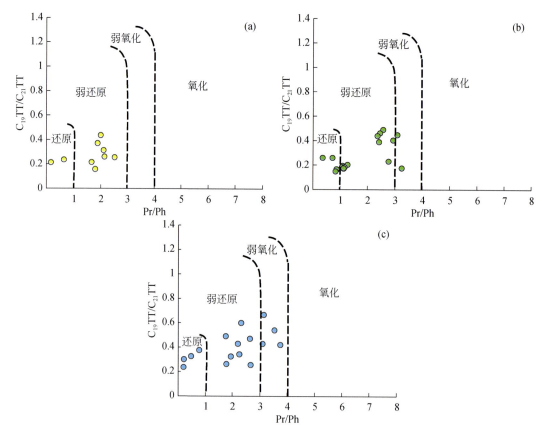

图 2.13　涠西南凹陷流沙港组烃源岩 Pr/Ph 与 $C_{19}TT/C_{21}TT$ 相关关系

（a）基质型；（b）纹层型；（c）夹层型

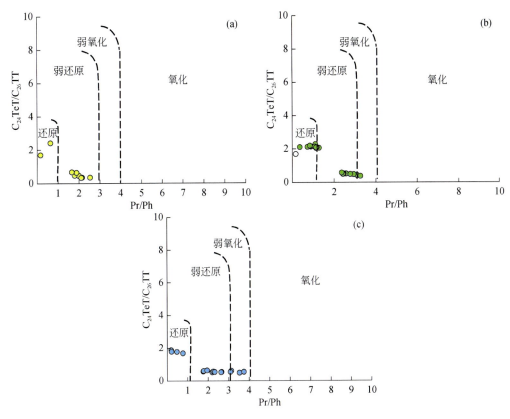

图 2.14　涠西南凹陷流沙港组烃源岩 Pr/Ph 与 C_{24}TeT/C_{26}TT 相关关系

（a）基质型；（b）纹层型；（c）夹层型

微量元素是记录沉积环境相关信息的有效方法，氧化还原敏感元素可根据元素含量或比值来区分沉积环境的含氧量（图 2.15，图 2.16）。氧化还原敏感元素主要包括过渡族亲铁、亲硫元素和多种稀土元素，如 V、Ni、Cr、U、Th、Ce、Co、Mo、Cu、Zn、Eu 等。氧化还原敏感元素的富集与亏损机制主要有两种，一种是变价元素，如 V、Cr、U、Ce、Mo、Eu 等；这些元素通过价态改变而沉淀或迁移，这主要受水体氧化还原条件的影响，从而影响元素的含量和比值。Fe^{3+}、Eu^{3+} 和 Ce^{4+} 等容易在有氧水体中沉淀，而相应的 Fe^{2+}、Eu^{2+} 和 Ce^{3+} 则容易在还原条件下迁移。U^{6+}、V^{5+}、Mo^{6+} 和 S^{6+} 容易在有氧水体中迁移，而 U^{4+}、V^{3+}、Mo^{4+} 和 S^{2-} 则容易在还原条件下沉淀。另一种机制涉及价态恒定的元素，如 Cu、Ni 和 Zn。这些元素在弱氧-缺氧环境中大多以不溶性硫化物的形式固定在沉积物中。Mo、U 和 V 因通常具有单一来源而被当前研究广泛使用（Pan et al.，2020）。在实际应用中，常用 Ce/La、Cu/Zn、Fe^{2+}/Fe^{3+}、Ni/Co、Th/U、V/Cr、V/（V+Ni）、U 等参数进行氧化还原性的判断（Liu et al.，2019；Chen et al.，2020；Fan et al.，2021；Yu et al.，2022），但需要注意氧化还原性的判断需因地制宜考虑元素指标在不同区域的敏感性（Cao et al.，2020）。

前人研究认为，当 Ni/Co＞7 时，指示缺氧环境；当 Ni/Co 为 5～7 时，指示贫氧环境；当 Ni/Co＜5 时，指示富氧环境。当 V/Cr＞4.25 时，指示缺氧环境；当 V/Cr 为 2～4.25 时，指示贫氧环境；当 V/Cr＜2 时，指示富氧环境。当 V/（V+Ni）＞0.84 时，指示水体分层强

且底部出现 H_2S 的厌氧强还原环境，当 V/（V+Ni）为 0.60～0.84 时，指示水体分层不强的贫氧环境；当 V/（V+Ni）<0.60 时，指示水体分层弱的环境（Algeo and Liu，2020；范萌萌等，2023）。

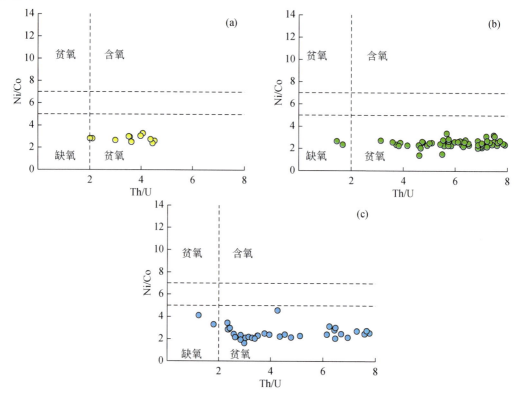

图 2.15　涠西南凹陷流沙港组烃源岩 Th/U 与 Ni/Co 相关关系
（a）基质型；（b）纹层型；（c）夹层型

微量元素参数指示三类页岩油源岩沉积期主体处于贫氧环境条件，相对而言基质型沉积环境氧含量最低。根据 WZ11-6-1 井的元素地球化学柱子，微量元素参数 Ce/La、Zn/Cu、V/（V+Ni）在纵向上虽有波动，但幅度不大，三类页岩油源岩沉积期主体处于弱还原–弱氧化状态，属于水体分层不强的贫氧状态 [V/（V+Ni）：0.6～0.82]，有利于有机质的保存（图 2.17）。

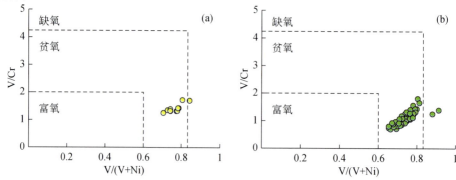

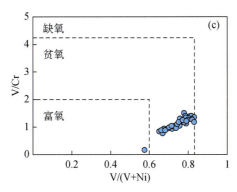

图 2.16　涠西南凹陷流沙港组烃源岩 V/（V+Ni）与 V/Cr 相关关系

（a）基质型；（b）纹层型；（c）夹层型

　　此外，黄铁矿是沉积水体中金属硫化物的主要载体，其与富有机质页岩密切相关，由于黄铁矿形态与沉积水体的密切联系，常利用粒度分析和形态特征指示沉积过程中氧化还原状态的变化（梁超等，2024）。研究区泥页岩中具有较为丰富的黄铁矿，主要为莓球状、莓粒状，少量为自形粒状。同生型莓球状、莓粒状黄铁矿的大量富集通常标志着缺氧水体，是有机质保存的有利条件（图 2.18）。

　　黄铁矿含量与 TOC 之间存在正相关关系，且黄铁矿平均含量基质型＞纹层型＞夹层型，说明黄铁矿对有机质保存具有正向影响（图 2.19）。此外，黄铁矿内部的晶间孔隙可为页岩油提供一定的储集空间。

　　古盐度是地质历史时期沉积环境变化的重要指标。古盐度控制着生物的生长繁殖，因此对有机质的富集和保存条件具有重要意义。目前已提出了许多定量方法来恢复古盐度。Sr/Ba 是评价古盐度的常用指标（图 2.20）。当湖水盐度较高，矿化度增加时，Ba^{2+} 与 SO_4^{2-} 优先结合生成 $BaSO_4$，$BaSO_4$ 沉淀下来，使 Sr/Ba 升高。因此，盐度越高，Sr/Ba 越大（Tang et al.，2020）。根据前人的研究，Sr/Ba≤0.2 一般指示淡水环境；0.2≤Sr/Ba≤0.5 为半咸水环境；Sr/Ba≥0.5 为咸水环境（Sun et al.，2024；Wei and Algeo，2020）。Ga 在淡水泥岩中的含量比在海相泥岩中要高很多。淡水中 Ga 含量＞17μg/g，半咸水中 Ga 含量为 8～17μg/g，咸水中 Ga 含量＜8μg/g。Li、Ni 等元素在泥岩中的丰度也可判别水体环境，淡水中 Li 含量＜90μg/g，Ni 含量为 0～25μg/g；半咸水中 Li 含量为 90～150μg/g，Ni 含量为 25～40μg/g；咸水中 Li 含量＞150μg/g，Ni 含量为＞40μg/g。此外，Th/U 也可作为古盐度判别指标，当 Th/U＞7 时，指示淡水-微咸水环境，当 Th/U 为 2～7 时，指示半咸水环境，当 Th/U＜2 时，指示咸水环境（图 2.21，图 2.22）（Wei et al.，2020；范萌萌等，2023）。

　　古盐度参数 Sr/Ba、Th/U、Li、Ni 浓度指示三类页岩油源岩沉积期水体古盐度主体均为淡水-半咸水；纹层型和夹层型有部分具有咸水特征。纵向上看，古盐度参数的变化与古氧相相似，整体平稳、有小幅波动，反映三类页岩油源岩沉积期水体盐度较为稳定，以淡水-半咸水为主（图 2.21～图 2.23）。

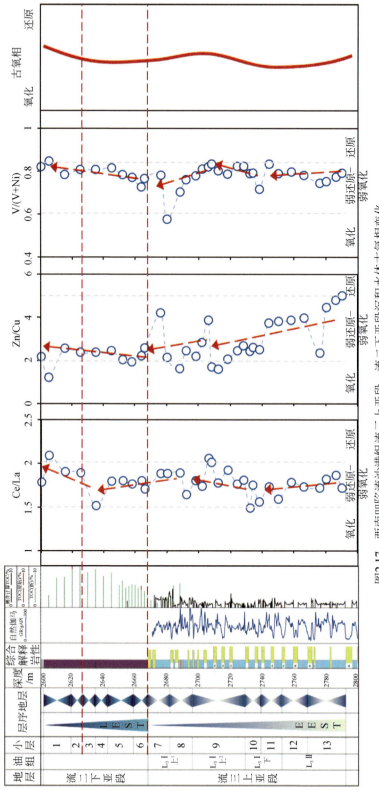

图2.17 西南凹陷流沙港组流三上亚段—流二下亚段沉积水体古氧相变化

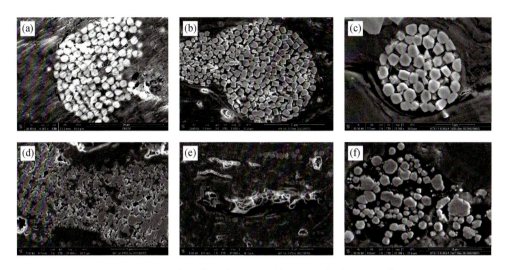

图 2.18　涠西南凹陷流沙港组油页岩典型黄铁矿扫描电子显微镜显微照片

（a）WY-5，2520m，基质型，莓球状黄铁矿；（b）WY-1，2959m，基质型，黄铁矿集合体；（c）WZ12-2-A10S1，3158.6m，基质型，莓粒状黄铁矿和黏土矿物晶间孔隙部分被有机质充填；（d）WY-1，2998.3m，纹层型，黄铁矿晶间孔隙部分被黏土矿物充填；（e）WY-1，2971m，基质型，条带状有机质内部包裹黄铁矿颗粒，边缘发育微孔隙和微缝隙，见粒状黄铁矿顺层分布；（f）WZ12-2-A10S1，3167.5m，基质型，有机质包裹粒状黄铁矿，内部发育微裂隙

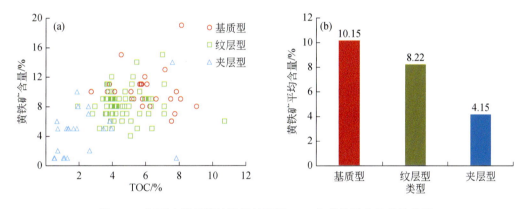

图 2.19　涠西南凹陷流沙港组油页岩 TOC 与黄铁矿含量相关关系

（a）三类油页岩黄铁矿含量；（b）三类油页岩黄铁矿平均含量柱状图

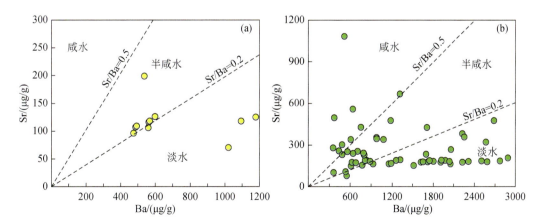

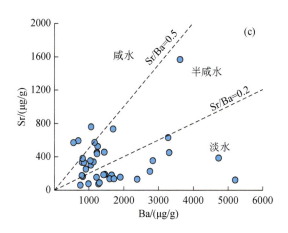

图 2.20 涠西南凹陷流沙港组烃源岩 Sr 与 Ba 相关关系

（a）基质型；（b）纹层型；（c）夹层型

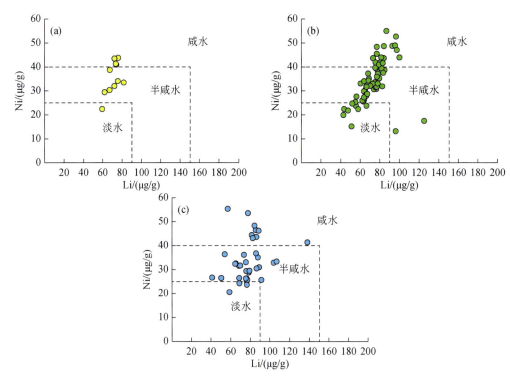

图 2.21 涠西南凹陷流沙港组烃源岩 Li 与 Ni 相关关系

（a）基质型；（b）纹层型；（c）夹层型

气候对物源区沉积地球化学背景及风化强度产生影响，进而对陆源物质输入及海水化学条件产生影响。湿润、温暖的气候加速了大气中水汽的循环，强化了化学风化作用，引起地表径流和营养物质向海洋和湖泊的输送，使表层水体中微生物（主要是浮游植物）繁盛，生物产量和有机质埋藏量增加，导致水体底层进一步缺氧，这些条件有利于有机质的埋藏和保存（Pan et al.，2020）。

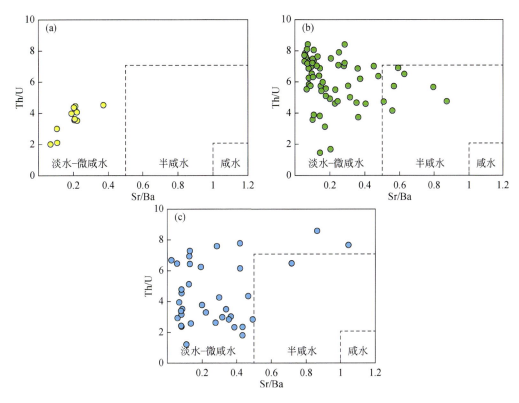

图 2.22 涠西南凹陷流沙港组烃源岩 Sr/Ba 与 Th/U 相关关系

（a）基质型；（b）纹层型；（c）夹层型

受气候影响，不同环境条件下元素的迁移富集能力不同。Fe、Mn、Cr、V、Co 和 Ni 是湿润气候元素，在温暖湿润的气候条件下含量较高。Ca、Mg、K、Na、Sr 和 Ba 是干旱气候元素，在干燥的气候条件下这些元素会沉淀沉积在水体底部，含量较高。环境 C 值 [C-value=$\sum$（Fe+Mn+Cr+Ni+V+Co）/$\sum$（Ca+Mg+Sr+Ba+K+Na）] 可以指示古气候条件，C 值越大，气候越湿润温暖；C 值越低，气候越干旱（Zeng et al.，2024）。沉积物中元素含量变化会因为受到不同气候环境的影响而呈现不同的富集规律。如干旱气候条件下，会使得水体蒸发导致水体碱性增强，致使沉积介质中的 Mg、Ca 等元素大量析出而在水底发生沉积富集，并且在更高温度下，Mg 相对于 Ca 更利于沉积，以致 Mg/Ca 随干旱程度增加而增大，高比值指示干旱气候，低比值指示湿润气候。Sr 通常会在干旱气候下富集，而在潮湿环境中含量较低，因此，Sr/Cu 可以作为古气候重建的良好代理指标。湿润气候通常由 Sr/Cu<5 来表征，而 Sr/Cu>10 指示干旱的气候条件，当 Sr/Cu 为 5～10 则暗示半湿润半干旱气候。沉积矿物的中的 Al_2O_3/MgO 的大小可反映沉积过程中古气候的变化，在干旱气候条件下，由于水分蒸发导致水体碱性增强致使沉积介质中的 Mg 大量析出而在水底发生沉积高值，所以较高的 Al_2O_3/MgO 偏向于凉爽气候，而较低的 Al_2O_3/MgO 则偏向于炎热气候（范代军，2023；Tang et al.，2020）。古气温恢复方法众多，如氧同位素法、微量元素法等，本书采用前人的经验公式 [T=（2578-Sr）/80.8]（刘俊海等，2005），对 WZ11-6-1 井古气温进行了定量计算。

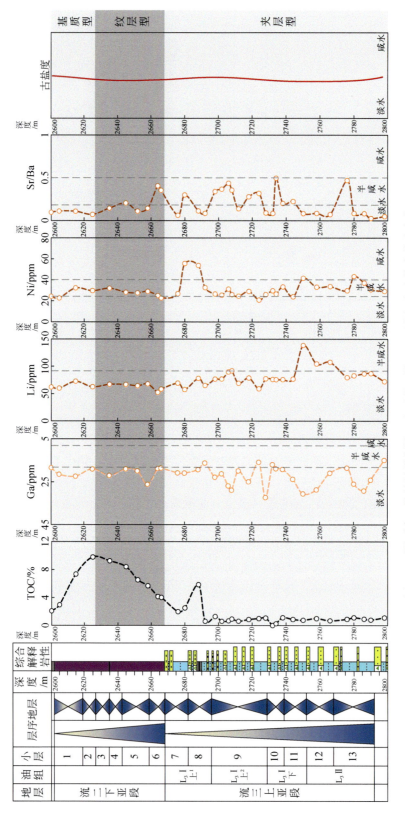

图2.23 涠西南凹陷流沙港组流三上亚段—流三下亚段沉积水体古盐度变化

1ppm=10⁻⁶

　　古气候参数环境 C 值和 Sr/Cu 指示气候差异可能影响生物类型与繁盛程度，继而影响古生产力，基质型页岩油源岩形成时具有湿润的古气候条件，纹层型和夹层型均具有从半干旱—半湿润—湿润的跨度。纵向上流三上亚段表现为湿润—半湿润—半干旱的变化，气温略微降低；流二下亚段则表现为半干旱—半湿润—湿润的变化，气温逐渐回暖（图 2.24，图 2.25）。

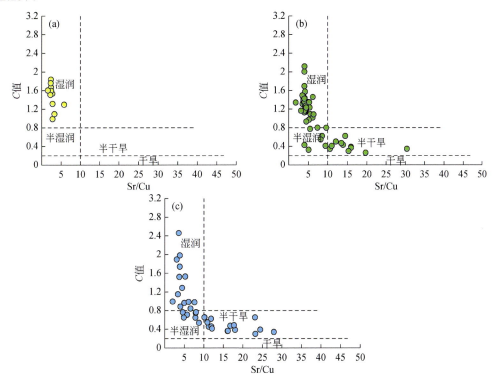

图 2.24　涠西南凹陷流沙港组烃源岩 Sr/Cu 与 C 值相关关系

（a）基质型；（b）纹层型；（c）夹层型

二、湖泊古生产力的非均质性

　　古生产力是地质历史时期生物在能量循环过程中固定能量的速率，可划分为初级生产力和次级生产力。通常所说的古生产力是指初级生产力，主要来自浮游植物和部分边缘水生植物通过光合作用不断产生的有机质。学者通常主要根据营养元素丰度及其计算的代用指标来评价古生产力（Pan et al.，2020）。

　　当前古生产力评价主要分为定性评价和定量评价。定性评价参数包括 TOC、有机磷、生物钡、P/Ti 等参数。TOC 是有机质丰度的重要指标，在一定程度上反映了古生产力水平。有机磷是植物生长所必需的，在植物的生长发育和繁殖中起着重要作用。P 被认为是初级生产力的决定因素，是沉积记录中生物生产力的重要指标。为消除自生矿物和陆源碎屑对 P 绝对含量的稀释作用，通常用 P/Al 和 P/Ti 来表征古生产力，因为 Al 和 Ti 被认为是陆源输入（Tang et al.，2020；Chen et al.，2020；Schoepfer et al.，2015）。

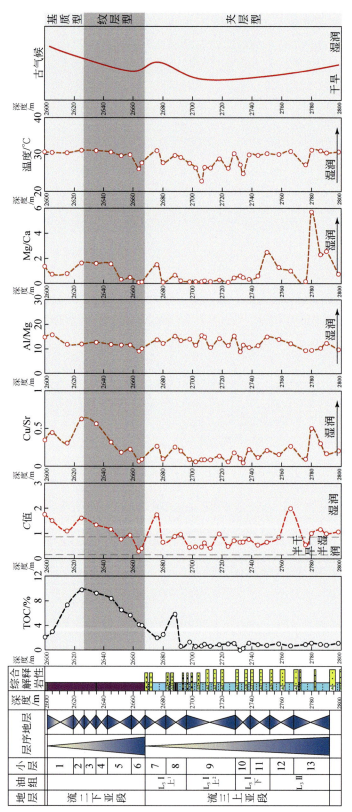

图2.25　涠西南凹陷流沙港组流三上亚段—流二下亚段古气候变化

古生产力参数 P 浓度、P/Ti 等参数反映出流三上亚段—流二下亚段纵向上古生产力有两个升高阶段，总体呈增高趋势。

湖相碎屑岩的原生物质包括母岩风化产物、火山物质、有机质以及宇宙尘埃等，其中母岩风化产物是最主要的来源。母岩性质的差异，造成风化产物的差异，从而给湖泊带来不同的营养物质。沉积岩中大多数元素来源于陆源或在沉积环境内生成，可以说陆源碎屑输入是沉积岩的主要来源，陆源输入对沉积环境有显著的影响（Yang et al.，2024）。本书利用 Ti/Al 对陆源输入进行评价。涠西南凹陷流沙港组泥页岩自下而上陆源碎屑输入强度整体上逐渐降低（图 2.26）。一般来说，沉积速率较低（＜5cm/ka）时，有利于有机质的保存。而沉积速率较高（＞5cm/ka）时，沉积速率增加意味着碎屑输入的增加，对有机质会存在明显的稀释作用，不利于有机质富集。研究区陆源碎屑输入变化与有机质含量变化有着较好的对应关系，流三上亚段时期陆源碎屑输入较高，不利于有机质富集，TOC 整体较低，流二下亚段时期，陆源输入强度减弱，有机质得以富集保存，因此 TOC 整体较高。

定量评价主要是结合 TOC、有机磷含量、沉积速率、沉积物密度、孔隙度等参数建立的恢复古生产力参数的经验公式（表 2.1）。Müller 和 Suess（1979）最早建立了海洋古生产力的计算公式。李守军（2002）在此基础上，利用云南滇池、洱海和抚仙湖等地区的数据推导得出了计算湖泊古生产力的公式。Schoepfer 等（2015）利用第四纪沉积物岩心对海洋古生产力进行研究，最后筛选出三个计算古生产力的代用指标：有机碳积累速率（OCAR）、有机磷积累速率（PAR）和生物钡积累速率（BaAR）。然而，古生产力的恢复并非单一指标所能完全揭示，它受到沉积成岩作用、水体氧化还原状态、生物扰动活动以及沉积速率等多种因素的影响。因此，为了提升古生产力恢复的准确性，需要综合考虑并整合多种指标进行分析。

本书利用现有资料，采用前人建立的三个古生产力计算公式对研究区古生产力进行定量计算。计算结果显示，三种方法所得到的古生产力在数值上存在一定差异，但整体变化趋势一致，流三上亚段古生产力整体较低，属于中养-富养型湖泊，到晚期古生产力上升，随后再次回落；流二下亚段古生产力整体较高，属于富营养-极富营养型湖泊，到流二下亚段晚期，古生产力有所回落。

通过 WY-1 井与 WZ11-6-1 井沉积古环境对比，可以看出各参数变化趋势基本一致，说明研究区页岩油整体处于弱氧化-弱还原的淡水-微咸水湖泊环境，古气候条件与古生产力水平变化趋势整体一致（图 2.27，图 2.28）。

三、古环境演化及其对页岩油源岩有机质非均质性的控制

通过对烃源岩沉积期古气候参数 Cu/Sr、C 值、陆源碎屑输入参数 Ti/Al、古氧相参数 Ce/La、古盐度参数 Li 与古生产力建立相关性并进行对比分析，可有效厘定各环境条件对古生产力的控制。对比发现，古氧相和古盐度整体变化幅度较小，与三类烃源岩古生产力水平的相关性较差，因此烃源岩沉积期古氧相和古盐度均保持相对稳定，对有机质富集的控制程度也较弱。相反，三类烃源岩沉积期古气候与古生产力相关性较好，整体上呈正相关关系，说明古气候对古生产力的影响较强，温暖湿润的古气候条件有利于古生物的繁盛，因此湖盆古生产力也相对较高。陆源碎屑输入同样与古生产力相关性较高，但二者呈负相关关系，可能是由于过强的陆源碎屑输入不利于水生生物的发育（图 2.29）。

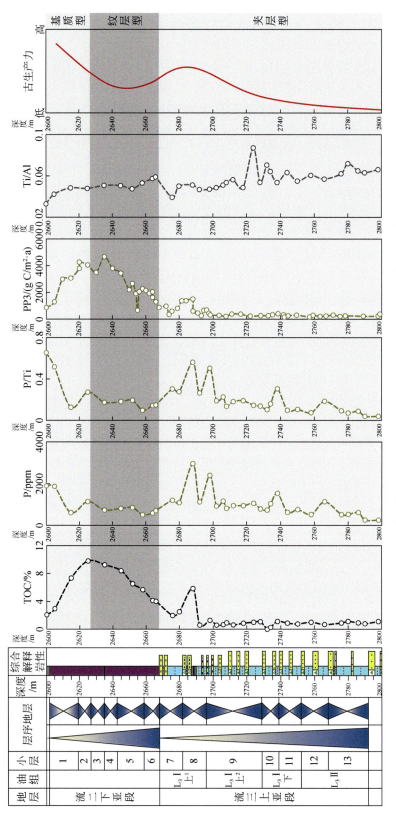

图2.26 涠西南凹陷流沙港组流三上亚段—流三下亚段沉积期古生产力变化

PP为古生产力

表 2.1　古生产力计算公式统计表

类型	公式	文献
海相	$PP=TOC×ρ×（1-\phi）/（0.0030×S^{0.30}）$	（Müller and Suess，1979）
湖相	$PP=237.5297×TOC×BAR×（1-\phi）×S^{0.3778}$	（李守军，2002）
海相	$PP=（10^{4.1}×TOC）/BAR^{0.54}$	（Schoepfer et al.，2015）

注：$ρ$为沉积物密度，g/cm^3；ϕ为孔隙度；BAR 为沉积物堆积速率，g/(cm^2·ka)，BAR=$ρ×S$；S 为沉积速率，cm/ka。

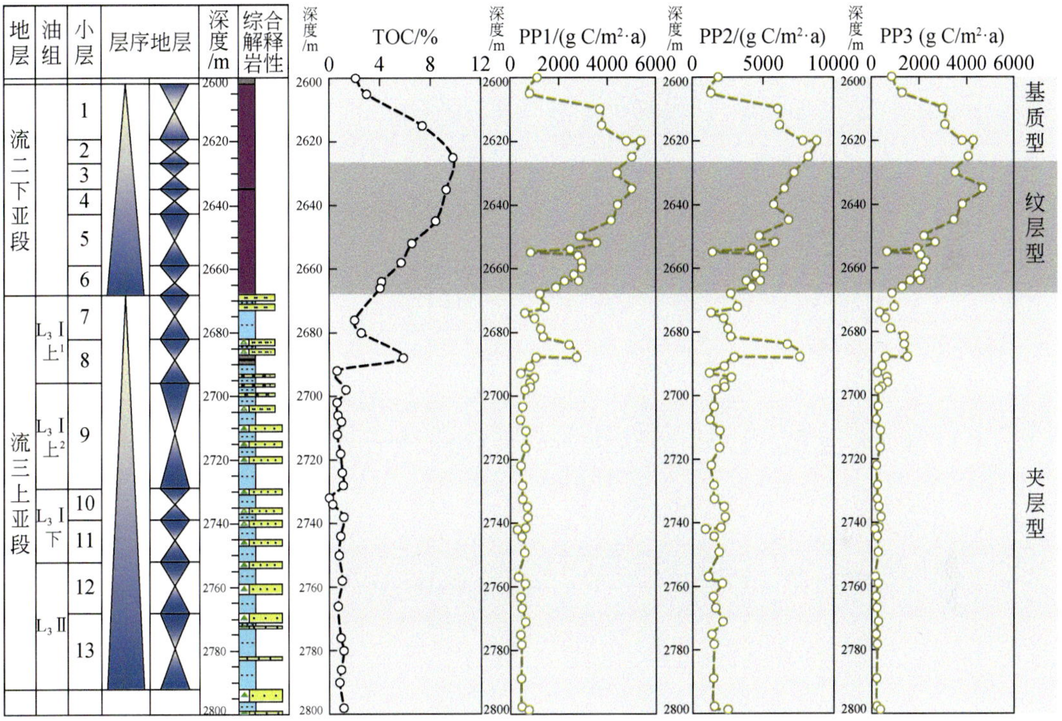

图 2.27　涠西南凹陷 WZ11-6-1 井计算古生产力柱状图

通过各参数与 TOC 进行相关性分析发现，在各参数中古气候参数 Cu/Sr 和陆源碎屑输入参数 Ti/Al 与 TOC 具有较好的相关性，其中古气候参数 Cu/Sr 与 TOC 呈正相关关系，陆源碎屑输入参数 Ti/Al 与 TOC 呈负相关关系。这是由于温暖湿润条件下湖盆古生产力相对较高，能够保存下来的有机质丰度也较高；一般来说，陆源碎屑输入会导致有机质稀释，造成单位体积内有机质的富集程度降低，地层由老到新，陆源碎屑输入强度整体呈缓慢降低趋势，有机质稀释效应减弱，有利于有机质富集。古氧相参数 Ce/La 和古盐度参数 Li 在整个沉积期的整体变化幅度较小，对于有机质保存条件没有太大的影响，不是有机质富集的控制因素（图 2.30）。

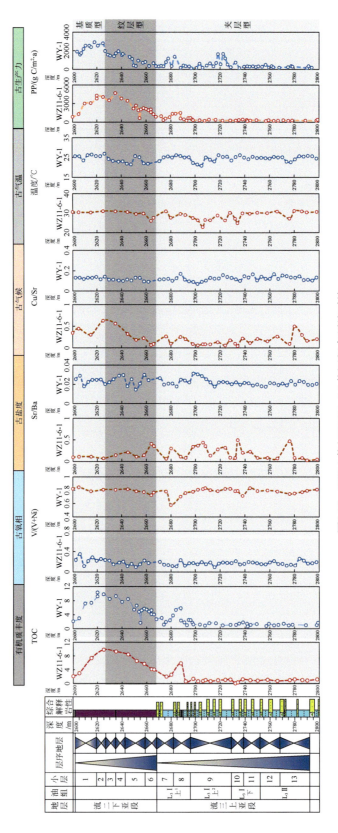

图2.28 WY-1井与WZ11-6-1井沉积古环境对比

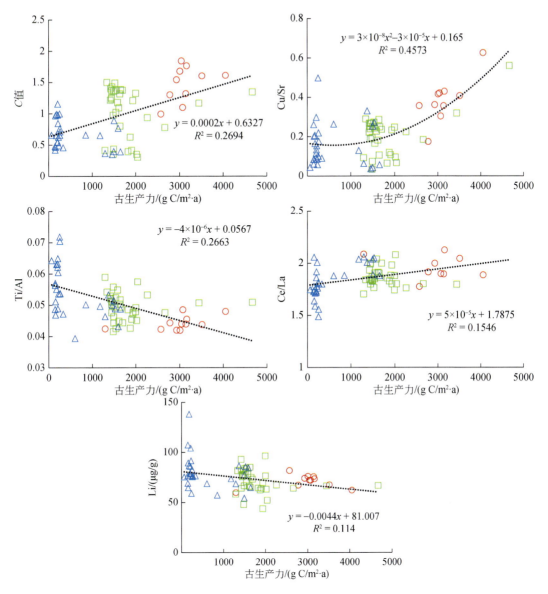

图 2.29　涠西南凹陷流沙港组流三上亚段—流二下亚段各参数与古生产力相关关系

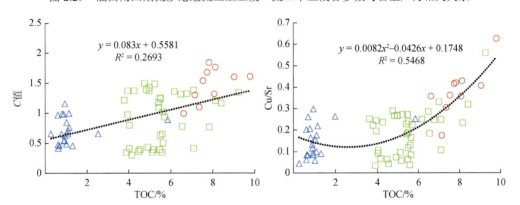

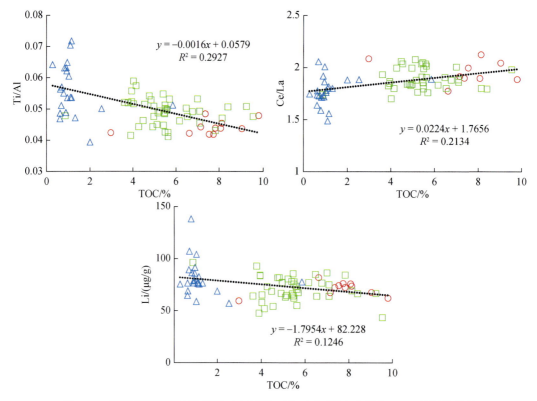

图 2.30 涠西南凹陷流沙港组流三上亚段—流二下亚段各参数与 TOC 的相关关系

综上可知，涠西南凹陷流沙港组流三上亚段—流二下亚段烃源岩处于温暖的陆相湖盆沉积背景，具体表现为：①水体为弱还原-弱氧化；②淡水-半咸水；③湿润-半湿润-半干旱的气候变化；④陆源碎屑输入和沉积速率整体呈逐步降低趋势；⑤古生产力有两个升高阶段。因此，温暖湿润气候-低陆源碎屑输入-高古生产力控制了有机质的富集（图 2.31）。

明确有机质富集机理有助于揭示烃源岩的有效性和分布规律。烃源岩有机质富集模式主要有生产力模式和有机质保存模式两种（Zhang et al.，2019）。生产力模式强调丰富的有机质沉积通量是有机质积累的主要因素；有机质保存模式则强调低氧条件有利于有机质保存；然而前人的诸多研究表明，单一的控制作用并不能完美解释有机质的富集（Xu et al.，2023）。不同盆地有机质的富集机制可能是多种因素共同作用的结果，需要考虑特定的沉积环境。

从动态的角度分析，流三上亚段早期涠西南凹陷气候由暖转冷、变干，古生产力水平较低，沉积速率高的浅水环境，陆源碎屑输入强，有机质稀释效应强，不利于有机质的保存，夹层型 TOC 整体较低。流三上亚段晚期气候小幅回暖、变湿，古生产力小幅提升，陆源碎屑输入减弱，沉积速率降低，有机质保存条件变好，夹层型 TOC 有一定的升高。流二下亚段早期气候回暖、变湿，古生产力虽有小幅下降，但陆源碎屑输入逐渐减弱，沉积速率继续降低（<5cm/ka），不再具有有机质稀释效应，水体条件有利于有机质的保存，纹层型 TOC 升高。到了流二下亚段晚期，气候继续回暖，古生产力明显回升，陆源碎屑输入弱、沉积速率较低，有机质保存条件好，整体 TOC 较高，基质型烃源质量极好（图 2.32）。

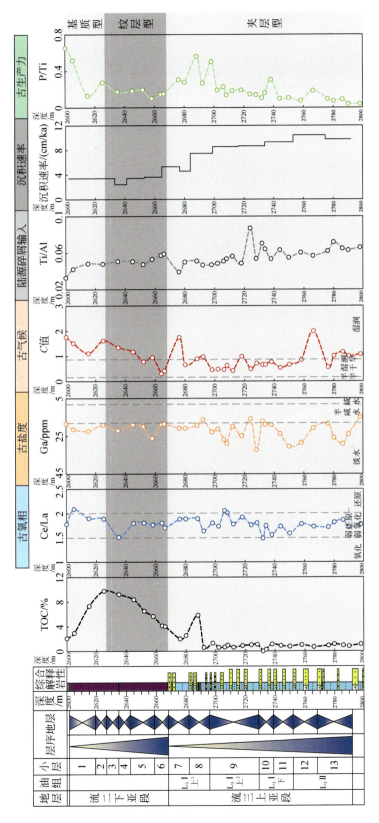

图2.31　涠西南凹陷流沙港组流三上亚段三下亚段—流二下亚段有机质富集与各环境参数的变化

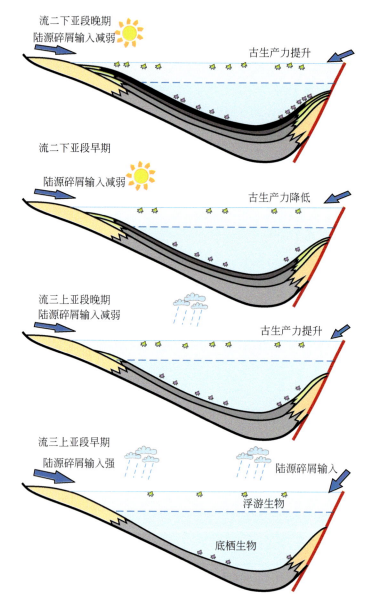

图 2.32　涠西南凹陷流沙港组流三上亚段—流二下亚段气候环境变化与页岩油烃源岩的发育

第三节　页岩油源岩生排烃演化特征

　　页岩油源岩生排烃演化特征一般是指页岩油源岩内有机质随着热演化程度产生以及排出的运移烃类物质变化。根据生排烃组分随热成熟度的演化特征来对滞留油进行轻烃组分散失校正，从而研究页岩油演化特征（赵文智等，2020）。目前，页岩油源岩生排烃特征的研究方法主要有生排烃热模拟实验、化学动力学法和理论模型计算法（周杰和庞雄奇，2002）。生排烃热模拟实验是将未熟-低熟页岩油源岩样品置于黄金管-高压釜热模拟仪器加温加压，再通过测量产物产率随 R_o 的变化模拟源岩的热演化（姜福杰等，2010）；化学动力学法是从化学反应的角度描述干酪根向油气的转化，该方法的应用还需要结合热模拟实验进行动力学参数的标定（胡涛等，2017）；理论模型法是基于物质守恒理论建立理论模型，研究生排烃过程（李敏等，2021）。其中，生排烃热模拟实验在明确油气生排滞过程及其主控因素，建立不同类型沉积有机质的油气演化模式，评价沉积盆地的页岩油气资源潜力和进行油气源对比与示踪等方面起到了重要的作用。

泥页岩热演化过程的研究主要通过在岩心一定成熟度范围内连续取样和使用热模拟实验获取不同成熟度的人工加热样品。连续取样能够更真实地反映地质条件，但受到强非均质性的制约，引入过多变量如有机质丰度和类型、矿物组成等。特别是对于湖相泥页岩，空间相变快、有机质组成复杂，这些都能够影响泥页岩的热演化过程。此外，受井位分布和取心情况的影响，大多数情况通过连续取样能够获得的泥页岩成熟度范围十分有限。生排烃热模拟实验在研究泥页岩热演化特征的时候，能够减少非均质性的影响，并能够获取的成熟度范围很广。

依据烃源岩热解反应体系的开放程度，生排烃热模拟实验装置可分为开放体系、封闭体系和限制体系三类。开放体系生排烃热模拟实验技术是指被粉碎的、未经压实的烃源岩或有机质（如干酪根）样品在常压且没有水作为流体介质的条件下，通过快速升温，在无大小限制的体系中进行快速热降解来获取相关生烃评价参数的模拟实验方法。样品在高温加热的条件下生成的油、气等挥发物由氦气或其他载气驱扫进入检测器进行定量。开放体系生排烃热模拟实验所用的仪器设备已经被广泛应用，如岩石热解仪、差热分析（DTA）仪、热重仪、热解气相色谱法（PY-GC）仪器、岩石热解-气相色谱质谱仪（PY-GC-MS）等。该系列仪器主要有以下特点：①最高加热温度可达 800～900℃，可以较为完全地释放烃源岩中沉积有机质的生烃潜力；②自动化程度高，结果重现性好，产物收集与检测完整，可在线开展多种油气地球化学参数测定（如有机碳、无机碳、生成的烃类物质组分），结合动力学计算软件，还可以获得总生烃及各个烃类组分生成的动力学参数；③样品用量少，分析速度快，可用于快速评价烃源岩的生烃潜力与特征。但此类实验目前只考虑了温度对沉积有机质转为烃类的影响，未考虑如压力、流体介质、孔隙空间等其他控制因素。与地下油气生成的实际边界条件相比，开放体系生排烃热模拟实验条件尚存较大的差异，其获取的 S_1、S_2、T_{max} 等热解参数主要用于表征在上述实验室条件下沉积有机质热解生烃潜力，难以刻画与描述烃源岩生成、排出、滞留油气的过程，亦无法指示不同演化阶段的油气产率及其相互转化关系、排出与滞留油气效率等。封闭体系生排烃热模拟实验技术是指被粉碎的未经压实的烃源岩或有机质，在一定的流体压力下，在含水蒸气、水蒸气-液态水或超临界水的条件下，在相对较大的生烃反应空间中先密闭热裂解反应生成油气，再打开容器排出油气的烃源岩热解模拟实验方法。封闭体系生排烃热模拟实验所用仪器依据反应容器的特性主要可以分为玻璃管、不同密封方式的金属高压釜、黄金管-高压釜、微体积密封容器（MSSV）以及金刚石砧室（DAC）等热压生烃模拟实验装置。封闭体系生排烃热模拟实验技术从 20 世纪 80 年代起在石油地质实验领域得到了广泛应用，其具有以下特点。

（1）可开展有限加水模拟实验（玻璃管、MSSV 不可加水）。与烃源岩在地下的孔隙空间相比，密闭体系高压釜的反应空间相对较大，受密封能力的限制和出于安全考虑，一般只加入有限体积的水。在高温低压条件下，水以水蒸气、气-液平衡或超临界相态存在，其生烃过程依据加水量、生烃量与容器体积的相对大小，处于一种介于加水与不加水的热解状态。

（2）可开展流体压力模拟实验（熊永强等，2001）。封闭体系流体压力的大小取决于不同仪器装置中反应容器的材质、密封方式、加入的水量、模拟温度、生成的挥发性产物量和加入样品后剩余的空间体积大小，最高压力一般不超过水的超临界压力。封闭体系的温度、压力、流体介质与空间的关系符合气体状态方程。黄金管-高压釜模拟装置是通过高压釜内水的压力，利用黄金良好的延展性传递给黄金管内样品，所施加的压力难以确定是围压、上覆静岩压力还是流体压力，样品实际承受的压力大小亦不确定，其传压介质实质上还是气态物质，不是液态水。

（3）可开展原油裂解生气模拟实验。封闭体系生排烃热模拟实验过程中从样品中排出的油气主要由热作用释放挥发以及取样时由气体产物携带出来的油气，与地质条件下油气初次运移的动力、相态以及通道等物理化学特征相差甚远，其结果难以有效刻画油气的排出、滞留过程与排烃效率。半封闭体系热压生排烃热模拟实验技术是一种对烃源岩样品施加上覆静岩压力进行压实，同步控制调节反应体系内部的油气水流体压力与排出方式的热解生排油气模拟实验方法（王治朝等，2009）。所得油气产物在一定的温压条件下离开反应区进入计量装置，收集各种产物后在线或离线定量测定产物的质量，检测产物的有机地球化学参数。对反应容器中的样品进行加热较易实现，但在压实的同时，对反应容器中的流体进行高压密封较难做到，需要特殊结构的密封方式。依据仪器的密封能力、气液产物排出的方式以及与产物收集装置的连接关系，限制体系生排烃热模拟实验装置又可以分为无流体压力的压实模拟（压实开放体系，边生边排）、低流体压力压实模拟（压实条件下体系流体压力不超过 30MPa）与高流体压力（最高可达 120MPa）压实热解模拟三种类型（蒋启贵等，2012）。中国石化石油勘探开发研究院无锡石油地质研究所自主研发的烃源岩地层孔隙热压生排烃热模拟实验装置即属于此类仪器，该装置可以控制温度、上覆静岩压力（压实程度）、流体压力、反应空间和产物的排出方式（连续排烃、一次排烃、幕式间歇式排烃等），可以将油气的生成与排出、滞留过程进行联动控制，从而实现了油气的生成、排出与滞留一体化模拟。与地质条件下油气的形成、排出、滞留过程相比，利用这种装置开展的烃源岩热解生排烃热模拟更加接近地质条件下的生排烃过程（郑伦举等，2009）。

一、样品与实验

本书开放体系实验样品来自于涠西南凹陷 WZ11-6 井三个壁心，深度分别为 2625m、2680m 和 2726m。三个样品 TOC、S_1 和 S_2 含量相差较大，分别对应不同的优势岩相类型以及干酪根类型：黏土质页岩相样品干酪根类型为 I 型，TOC、S_1 和 S_2 含量均最高，分别为 6.2%、4.8mg/g 以及 38.6mg/g；混合质页岩相样品干酪根类型为 II_1 型，TOC、S_1 和 S_2 含量次之，为 4.4%、1.1mg/g 以及 18.6mg/g；长英质页岩样品干酪根类型为 II_2 型，TOC、S_1 和 S_2 含量最低，为 0.7%、0.1mg/g 以及 1.4mg/g。此外，三个样品 R_o 为 0.57%~0.61%，处于低热演化阶段（表 2.2）。综上，本次开放体系实验涵盖了不同优势岩相、有机质类型、

TOC 以及含油率的低热演化样品。因此，该套样品开放体系生排烃热模拟实验可以很好地代表整个涠西南页岩油源岩的生烃演化特征。由上文可知，封闭体系与半封闭体系生排烃热模拟实验样品所需量要大于开放体系生排烃热模拟。因此，本书的封闭体系与半封闭体系生排烃热模拟实验样品选取相对容易获取的岩屑样品。其中，封闭体系的三个岩屑样品分别具有不同优势岩相、有机质类型、TOC 以及含油率，且热演化程度较低。可以很好地满足表征涠西南凹陷生烃以及残留烃随热演化的变化特征。半封闭体系岩屑样品来于不同深度的黏土质页岩样品以及长英质页岩样品。两个样品 TOC 差异与含油率差异较大，且均呈现出低热演化程度，可以很好地模拟涠西南凹陷页岩油源岩生排滞特征。

表 2.2 涠西南凹陷流沙港组流三上亚段—流二下亚段不同体系热模拟实验

体系	井号	深度/m	优势岩相类型	TOC/%	S_1/(mg/g)	S_2/(mg/g)	T_{max}	HI/(mg/g TOC)	R_o/%	有机质类型
开放体系	WZ11-6-1	2625	黏土质页岩	6.2	4.8	38.6	433	622	0.57	I
		2680	混合质页岩	4.4	1.1	18.6	434	422	0.58	II$_1$
		2726	长英质页岩	0.7	0.1	1.4	436	206	0.6	II$_2$
封闭体系		2610~2640	黏土质页岩	6.1	3.5	34.8	434	570	0.57	I
		2662~2680	混合质页岩	4.1	1.6	19.5	435	477	0.58	II$_1$
		2726~2826	长英质页岩	1.3	0.1	2.9	437	223	0.61	II$_2$
限制体系	WY-5	2512~2572	黏土质页岩	6	5.6	32.5	440	542	0.55	I~II$_1$
		2710~2900	长英质页岩	0.8	1.4	1.7	443	213	0.58	II$_2$

开放体系生排烃热模拟实验主要用来揭示源岩生烃动力学参数与转化率，封闭体系与限制体系生排烃热模拟实验用来联合揭示源岩生排烃机制差异，建立成烃模式（何川等，2023）。

在限定频率因子条件下，活化能分布特征能够反映有机质生烃周期长短和生烃难易程度。活化能分布宽说明生烃周期长，活化能分布窄说明生烃周期短；活化能主频低说明达到生烃门限所需的温度低，活化能主频高说明达到生烃门限需要较高的温度（蒋启贵等，2012）。有机质生烃转化效率（简称转化率）是衡量页岩有机质在热成熟过程中向石油烃转化的比例，其含义是指已转化为石油烃的有机质数量占有机质总量的百分比，也可以用已生成的石油烃数量占烃源岩总生烃量的比例来表示。通常情况下，热成熟度越高，倾油型有机组分占比越大，有机质转化率就越高，剩余未转化有机质就越少，反之亦然。由于发生了热降解转化的原始有机质总量难以准确恢复，通常使用有机质已生成的油气数量占有机质完全转化后生成油气总量之比来代表有机质的转化率，或者用当前成熟度条件下的生

烃潜量 S_2 除以原始生烃潜量 S 来计算（赵文智等，2020）。本书利用不同成熟度的人工加热样品的剩余生烃潜力和原始未加热样品的生烃潜力，计算有机质累计转化率（张水昌等，2002）。模拟实验得到的样品随温度不同生烃量和转化率也会产生差异，进而可以反演沉积有机质在地质条件中的演化过程，然而不同升温速率及取样点会影响不同实验条件下生烃组成及产率的比较（黄振凯等，2018）。

二、不同热模拟体系下热模拟特征

图 2.33（a）绘出了开放体系下涠西南凹陷基质型页岩油源岩生烃活化能分布。其活化能值为 215～250kJ/mol，最高生烃率时活化能值为 225kJ/mol，其余相对较低的生烃率对应的活化能值分布于 225kJ/mol 两侧。上述特征表明，涠西南凹陷基质型页岩油源岩生烃活化能较低，且分布较为集中，表明该类型页岩油源岩有机质极易成烃。生烃率整体较高，暗示着该类型页岩油源岩有机质大部分可转化为烃类。从图 2.33（b）可以看出，三组不同升温速率的实验均是从 300℃之后开始转化率才 >0，然后逐渐增大，直到温度接近 500℃ 才逐渐平稳至 100%。表明 300℃为该类型页岩油源岩开始裂解的温度阈值，500℃后该类型页岩油源岩开始停止生烃。此外，三种不同升温速率的累计转化率随实验温度变化曲线陡，表明该类型页岩油源岩的生烃转化相对较快 [图 2.33（b）]。

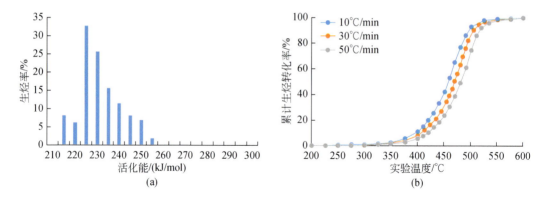

图 2.33　涠西南凹陷流三上亚段—流二下亚段基质型页岩油源岩生烃动力学参数分布
与累计生烃转化率-实验温度关系

从图 2.34（a）可以看出，纹层型页岩油源岩活化能为 210～280kJ/mol，分布相对于基质型页岩油源岩更加离散。生烃率最高峰对应的活化能值为 245kJ/mol，生烃活化能整体较高，表明该类型页岩油源岩达到生烃门限需要较高温度。此外，纹层型页岩油源岩在温度 >225℃时，累计生烃转化率开始 >0，表明该类型页岩油源岩相对于基质型页岩油源岩而言存在着少量早期生烃的干酪根 [图 2.34（b）]。三种不同升温速率的累计生烃转化率随温度变化曲线整体上相对于基质型源岩较缓，表明纹层型页岩油源岩生烃转化随着温度升高相对较为缓慢 [图 2.34（b）]。

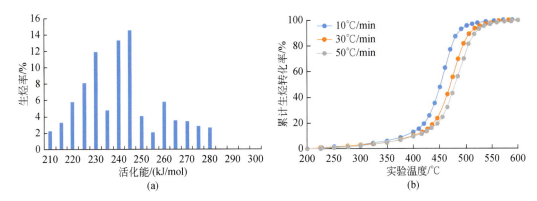

图 2.34　涠西南凹陷流三上亚段—流二下亚段纹层型页岩油源岩生烃动力学参数
分布与累计生烃转化率-实验温度关系

夹层型页岩油源岩活化能分布主要集中在 250~300kJ/mol。相对于上述两种类型的页岩油源岩而言，夹层型页岩油源岩生烃所需活化能最高 [图 2.35（a）]。此外，该类型页岩油源岩对应的生烃率在 10% 左右，表明该类型源岩中能生烃的有机质含量少。从三种不同升温速率的累计生烃转化率随温度变化曲线中可以看出，到温度为 550℃ 时，累计生烃转化率才到达 100% [图 2.35（b）]，表明该类型页岩油源岩完全生烃所需温度更高。此外，此三种曲线相对于上述两条曲线而言更加平缓，指示出该类型页岩油源岩非均质性强。

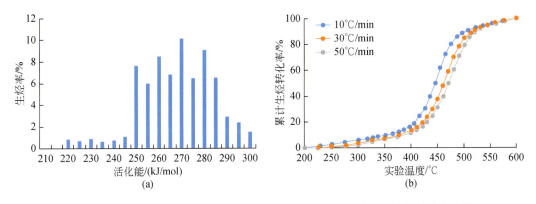

图 2.35　涠西南凹陷流三上亚段—流二下亚段夹层型页岩油源岩生烃动力学参数
分布与累计生烃转化率-实验温度关系

综上所述，从基质型到夹层型页岩油源岩活化能分布由集中到离散，累计生烃转化率-实验温度曲线由陡变缓，表明干酪根非均质性增强、生烃窗范围扩大、生烃转化率减慢（图 2.36）。

封闭体系生排烃热模拟实验能够考虑二次生烃过程对有机质热演化的影响，加热过程中的产物全部被封闭在有限空间中，低温阶段生成的产物能够参与到高温阶段的反应中。

图 2.37（a）所示，基质型页岩油源岩产油率、排出油产率以及残留油产率曲线均呈现出先升高后降低的分布特征。其中，产油率和排出油产率曲线均在 R_o=0.93% 达到最大产油率 736mg/g TOC 和最大排出油产率 515.3mg/g TOC，表明在这一成熟度下，基质型页岩油

源岩处于生烃高峰。残留油产率曲线在该成熟度前达到最大值 254mg/g TOC，可能暗示了残留油在生烃高峰前富集。产气率随着成熟度升高一直升高，最后达到最大值 349mg/g TOC。从图 2.37（b）中可以看出，随着热演化程度的加剧，饱和烃组分的比例越来越低，在 R_o=0.65%时，饱和烃组分含量比例最高，为 62%。

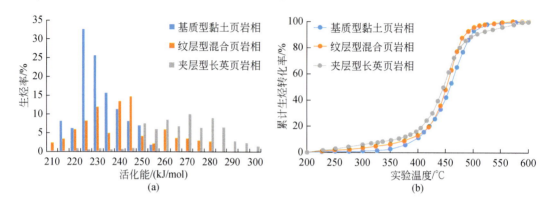

图 2.36　涠西南凹陷流三上亚段—流二下亚段不同类型岩相页岩油生烃动力学参数
与累计生烃转化率-实验温度关系

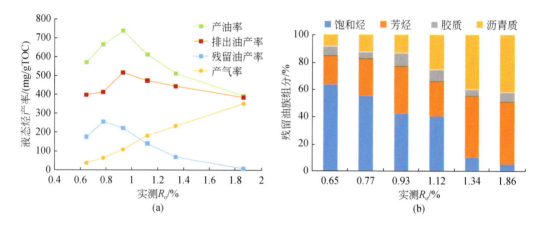

图 2.37　涠西南凹陷流沙港组流三上亚段—流二下亚段基质型页岩油源岩液态烃产率与
残留油族组分随实测 R_o 变化

纹层型页岩油源岩生排烃热模拟结果表明，产油率、排出油产率以及残留油产率曲线同样都表现出先升高后降低的变化模式。产油率和排出油产率曲线均在 R_o=0.93%达到最大产油率 698mg/g TOC 和最大排出油产率 518.8mg/g TOC［图 2.38（a）］，表明在这一成熟度下，纹层型页岩油源岩处于生烃高峰。然而，相对于基质型页岩油源岩，纹层型页岩油源岩具有相对较低的产油率以及相对较高的排出油产率。此外，残留油产率也在生烃高峰前呈现出最大值，为 209mg/g TOC。产气率随着热演化程加大而快速上升，最大值为 389mg/g TOC［图 2.38（a）］。从图 2.38（b）中可以看出，随着热演化程度的加剧，饱和烃组分的比例越来越低，在 R_o% = 0.65%时，饱和烃组分含量比例最高，为 66%。

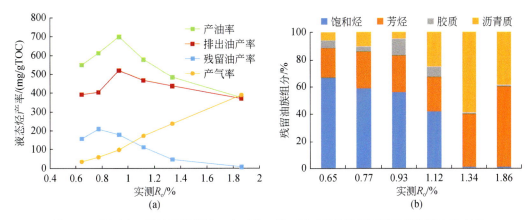

图 2.38　涠西南凹陷流沙港组流三上亚段—流二下亚段纹层型页岩油源岩液态烃产率
与残留油族组分随实测 R_o 变化

夹层型页岩油源岩生排烃热模拟结果表明，产油率、排出油产率以及残留油产率曲线同样都表现出先升高后降低的变化特征。产油率和排出油产率曲线均在实测 R_o=0.93%达到最大产油率 490mg/g TOC 和最大排出油产率 400mg/g TOC，表明在这一成熟度下，夹层型页岩油源岩处于生烃高峰。然而，相对于基质型页岩油源岩，夹层型页岩油源岩具有相对较低的产油率以及相对较高的排出油产率。此外，残留油产率也在生烃高峰前呈现出最大值，为 82mg/g TOC。产气率随着热演化程加大而快速上升，最大值为 630mg/g TOC［图2.39（a）］，表明该类型页岩油源岩富含生气干酪根。从图 2.39（b）中可以看出，饱和烃组分的比例较低，饱和烃组分含量比例最高为 35%。结合上述的开放和封闭体系生排烃热模拟实验，能够客观地反映泥页岩热演化过程中的生烃、排烃、留烃特征和各过程之间的相互作用。通过对本书目的层页岩油源岩两种类型的生排烃热模拟实验，可以得出该区域源岩的生排烃模式。从基质型页岩油源岩到纹层型页岩油源岩，再到夹层型页岩油源岩：油页岩非均质性增强、生烃窗范围扩大、生烃转化率减小；生油高峰变晚，产油率、产气率、残留油产率降低，残留油饱和烃组分减少；总体上，基质型页岩油源岩对页岩油富集最有利，其次为纹层型页岩油源岩和夹层型页岩油源岩。

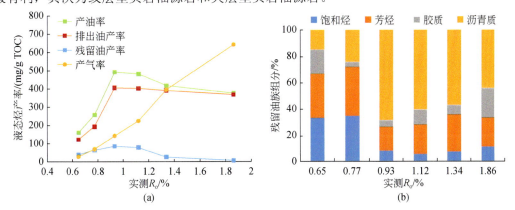

图 2.39　涠西南凹陷流沙港组流三上亚段—流二下亚段夹层型页岩油源岩烃产率
与残留油族组分随实测 R_o 变化

第四节　页岩油源岩成烃机制及其优势性

根据陆相有机成因理论，石油和天然气来源于有机物质。晚期成因说认为，生成油气的原始物质是沉积岩中的那些不溶于有机溶剂的分散有机质-干酪根，而干酪根是原始有机质在成岩作用阶段经过生物地球化学作用缩聚作用形成的。有机质成烃模式是对有机质实际生烃过程中的总结与概括。

（一）蒂索生烃模式

以蒂索（Tissot）为代表的科学家对实际盆地有机质演化情况和大量模拟实验总结出有机质演化于油气生成的 4 个演化阶段，是一个理想模式。它反映了有机质演化于油气生成的一般规律，称为干酪根热解的生烃模式，对这一模式，有以下几点值得注意。

（1）该模式阐明了有机质演化和油气生成的阶段性。每一阶段的一般特征已进行了详细论述，但对于不同类型的有机质演化来讲，每一个演化阶段的界线和产物特征可能会有所变化，其主要的差别是在热催化生油气阶段，Ⅰ型干酪根在这一阶段可以生成大量石油，在生油的同时也生成少量天然气；Ⅲ型干酪根由于其本身的生油潜力有限，即使在这一阶段它仅能生成少量液态石油，其产物仍然以起气为主。

（2）生油门限是干酪根热降解生烃模式中的一个重要概念。生油门限是有机质开始大量生油的起始点，也是有机质从未成熟到成熟的转折点。如果有机质经历的温度低于生油门限温度，或者其埋藏深度小于成熟点深度（也称生油门限深度），则有机质不会生成大量石油。生油门限对应的镜质组反射率一般为 0.5%。

（3）液态石油（包括凝析油和湿气）主要存在于热催化生油气阶段和热裂解生湿气阶段，该阶段在国外称为生油窗（oil window），它代表了地下液态石油赋存的范围。从油气生成的角度来看，液态石油主要是在热催化生油气阶段生成的。因此，在国内也将该阶段称为生油窗，而热裂解生湿气阶段主要是液态石油的裂解，不包括在生油窗的范围之内。

（二）有机质生烃的综合模式

蒂索生烃模式主要强调了干酪根热降解和热裂解生成油气的过程。实际上，在整个有机质的演化过程中，沉积岩中的可溶有机质和不溶有机质是一个相互转化的有机整体。在未成熟阶段，岩石中的一些低聚合度的有机质或可溶有机质的一部分直接转化为未成熟石油，另一部分将缩合到干酪根中去；在成熟阶段，干酪根热降解形成液态石油；到高成熟和过成熟阶段，液态烃裂解成天然气。为了全面反映油气生成过程，黄第藩（1996）提出了一个有机质生烃演化的综合模式。

与蒂索生烃模式相比，该模式具有以下特点：①该模式中包括了未-低成熟石油的生成过程。前面已经简要提到，在有机质演化的未成熟阶段，一些特殊的有机质可以在较低的温度下通过低温生物化学反应和低温化学反应生成未成熟油。实际上，在有机质成熟阶段的早期所生成的石油在生油物质、生成机理和石油性质等方面与成熟石油也有一定差别，而与未成熟的石油更为相似，因此一般将未成熟阶段晚期和成熟期早期（有人也视为低成熟阶段）由一些聚合度较低的特殊有机质（主要包括木栓质体、树脂体、细菌改造陆源有机质、藻类和高等植物生物类脂物大分子等）在低温的生物化学反应和低温化学反应作用下生成的油气统称为未-低成熟油。由于生油物质的不同，此阶段形成的烃类有液态石油，也有天然气。其中，未-低成熟油形成的阶段大致对应于有机质的 R_o 为 0.3%～0.7%。②该模式强调了不同类型有机质生烃的差异性。虽然Ⅰ型干酪根和Ⅲ型干酪根的演化过程总地来讲是相似的，但它们形成的产物是有区别的。在成熟阶段，Ⅰ型干酪根的热降解作用主要生成液态石油，生成的天然气较少；而Ⅲ型干酪根的热降解作用在生成少量液态石油的同时，可以生成大量的天然气。另外，不同类型干酪根各演化阶段的界线也有所差异。③该模式全面反映了有机质的演化过程。来源于获得有机生物的原始有机质（木质素、碳水化合物、蛋白质、类脂化合物）经生物化学作用生成生物气，残物质经腐泥化或腐殖化形成腐泥物质或腐殖物质，这些物质经进一步的聚合、缩合转变为干酪根，在成分特殊的有机质可以形成未-低成熟油，干酪根在热演化作用下进一步降解，生成大量液态烃类（石油），随着温度和压力的增加，液态烃类进一步裂解，生成大量天然气。

（三）有机质生烃模式应用中应注意的一些问题

有机质演化模式反映了油气生成的一般规律，根据这一模式可以对沉积盆地中处于不同演化阶段的有机质的生烃作用进行研究，预测生成烃类的相态类型，进而预测盆地油气的分布，了解盆地的含油气远景，指导盆地油气勘探。但是，有机质生烃模式是对不同盆地油气分布、演化过程的总结和概括，当将这样的模式应用到具体盆地的时候，应注意以下一些问题。

（1）有机质演化的 4 个阶段代表了有机质从沉积开始一直到它演化终极的全过程，是一个历史（时间域）的概念。但是，目前在沉积盆地中只能观察到某一套地层的有机质演化到现在的状态，而无法直接观察它演化的历史过程。例如，一套地层中的有机质目前处于高成熟阶段，那么在地质历史上它一定经历了未成熟阶段和成熟阶段，经历了生成生物气和液态石油的过程，目前处于生湿气的阶段，但还没有达到热裂解生干气的阶段。

（2）不同盆地由于地质演化和地温梯度的不同，达到各演化阶段的温度和深度可能有很大差异，在年龄较老、地质演化历史较长的地层中的有机质达到相同演化阶段的温度一般较低，深度一般较小；反之，在年龄较小、地质演化历史较短的地层中的有机质达到相同演化阶段的温度一般较高，深度一般较大。

（3）对不同的沉积盆地而言，由于其沉降埋藏历史和地温历史的不同，有机质的演化和生烃过程不一定全都经历这 4 个阶段，从而造成不同盆地油气远景的差异。在一个有机质都处于未成熟阶段的盆地中，找到液态石油的可能性较小，至多可以找到生物成因气或未成熟石油：如果一个盆地的有机质处于成熟阶段，则这样的盆地找到液态石油的可能性很大；而在有机质处于高成熟或过成熟阶段的盆地则找到液态石油的可能性就较小，找到天然气的可能性很大。

（4）由于同一盆地中的有机质可能赋存于不同地层中，而不同地层的年龄、埋藏深度和可能性很大，经历的温度都不同，所以同一盆地不同层位的有机质演化程度是不相同的。

埋藏较深的地层中的有机质演化程度较高，埋藏较浅的地层中的有机质演化程度较低，如果这些地层的埋深相差较大，其中的有机质就可能处于不同的演化阶段，从而可以生成不同相态的烃类；另外，同一盆地相同层位的地层，在盆地的中心和盆地的边缘由于埋藏深度不同，经历的温度历史也不尽相同，从而可以处于不同的演化阶段，生成不同相态的烃类。

（5）在地质发展史较复杂的沉积盆地，如果经历过数次升降作用，地层中的有机质可能在演化到一定程度，生成一定数量的油气之后又遭遇抬升，因此演化和生烃过程停止，直到再度沉降埋藏到相当深度后又发生生烃过程，即所谓的"二次生烃"。可以看出，由于不同盆地地质特征和演化历史的复杂性，油气生成的过程也是复杂的。在具体应用有机质生烃模式研究其生烃作用时，应根据实际盆地的地质条件进行具体分析以便得出正确的认识。

（四）生烃模式对比与优势性

鄂尔多斯盆地长 7 段烃源岩 R_o 为 0.5%～1.3%，其中低成熟度烃源岩主要分布在盆地南部。本书中所采用的低成熟度黑色页岩和暗色泥岩样品分别采自陕西省铜川市淌泥河（TNH）和聂家河（NJH）野外露头剖面。鄂尔多斯盆地长 7 段黑色页岩和暗色泥岩生烃模式图族组分随实测 R_o 变化如图 2.40 所示。受模拟温度限制，黑色页岩和暗色泥岩在 420℃时的生烃量并不能反映样品的最终总生烃量，本书以生烃潜量（S_1+S_2）作为泥页岩样品的最终总生烃量计算不同温度点的转化率。

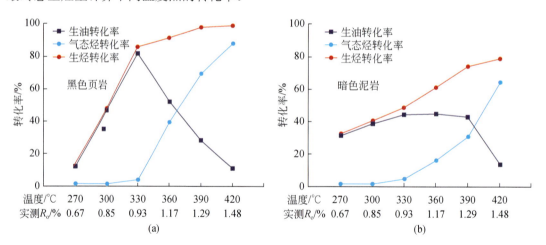

图 2.40　鄂尔多斯盆地长 7 段黑色页岩和暗色泥岩生烃模式图族组分随实测 R_o 变化

黑色页岩的热解过程可以划分为两个阶段：①快速生油阶段（270～330℃，实测 R_o=0.67%～0.93%），干酪根和沥青质热降解形成大量原油和少量气态烃；②快速生气阶段（330～420℃，实测 R_o=0.93%～1.48%），气态烃比例由 330℃ 的 4.11% 快速增长到 420℃ 的 87.55%。暗色泥岩的热解过程可以划分为三个阶段：①快速生油阶段（270～330℃，实测 R_o=0.67%～0.93%），干酪根和沥青质热降解形成大量原油和少量气态烃；②缓慢生油阶段（330～360℃，实测 R_o=0.93%～1.17%）；③生气阶段（360～420℃，实测 R_o=1.17%～1.48%），气态烃比例由 390℃ 的 31.63% 快速增长到 420℃ 的 65.32%。综合以上开放体系生排烃热模拟实验和半封闭体系生排烃热模拟实验结果分析表明，鄂尔多斯盆地长 7 段黑色页岩和暗色泥岩的生烃特征存在明显的差异，暗色泥岩开始生烃的温度（成熟度）阈值低于黑色页岩，而主要生烃期对应的温度（成熟度）高于黑色页岩（图 2.40）。烃源岩半封闭体系高温高压热模拟实验结果表明，鄂尔多斯盆地长 7 段黑色页岩在实验室模拟温度 300℃（实测 R_o=0.85%）时开始大量生油，在模拟温度 330℃（实测 R_o=0.93%）时生油量达到最大，在模拟温度 360℃（实测 R_o=1.17%）时开始大量生气；暗色泥岩在模拟温度 270℃（实测 R_o=0.65%）时开始大量生油，在模拟温度 360℃（实测 R_o=1.09%）时生油量达到最大，在模拟温度 390℃（实测 R_o=1.27%）时开始大量生气（图 2.40）。因此，鄂尔多斯盆地长 7 段黑色页岩可为页岩油形成提供油源的成熟度范围为实测 R_o=0.85%～1.17%，暗色泥岩可为页岩油形成提供油源的成熟度范围为 R_o=0.62%～1.27%（图 2.41）。

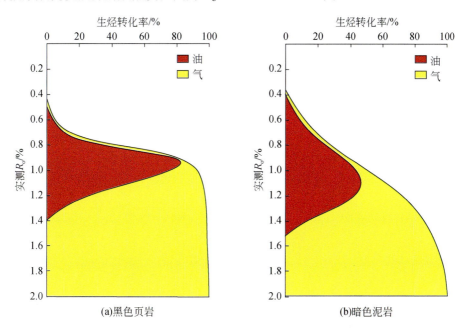

图 2.41　鄂尔多斯盆地长 7 段黑色页岩和暗色泥岩生烃模式图族组分随实测 R_o 变化

松辽盆地是全球最大的陆相（湖相）富油气盆地之一，第 4 次油气资源评价结果表明，松辽盆地大庆探区拗陷层总生油量达 1033 亿 t，其中青山口组总生油量为 914 亿 t，占比达 89%。截至 2021 年底，大庆油田累计提交常规原油探明地质储量为 63.7 亿 t，新增页岩油预测地质储量为 12.68 亿 t，展现出古龙页岩油作为未来接替资源的巨大潜力（孙龙德等，2023）。常规油气资源评价主要采用类比法或成因法，其中成因法的评价思路是根据烃源岩的生烃活化能及热史计算出生烃量，再根据排烃效率及聚集系数计算出资源量。以往的研究表明，湖相优质烃源岩排烃效率高达 80% 以上，第 4 次油气资源评价结果表明青山口组总滞留油量为 665 亿 t，总排烃效率达 73%。然而，随着古龙页岩油的勘探突破和烃源岩生、排、滞留烃机制的重新认识，越来越多的证据表明，松辽盆地古龙页岩的排烃效率并未如之前认为的那么大，因此常规油气的形成与页岩油气的富集关系需要重新厘定。基于排烃门限理论，传统成因法资源量评价在计算生烃量的同时，亦可以根据有机质饱和吸附量（单位有机碳原油吸附量平均为 100mg 左右）获得页岩内的滞留烃量。尽管如此，这种方法获得的滞留烃量忽略了无机孔缝和有机黏土复合孔缝内的滞留烃量，后者多受页岩的非均质性及有机质的热演化程度影响，并且在高演化阶段是滞留油的主要赋存空间。

目前，页岩油资源评价多采用体积法，其评价的关键在于含油量参数的选择，如采用传统岩石热解 S_1、分步热解参数或氯仿沥青"A"等。从实验原理上看，岩石热解法主要评价游离或可动的页岩油资源量，而氯仿沥青"A"评价的是总页岩松辽盆地北部 311 口井 5000 多项/块样品分析表明，青山口组页岩[w（TOC）]为 0.11%～12.33%，平均为 2.16%。有机质类型主要为 I 型，部分为 II₁ 型，少量为 II₂-III 型。其中，古龙页岩主要发育在青山口组一段（青一段）和青山口组二段（青二段）下部，w（TOC）主峰为 1%～4%，平均为 3.01%。有机显微组分定量分析表明，古龙页岩有机质来源主要为层状藻，藻类来源的腐泥无定形，占比＞85%，陆源高等植物来源比例普遍＜10%。未熟、低熟样品分析表明，古龙页岩原始氢指数 HI 高，普遍为 600～800mg/g TOC，最高可达 975mg/g TOC，平均为 750mg/g TOC。与国内外页岩相比，古龙页岩具有总有机碳中等，但 HI 和生烃转化率均较高的特点。镜质组反射率为 0.25%～1.67%，平均为 0.84%，表明青山口组页岩大部分处于成熟演化阶段，其中古龙凹陷古龙页岩 R_o 普遍＞1.0%，处于中-高成熟演化阶段。采用全岩样品，通过开放体系生排烃热模拟实验获取古龙页岩干酪根生烃活化能，古龙页岩有机质生烃活化能分布及转化率和 R_o 的关系如图 2.42 所示。与海相 II 型干酪根相比，古龙页岩干酪根（湖相 I 型）生烃具有活化能分布窄（主峰为 209～213kJ/mol）、生烃滞后、生烃窗窄的特点。尽管开放体系生烃模拟实验是获取干酪根裂解生烃动力学的有效手段，然而正如 Burnham 等（2002）指出的那样，开放体系生排烃热模拟实验主要基于热挥发产物的计量，有时并不能代表地下干酪根生烃的产物。

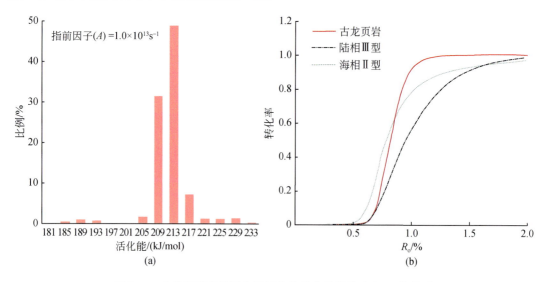

图 2.42　古龙页岩有机质生烃活化能分布及转化率和 R_o 的关系

A.K.Burnham 的研究表明，干酪根生烃具有两种反应路径，即顺序反应和平行反应，前者干酪根先生成较重质的沥青再生成油气，后者同时生成沥青和油气，一般来说对于保

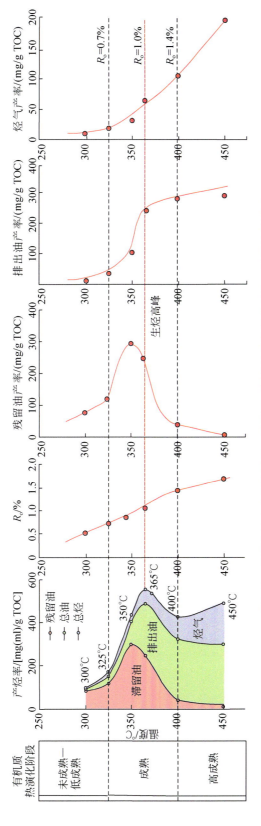

图2.43　松辽盆地中央拗陷区青一段页岩不同热演化阶段及其生、排烃演化模式

存较好的藻类来源，干酪根的生烃倾向于顺序反应，因为这类干酪根结构往往具有长脂肪链结构、支链少。前人通过实际烃源岩的地球化学参数演化剖面指出，当 R_o=0.9%～1.2% 时古龙页岩干酪根大量裂解，与开放体系干酪根裂解动力学分析结果一致，对不同演化阶段页岩可溶烃组成及保压岩心游离油组成的分析则揭示：古龙页岩干酪根的裂解生烃主要先生成重质的吸附油，随着 R_o 的增加，吸附油进一步裂解转化为游离油。从族组成随 R_o 的演化特征也可以看出，在 R_o=0.8%～1.0%阶段，非烃和沥青质的含量快速升高，最高可达 100mg/g 左右；当 R_o>1.0%以后，非烃和沥青质的含量则迅速下降，饱和烃含量持续增加，表明古龙页岩干酪根生烃早期先生成重质的沥青，然后再裂解转化生成油气。根据上述结果可知，页岩的生排烃演化阶段具有三分特征（图 2.43）。R_o=0.53%～0.72%（模拟温度为 300～325℃）时，为干酪根缓慢生油阶段，总烃产率较低，并表现出随温度的升高缓慢增高的趋势。此阶段生成的油主要滞留在页岩内，仅有少量的油排出，烃气含量比较低。R_o=0.72%～1.42%（模拟温度为 325～400℃）时，为干酪根快速生油阶段，生油能力有明显的提升，生烃气能力仍然较弱。在 R_o=0.83%时，残留油产率达到最大；在 R_o=1.02%时，总油产率和总烃产率达到最大；在 R_o=1.02%之后，干酪根生烃能力变弱。R_o=1.42%～1.65%（模拟温度为 400～450℃）时，为生气阶段，大量烃气的产生使得总产烃率随着温度的升高进一步增加，而总油产率和滞留油产率则随着温度的升高而下降。

然而，如图 2.44 和图 2.45 所示，涠西南页岩油源岩只存在一个主要生烃阶段：快速生油高峰，R_o=0.75%～0.93%，干酪根和沥青质热降解形成大量原油和少量气体烃，生烃量远高于鄂尔多斯盆地长 7 段页岩油源岩。生油转化率也相对较高。表明涠西南页岩油源岩相对于鄂尔多斯长 7 段源岩的优势在于生油阶段集中，生油转化率大，生烃温度集中。

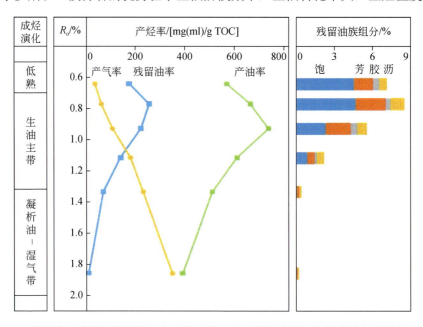

图 2.44　涠西南凹陷流沙港组流三上亚段—流二下亚段基质型与纹层型页岩油源岩产烃率
与残留油族组分随 R_o 变化

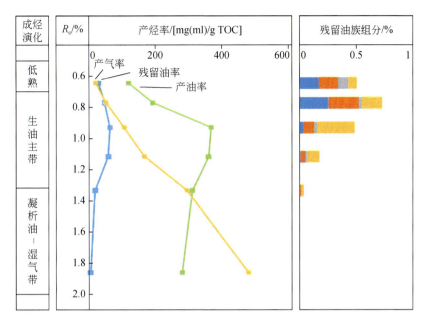

图 2.45　涠西南凹陷流沙港组流三上亚段—流二下亚段夹层型页岩油源岩产烃率
与残留油族组分随 R_o 变化

第三章　涠西南页岩油储集空间微观表征及评价

北部湾盆地涠西南凹陷是南海北部发现油气储量最集中的地区之一，随着南海页岩油的压裂测试成功并获商业油流，我国海上页岩油勘探取得重大突破。目前，针对涠西南凹陷流沙港组页岩油储层的研究较少，储层微观结构特征不明，储集甜点主控因素不清。在分析页岩油储层岩石组构类型基础上，基于流体注入和高分辨率电子显微镜观察相结合的全尺度孔缝表征技术，明确了页岩油储层微观孔隙（喉）结构特征、成岩-成储机制及油页岩储层评价标准，并结合人工神经网络预测方法，进行储集甜点的垂向选段、平面选区工作，优选涠西南凹陷流沙港组流三段—流二段储集甜点层段和甜点区，明确了有利储集体呈环带状的平面分布规律。

第一节　页岩油储集空间表征技术研究现状

随着页岩油气勘探与开发技术研究的不断深入，国内外学者在页岩储层微观储集空间定性-定量表征、孔隙发育和演化机制等方面取得了重要进展。研究表明页岩油主要赋存和储集在微纳米级别的孔隙和裂缝中。页岩储层微观储集空间表征已成为油气地质领域研究的热点问题之一，主要分为页岩储层多尺度表征方法和技术研究、储层孔隙类型及发育主控因素、孔隙结构演化机制等方面。

一、页岩储层孔隙多尺度表征技术和方法

页岩作为一种天然且复杂的多孔介质，具有复杂的孔隙网络、低孔、低渗的特征（Curtis et al.，2012；Heller et al.，2014），以纳米级孔隙为主的页岩储层孔隙结构特征是页岩油富集、赋存的关键影响因素，尤其是孔隙度、比表面积、孔径分布等与页岩油储集空间有关的关键参数得到广泛关注（姜在兴等，2023）。页岩本身具有强烈的非均质性并且伴随其矿物组成的多样性，页岩孔隙系统具有多尺度特征，主要表现在孔隙尺寸跨度较大，具有从纳米级尺度到毫米尺度的复杂孔隙网络。因此，对其储集空间进行精细表征需要借助多种特殊的手段和方法。近些年来，材料学等学科的研究中所采用的多项先进技术手段和方法已经成功应用于页岩的孔隙结构表征中。储集空间的表征方法主要分为直接表征和间接表征两个方面。直接表征常用的方法包括高分辨率场发射扫描电子显微镜（FE-SEM）、聚焦离子束扫描电子显微镜（FIB-SEM）、原子力显微镜（AFM）、宽离子束扫描电子显微镜、纳米 CT 等，这些方法均能对页岩的纳米级孔隙的形态和分布进行直观的观察。间接表征常用的方法包括二氧化碳和氮气吸附法、高压压汞法（HPMI）、小角度散射和超小角度散射法、核磁共振（NMR）法等，利用不同的理论模型和方法对相关实验数据进行计算和处理，可得到孔隙体积、孔隙比表面积以及孔径分布等参数（Loucks et al.，2009；Curtis et al.，2012；Clarkson et al.，2013）。

图像分析法是一种对页岩纳米级孔隙大小、形态、分布及颗粒接触情况等图像信息进行直接观测的手段，常用的方法包括高分辨率场发射扫描电子显微镜、聚焦离子束扫描电子显微镜、原子力显微镜、宽离子束扫描电子显微镜、纳米级计算机断层扫描技术（Peng et al.，2011；Ma et al.，2017；邹才能等，2011；白斌等，2013）等。扫描电子显微镜的原理是利用高能的离子束轰击样品的表面，通过检测反射回来的电子信号进行成像，其包括二次电子成像和背散射电子成像，前者常用于观察孔隙的形态、大小和特征，后者常用于区分不同矿物，比如有机质、黄铁矿等（焦淑静等，2012）。为了清楚地观察到不同大小范围内的孔隙，需要对工作距离以及加速电压和扫描速度进行不断调整（Dong et al.，2019）。利用扫描电子显微镜直接观测样品新鲜面可以直接获得样品表面的立体图像，但获得信息有限，尤其是观察孔隙时，容易获取假孔信息。Reed 和 Loucks（2007）首次将氩离子抛光技术运用到处理页岩表面工作中，对样品先进行机械抛光，再用氩离子束轰击抛光面，使其表面变得更加平整光滑，结合高分辨率扫描电子显微镜观察可以获得超高品质的页岩微观表面纳米级尺度孔隙结构特征，前人在此基础上发现了纳米级有机孔隙（Loucks et al.，2009；Chalmer et al.，2012；邹才能等，2011）。除了能直接观测纳米级孔隙的结构及分布特征以外，图像分析还可以结合图像处理软件以及分形理论对纳米级孔隙进行定量评价，获得包括孔隙的圆度、孔隙度、孔径分布以及分形维数等信息。

流体注入法常用的方法包括气体吸附法（Chalmers et al.，2012）、高压压汞法（Mastalerz et al.，2013）、氦气测孔隙度法（Mullen et al.，2010）。然后，利用不同的理论模型和方法对相关实验数据进行计算和处理，可得到孔隙体积、孔隙比表面积以及孔径分布等参数。密度泛函理论（DFT）模型更加适用于计算微孔的孔隙结构参数（Ravikovitch et al.，2006），而基于固体密度泛函理论（QSDFT）模型因考虑了气体所填充介质的表面粗糙度，既适合计算微孔的孔隙结构参数也同时能够计算中孔的孔隙结构参数（Neimark et al.，2009）。BJH（Barret-Joyner-Halenda）理论模型和多分子层吸附理论（BET）则更加适用于计算 >2nm 孔隙的孔径分布、孔隙体积和比表面积等参数（Brunauer et al.，1938）。前人研究表明，CO_2 吸附能更加准确地刻画微孔的特征，N_2 吸附能刻画中孔的特征，而高压压汞法更加侧重于表征宏孔，因此有学者将高压压汞法与 CO_2、N_2 吸附等进行结合，对页岩的微孔、中孔和宏孔三个范围内的孔隙进行精细表征，获得页岩全孔径范围内的参数（陈居凯等，2018；田华等，2012）。

非物质注入法通常包括核磁共振技术（Washburn and Birdwell，2013；Xu et al.，2015）、小角度散射和超小角度散射法（Sun et al.，2017）等，核磁共振技术可以测量样品内部含氢流体的量、孔径分布以及孔隙形态信息。一方面，由于核磁共振技术测量范围包含非连通孔隙，在实际使用中其测量数值相比于流体注入法偏大（Heller and Zoback，2014）。另一方面，核磁共振技术受测试环境、仪器参数、样品的微孔隙、顺磁性物质及流体类型等多因素影响，在孔隙度测试中所得结果也可能比其他测试方法获得的孔隙度参数偏低（Yao et al.，2010；孙军昌等，2012）。小角度中子散射结合超小角度中子散射的分析方法最初用于分析煤及粉砂岩的孔径分布（Gethner，1986；Radlinski et al.，2004；Mares et al.，2009；Melnichenko et al.，2009；Sakurovs et al.，2009），后来 Clarkson 等（2013）将该技术用于测量页岩储层孔径分布，并且获得与流体注入法较为相同的孔径分布结果。非物质注入法通常在分析过程中需要烦琐地标定与检验，且测试成本相比于其余方法更高，所以非物质注入法在实际测量中使用相对较少（Sondergeld et al.，2010）。

二、页岩储层孔隙类型及发育主控因素

页岩储层孔隙结构是评价储层储集和渗流能力的重要参数，并且已有的研究表明，页岩储层是复杂的多孔介质，具有较高的不规则性和非均质性（Lai et al.，2018；Arif et al.，2021；Chandra and Vishal，2021）。目前针对孔隙类型的划分方案和标准尚未统一。然而，学者根据研究目的、关注角度以及出发点的不同制定了相应的划分方案。根据孔径的大小，国际纯粹与应用化学联合会（IUPAC）将页岩储层孔隙划分为<2nm 的微孔、2～50nm 的中孔（介孔）以及>50nm 的宏孔（大孔）。Sing 等（1985）基于低温氮气吸附实验中吸附曲线与脱附曲线的回滞环形态将孔隙分为圆柱状孔、墨水瓶状、狭缝状孔以及平行板状孔隙。基于孔隙的分布位置与矿物颗粒之间的关系，Loucks 等（2009）将其划分为有机质孔隙、粒间孔隙、粒内孔隙和微裂缝等。于炳松等（2013）将页岩储层孔隙划分为有机质孔隙、粒间孔隙、粒内孔隙、裂缝孔隙四大类，其中粒间孔隙又可分为 4 个亚类，粒内孔隙可进一步划分为 7 个亚类。此外，依据孔隙的连通程度，还可将孔隙划分为连通的开孔、孤立不连通的闭孔、一端封闭一端连通的盲孔（Rouquerol et al.，1994）。

陆相页岩中影响孔隙发育的因素很多，一方面页岩原始物质组成对孔隙发育具有影响，主要包括矿物成分、有机质丰度、类型、纹层类型和组合等，另一方面是储层后期成岩改造的影响，包括压实作用、硅质胶结、有机质热成熟作用等都会影响页岩储层的孔隙发育（赵文智等，2016；Dong et al.，2019）。实际上，页岩储层的孔隙结构是埋藏-热演化过程中，有机和无机相互作用下，原生孔隙的减小和次生孔隙的增大共同作用的结果。在有机质的生烃演化中，随着成熟度的增加，有机孔数量总体趋势也会呈现上升趋势，这主要是由于生气阶段（R_o>2.0%）的排烃作用导致，而在生烃阶段由于烃类物质的滞留，有机孔数量增加趋势并不明显（Loucks et al.，2009；Bernard et al.，2012）。例如，腾格尔（2021）通过研究中国南方下古生界富有机质页岩，发现有机质成熟度对孔隙发育的影响主要集中在生干气阶段。一方面，在生干气阶段有机质生烃会使有机孔数量持续增加。另一方面，随着液态烃向气态烃转化，生烃早期由于液态烃在干酪根中的溶胀而不易被识别的有机孔得到释放。不同矿物具有不同的抗压实能力和化学上的稳定性，因而具有不同矿物组分和含量的页岩，其孔隙发育程度也存在着明显的差异。济阳拗陷沙河街组页岩的成熟度较低，有机孔隙不发育，主要的孔隙类型包括碎屑矿物粒间孔、黏土矿物粒间孔、重结晶矿物晶间孔、溶蚀孔等，并且发育较多的微裂缝，包括水平层理缝、高角度构造缝和网状缝（刘惠民等，2022）。

三、页岩储层孔隙发育演化特征

页岩储层发育不同成因的有机孔及无机孔，且不同物质组成的页岩有机孔及无机孔的发育情况对储集空间的贡献变化不同。除此之外，页岩储层中广泛发育不同尺寸的孔隙，且不同尺寸孔隙比例也存在显著差异，导致不同的演化阶段和不同类型页岩孔隙发育演化控制因素不同。Curtis 等（2012）通过对 Barnett 页岩进行扫描电子显微镜图像学观察，指出 Horn River 页岩中主要的储集空间为有机孔，而海恩斯维尔（Haynesville）页岩和基默里奇（Kimmeridge）页岩的主要孔隙为无机矿物粒间孔。页岩储层孔隙发育是一个有机-

无机协同演化的综合作用过程，共同控制着页岩储层孔隙类型、形态、大小、孔径分布及其连通性等特征（Pommer and Milliken，2015）。页岩的沉积、埋藏、成岩及热演化过程中，有机质的丰度、类型及热演化程度等都会对孔隙的形成及演化产生重要影响（Bernard et al.，2012）。页岩初始孔隙度受控于沉积颗粒的大小、数量、结构、构造等，随埋深的增加，压实和胶结作用导致孔隙减小，而后期有机质生烃形成孔隙及生烃排酸溶蚀成孔有效地增加了页岩的孔隙度。Bernard 等（2012）通过有机地化和光谱显微技术对成熟度从 0.4% 到 1.85% 的密西西比亚系的 Barnett 页岩进行分析，发现了产油后的固体沥青广泛发育有机孔隙。Fishman 等（2012）对侏罗系 Kimmeridge 页岩进行了 SEM 观察发现热演化程度对未成熟到成熟阶段页岩的孔隙发育没有影响，即使在此过程中产生了有机质孔也因为页岩中的黏土矿物含量较高未能保存。成岩作用和有机质热演化也是控制孔隙的形成和保存的主要因素，早期成岩过程中，黄铁矿沉积有利于黄铁矿晶间孔的发育，但压实作用大大降低了孔隙的体积，而与长石有关的溶蚀孔的出现一定程度上改善了页岩的储集性能，有机质孔隙在成熟度达到一定的程度后（R_o=0.75%）才开始发育，低成熟和压实作用状态下具有较低的有机质孔隙，再加上烃类在孔隙表面的吸附，导致干酪根的膨胀，进一步降低了孔隙度。

我国陆相页岩油储层成熟度相对较低，主要孔隙类型为与黏土、长石、石英和碳酸盐等矿物相关的无机孔，且成岩作用复杂，不同黏土矿物在埋藏成岩的过程中会发生相互转化，对页岩储层孔隙结构产生重要影响。研究表明，黏土矿物从蒙脱石逐渐转化为伊蒙混层和伊利石，大量层间水将被排出，形成大量黏土矿物层间孔和成岩收缩缝，但比表面积会大幅下降（路长春等，2008），并且会析出硅质在层面间沉淀，形成刚性骨架易于页岩油储层压裂（Peltonen et al.，2009；孙龙德等，2021）。此外，蒙脱石向伊利石或绿泥石转化过程中对有机质的演化具有促进作用，影响着页岩储层中与黏土矿物相关的孔隙-裂隙特征和有机孔的发育程度（Loucks et al.，2009；Mastalerz et al.，2013）。

碳盐酸盐矿物作为陆相咸水环境中沉积的主要矿物类型之一，碳酸盐矿物在成岩演化过程中的溶蚀、胶结和重结晶等地质响应控制着储集空间及其组合类型的发育和演化（张顺等，2019）。在漫长的地质历史时期，碳酸盐矿物的溶蚀受温度、压力、pH 和盐度的控制，低温条件下，方解石溶解度大于白云石，高温条件下白云石溶解度相对更大。相关研究表明，含有 CO_2、有机酸和 H_2S 的地层流体是导致碳酸盐矿物溶蚀的主要原因。例如，咸化湖盆的成烃有机质含硫量较高，其成烃活化能相对较低，在较低热演化阶段就可以转化成烃，伴随产生的有机酸、溶蚀无机矿物是页岩储层发育的重要机制。

第二节　润西南页岩油储层孔缝空间多尺度发育特征

页岩油储层微观储集空间主要由纳米-微米级孔隙和微米-厘米级裂缝组成，精细表征页岩油储层孔缝体系是研究页岩油储集和赋存空间的基础。不同类型和岩相页岩的原始物质组成以及经历的成岩作用不同，造成储集空间的差异性，需要借助于全尺度储集空间表征技术，开展孔缝体系的精细刻画。基于气体吸附、高压压汞、核磁共振等定量手段和岩心、薄片、扫描电子显微镜定性观察相结合的方法，对润西南凹陷流沙港组流三上亚段—流二下亚段页岩孔隙结构进行多尺度精细定量表征，明确了不同类型页岩油储层微观储集空间的发育特征。

一、页岩储层孔隙结构多尺度定量表征

微观储集空间的发育特征、空间分布与连通方式是储层物性的主要影响因素（Clarkson et al.，2013；陈尚斌等，2013；曹涛涛等，2015；赵迪斐，2020），但是以纳米-微米级孔隙为主要储集空间的页岩油储层孔缝体系具有较强的非均质性（陈尚斌等，2013；赵迪斐，2020）。基于流体注入与电子显微镜观察结合的全尺度孔缝表征技术，对研究区流三上亚段—流二下亚段页岩油储层孔隙结构进行综合表征，明确了不同类型不同岩相页岩油储层孔径多尺度分布特征和差异性。

（一）页岩孔隙类型与形态特征

基于低温氮气吸附实验，通过理论模型计算，可以获得页岩孔隙的大小、孔体积、比表面积和孔径分布等参数。基于吸附、脱附曲线形态以及滞后环的形态，IUPAC 把气体吸附-脱附曲线的类别划分成 6 类。依据 IUPAC 对氮气吸-脱附等温线的分类，涠西南凹陷流三上亚段—流二下亚段页岩的 N_2 吸附等温线类似于第IV类吸附等温线（图 3.1），表明孔隙在 2～50nm 集中发育（赵迪斐，2020）。

涠西南凹陷流三上亚段—流二上亚段页岩吸附解吸曲线整体均呈反 S 形，其反应吸附过程包含三个主要阶段，在低压阶段（$0<P/P_0<0.4$），等温吸附曲线升高缓慢，平缓上凸，对应样品的表面单分子层吸附阶段；随相对压力继续升高（$0.40<P/P_0<0.8$），吸附作用由单分子层吸附向多分子层吸附过渡，等温吸附线上升速率提高，在相对压力<0.4 后出现回滞环，对应多分子层吸附阶段；相对压力达到 0.8 以上时，等温吸附线出现急剧上升，相对压力接近 1.0 时也未出现吸附饱和现象，对应等温吸附毛细孔凝聚作用阶段。IUPAC 根据回滞环形貌将多孔介质划分为 4 种类型，涠西南凹陷流三上亚段—流二下亚段页岩洗油前的样品回滞环以 H_3 型、H_2-H_3 混合型为主，即孔隙形态以墨水瓶孔、平行板状孔为主（图 3.1）。洗油后，孔隙类型从 H_3 混合型向 H_2-H_3 型过渡，表明从墨水瓶型向平板狭缝型孔隙过渡，并且吸附量上升（图 3.2）。

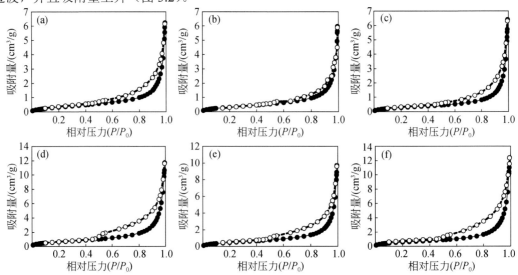

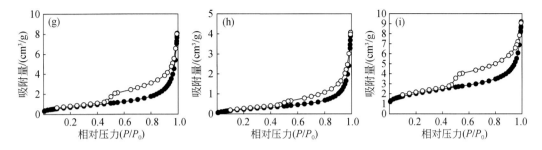

图 3.1　涠西南凹陷流沙港组不同岩相页岩洗油前氮气吸附-脱附曲线

（a）含长英黏土质页岩，H₃ 型，WZ12-2-A10S1 井，深度为 3162.33m；（b）含长英黏土质页岩，H₃ 型，WZ12-2-A10S1 井，深度为 3164.9m；（c）含长英黏土质页岩，H₃ 型，WZ12-2-A10S1 井，深度为 3159.7m；（d）含黏土混合质页岩，H₃ 型，WY-4 井，深度为 3553.25m；（e）含黏土混合质页岩，H₃ 型，WY-4 井，深度为 3560.25m；（f）含长英混合质页岩，H₃ 型，WY-4 井，深度为 3556.9m；（g）含黏土长英质页岩，H₂-H₃ 型，WY-8 井，深度为 3401.8m；（h）含黏土长英质页岩，H₃ 型，WY-8 井，深度为 3413.69m；（i）含黏土长英质页岩，H₂-H₃ 型，WY-8 井，深度为 3397.5m

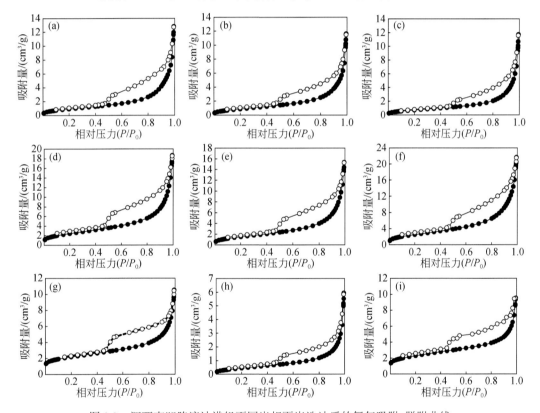

图 3.2　涠西南凹陷流沙港组不同岩相页岩洗油后的氮气吸附-脱附曲线

（a）含长英黏土质页岩，H₂-H₃ 型，WZ12-2-A10S1 井，深度为 3162.33m；（b）含长英黏土质页岩，H₂-H₃ 型，WZ12-2-A10S1 井，深度为 3164.9m；（c）含长英黏土质页岩，H₂-H₃ 型，WZ12-2-A10S1 井，深度为 3159.7m；（d）含黏土混合质页岩，H₂-H₃ 型，WY-4 井，深度为 3553.25m；（e）含黏土混合质页岩，H₂-H₃ 型，WY-4 井，深度为 3560.25m；（f）含长英混合质页岩，H₂-H₃ 型，WY-4 井，深度为 3556.9m；（g）含黏土长英质页岩，H₂-H₃ 型，WY-8 井，深度为 3401.8m；（h）含黏土长英质页岩，H₂-H₃ 型，WY-8 井，深度为 3413.69m；（i）含黏土长英质页岩，H₂-H₃ 型，WY-8 井，深度为 3397.5m

（二）页岩油储层孔隙多尺度孔径分布特征

1. 低温氮气吸附表征

页岩孔隙结构复杂、孔径分布较广，单一的实验技术手段难以准确地刻画页岩孔隙结构，因此需利用多种手段联合表征页岩孔隙结构。低温氮气吸附实验可测得的孔径范围主要处于 2～300nm。低温氮气吸附数据只有吸附、脱附曲线是实测数据，其他参数则经由模型计算得到。其中，比表面积计算采用 BET 多层分子吸附公式（Brunauer et al., 1938），取相对压力（P/P_0）介于 0.05～0.35 的等温吸附数据进行分析，得到氮气单层分子饱和吸附量进而计算比表面积数值，页岩孔隙孔径分布的计算则基于 BJH 模型（Barrett et al., 1951），BJH 模型由开尔文（Kelvin）毛细凝聚理论发展而来，选取脱附曲线计算得到。

利用三元溶剂（丙酮：氯仿：甲醇=38：32：30）对涠西南凹陷流三上亚段—流二下亚段页岩样品进行洗油，去除可溶有机质后，开展低温 N_2 吸附实验。涠西南凹陷流三上亚段—流二下亚段页岩中孔径主要分布于 2～50nm、50～80nm、100～200nm 范围内，孔隙以大孔为主，中孔次之，从含长英混合质页岩到含黏土混合质页岩再到含黏土长英质页岩，页岩累积孔隙体积呈现降低的趋势，特别是<35nm 的较小孔隙孔体积降幅较大，而>100nm 的孔隙孔体积大小仍可保持在相对较高水平（图 3.3）。结果表明含长英混合质页岩（M_1）平均孔隙体积为 0.017cm³/g；含黏土混合质页岩（M_2）平均孔隙体积为 0.021cm³/g；含长英黏土质页岩（C_2）平均孔隙体积为 0.014cm³/g；含黏土长英质页岩（S_2）平均孔隙体积为 0.009cm³/g。

页岩孔径分布表现为三种类型：单峰左偏型（以较小孔隙为主）、单峰右偏型（以较大孔隙为主）、双峰型。混合质页岩（含长英混合质页岩、含黏土混合质页岩）以双峰及单峰右偏型为主，黏土质及长英质页岩以单峰右偏型为主。含长英混合质页岩岩相具有较大的孔隙体积，孔径主要发育在 5nm 到>200nm，长英质及黏土质页岩具有相对较小的孔隙体积和比表面积。

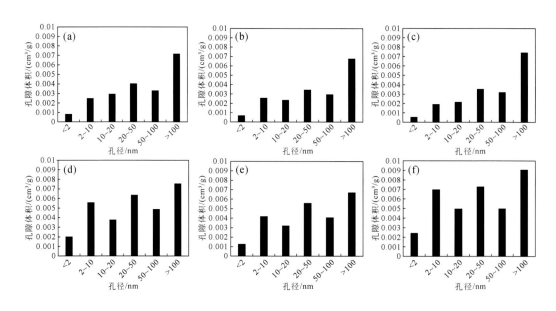

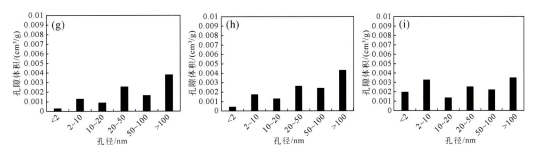

图 3.3　涠西南凹陷洗油后不同岩相孔隙体积分布

（a）含长英黏土质页岩，WZ12-2-A10S1 井，深度为 3162.33m；（b）含长英黏土质页岩，WZ12-2-A10S1 井，深度为 3164.9m；
（c）含长英黏土质页岩，WZ12-2-A10S1 井，深度为 3159.7m；（d）含黏土混合质页岩，WY-4 井，深度为 3553.25m；（e）含
黏土混合质页岩，WY-4 井，深度为 3560.25m；（f）含长英混合质页岩，WY-4 井，深度为 3556.9m；（g）含黏土长英质页岩，
WY-8 井，深度为 3401.8m；（h）含黏土长英质页岩，WY-8 井，深度为 3413.69m；（i）含黏土长英质页岩，WY-8 井，深度为
3397.5m

　　高压压汞法的原理是基于汞对一般固体表面具有不润湿性的特征，汞在界面张力的影响下难以进入孔隙中，需要在外界压力的作用下，进入多孔材料的孔隙中。毛细管压力理论指出，不同进汞压力对应不同孔径，同一进汞压力下进汞量反映相应孔径的孔隙体积。高压压汞实验可以表征 3nm 到 1000μm 的孔径范围，可以弥补低温 N_2 吸附实验在大孔表征方面的局限性。选取涠西南凹陷典型页岩进行高压压汞测试，得到进退汞曲线特征（图 3.4），利用不同压力点的平衡压力与累计进汞量，可以换算得到孔径分布特征图（图 3.5）。

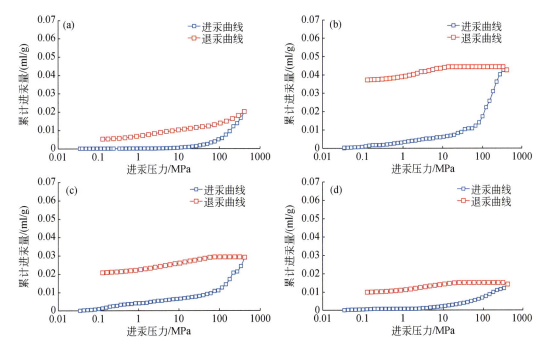

图 3.4　涠西南凹陷流沙港组不同岩相页岩高压压汞进退汞曲线特征

（a）含长英黏土质页岩，WZ12-2-A10S1 井，深度为 3164.9m；（b）含长英混合质页岩，WY-1 井，深度为 3014m；（c）含黏土
混合质页岩，WY-1 井，深度为 3010m；（d）含黏土长英质页岩，WY-8 井，深度为 3413.64m

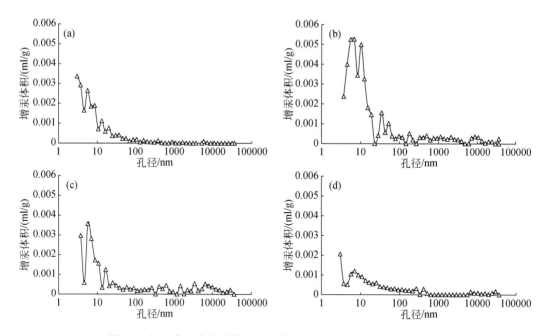

图 3.5 涠西南凹陷流沙港组不同岩相页岩高压压汞孔径分布特征

（a）含长英黏土质页岩，WZ12-2-A10S1 井，深度为 3164.9m；（b）含长英混合质页岩，WY-1 井，深度为 3014m；（c）含黏土混合质页岩，WY-1 井，深度为 3010m；（d）含黏土长英质页岩，WY-8 井，深度为 3413.64m

高压压汞分析结果表明，涠西南凹陷流沙港组流三上亚段—流二下亚段含长英黏土质页岩具有较低的累计进汞量，初期进汞量较少，进汞压力较大，累计进汞量为 0.02ml/g，孔喉主要由<50nm 的孔隙提供，主要孔隙类型为微孔及介孔；含长英混合质页岩具有最高的累计进汞量 0.04ml/g，进汞压力较低，孔径多>10nm，最高可为微米级孔隙，孔隙类型以介孔、宏孔及部分裂缝提供；含黏土混合质页岩进汞压力较低，累计进汞量略低，达 0.03ml/g，孔径多>5nm，最高可为微米级孔隙，孔隙类型与含长英混合质页岩类似，储集空间略低；含黏土长英质页岩压汞曲线累计进汞量较低，孔径总体较小，孔喉主要由<30nm 孔隙提供，高压压汞所测结果与低温 N_2 吸附测试结果基本一致，其中含长英混合质页岩具有最好的孔喉特征。

2. 低场核磁共振表征

低场核磁共振表征是一种快速、有效的定量表征微孔隙结构的方法。相比于流体注入法，低场核磁共振表征可以覆盖闭合孔隙及裂隙范围内的孔径分布与结构特征，覆盖范围更广。核磁共振实验利用射频线圈发射无线电波（射频脉冲）激发恒定主磁场样品内的氢质子，在激发状态下有一半氢质子会获得能量从而使能级跃迁到高能级，通过检测射频脉冲停止后质子能级降低导致的横向宏观磁化矢量逐渐降低的过程，以获取页岩内部含氢流体信息。在测试结果中，核磁共振信号强度代表着样品中含氢流体的量（含水率、含油率、孔隙度等），核磁共振信号强度随时间变化的快慢（T_2）与含氢流体中分子的赋存状态有关（水分状态、孔径分布等）。页岩孔隙含氢流体的 T_2 弛豫时间与孔隙半径成正比，弛豫时间越长对应的孔隙越大，孔隙越小对应的弛豫时间越短，在 T_2 谱上弛豫时间较长的核磁信号量所占比例越多，则大孔占比越多。在饱和水实验条件下，页岩样品的 T_2 谱可分为单峰型和双峰型两种，连续双峰谱反映了小孔隙与大孔隙之间连通性较好，而不连续双峰谱则反映了小孔隙与大孔隙之间连通性较差。

针对涠西南凹陷流沙港组流三上亚段—流二下亚段不同岩相页岩样品进行核磁共振实验，先记录页岩干样核磁信号（即基底信号），然后将样品饱油/水 2～3 天，测定饱油/水样核磁信号，最后将饱油/水样信号与干样核磁信号作差即可得孔隙内油/水的信号。结果表明核磁共振 T_2 谱主要为单峰-双峰形态，以弛豫时间短的小孔隙为主，含长英混合质页岩比黏土质页岩孔隙更为发育，且双峰之间呈连续分布，连通性较好（图 3.6）。

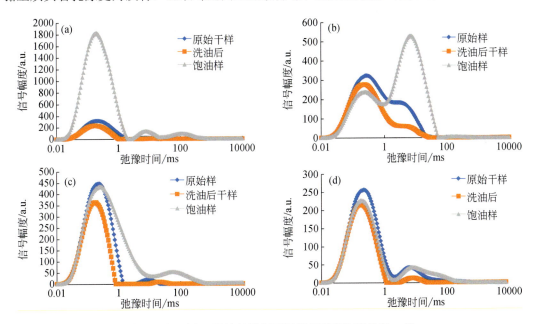

图 3.6　涠西南凹陷流沙港组不同岩相页岩核磁共振 T_2 谱

（a）含长英黏土质页岩，WZ12-2-A10S1 井，深度为 3164.9m；（b）含长英混合质页岩，WY-4 井，深度为 3556.9m；（c）含黏土混合质页岩，WY-4 井，深度为 3565.13m；（d）含黏土长英质页岩，WY-8 井，深度为 3413.64m

二、页岩油储层孔隙和裂缝体系发育特征

（一）页岩油储层孔隙类型和形态特征

图像分析法在表征孔隙形态方面具有直观、方便快捷等优势，高分辨率场发射扫描电子显微镜（FE-SEM）是常见的直接观察页岩微观孔隙结构的手段，通过 SEM 图像可以直接识别页岩孔隙大小、形态、连通情况等结构信息及成因信息。本书主要采用氩离子抛光技术对涠西南凹陷流沙港组流三上亚段—流二下亚段页岩样品进行预处理，在机械抛光面的基础上，分别采用双束和三束的氩离子束对页岩样品进行深度抛光，抛光后的样品在卡尔蔡司（Carl Zeiss A G）公司的 Merlin 型高分辨率场发射扫描电子显微镜进行不同视域的观察，配备有 Bruker 能谱探头，通过 Bruker AMICS 软件对矿物成分进行分析处理。

通过高分辨率场发射扫描电子显微镜对涠西南凹陷流沙港组流三上亚段—流二下亚段

富有机质页岩样品的观察，研究区页岩发育多种孔隙类型，主要包括原生孔隙和次生孔隙两大类。原生孔隙以粒间孔隙为主，主要为黏土矿物粒间孔、碎屑矿物粒间孔，次生孔隙包括原生矿物粒间孔（方解石、微晶石英、原生黏土矿物及黄铁矿为主），溶蚀孔隙（长石溶蚀、岩屑溶蚀、碳酸盐矿物溶蚀孔为主），其次为有机孔（图 3.7）。总体来说，黏土矿物粒间孔、碎屑矿物粒间孔、原生矿物粒间孔最为发育，有机孔不发育。

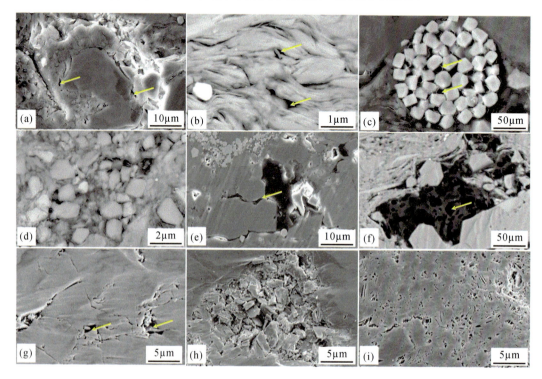

图 3.7　涠西南凹陷流沙港组不同岩相页岩孔隙发育特征

（a）含长英黏土质页岩，矿物颗粒粒间孔，WZ12-2-A10S1 井，深度为 3167.5m；（b）含长英黏土质页岩，弯曲状黏土矿物片间孔，WZ12-2-A10S1 井，深度为 3162.33m；（c）含长英黏土质页岩，黄铁矿伴生椭圆状有机孔，WZ12-2-A10S1 井，深度为 3161.11m；（d）含长英混合质页岩，微晶石英粒间孔，WY-4 井，深度为 3556.9m；（e）含长英混合质页岩，原生矿物粒间孔，WY-1 井，深度为 2998.3m；（f）含黏土混合质页岩，蜂窝状有机孔，WY-4 井，深度为 3566.3m；（g）含黏土长英质页岩，杂基微孔发育，WY-1 井，深度为 3126.8m；（h）含黏土长英质页岩，高岭石矿物间孔，WY-1 井，深度为 3053m；（i）含黏土长英质页岩，伊利石矿物间孔，WY-1 井，深度为 3053m

不同类型页岩孔隙类型具有显著差异，黏土质页岩富含有机质及黄铁矿，有机质多以条带状呈平行层理分布，黄铁矿多散乱分布，少数草莓状黄铁矿被有机质充填，整体压实较强，主要发育黏土矿物片间孔、矿物颗粒粒间孔、溶蚀孔隙、黄铁矿晶间孔等，有机孔发育较少，多与黄铁矿伴生［图 3.7（a）～（c）］。黏土矿物整体以伊利石为主，其相对含量在 60% 以上，由于强烈的压实作用影响，孔隙多呈弯曲状，主要发育伊利石及伊蒙混层片状孔隙。片状黏土矿物微孔长度及宽度不一，短轴孔径主要分布于 5～50nm，长轴孔径主要分布于 0.1～4μm。在片状黏土矿物中发育明显不成线性的微孔，由于压实不均匀或超压影响，片状黏土矿物不定性排列形成三角形或楔形孔隙。黏土质页岩中黄铁矿含量较高，黄铁矿多呈草莓状集合体分布，黄铁矿晶间孔较为发育，孔隙充填程度不一，可见全充填、部分充填及未充填，未充填黄铁矿晶间孔多呈楔状或不规则状，部分有机质充填黄铁矿晶间孔多呈椭圆状分布。溶蚀孔隙多为长石溶蚀及铁白云石溶蚀，溶蚀程度不一，部分溶蚀表现为矿物表面发育港湾状溶蚀孔隙，强烈溶蚀表现为矿物颗粒内部发育不规则状孔隙，孔径可达微米级别。

混合质页岩多发育微晶石英粒间孔、原生矿物粒间孔、有机孔等。原生矿物粒间孔多发育于原生矿物颗粒之间，原生矿物粒间孔形态多呈不规则状楔状或长条状。此外，观察到较多的次生矿物晶间孔［图 3.7（d）～（f）］。例如，微晶石英之间发育较多的粒间孔，其形貌多呈多边形状，抗压实能力较强，在压实过程中得以保存。少量样品中可见蜂窝状有机孔发育，孔隙保存情况良好。整体而言，孔径范围分布较大，纳米级及微米级孔隙均有发育。

长英质页岩主要发育杂基微孔和黏土矿物晶间孔等，杂基微孔多分布于杂基颗粒之间或大颗粒之间，多呈不规则状或狭缝状，孔径多分布于 50～500nm ［图 3.7（g）～（i）］。长英质页岩黏土矿物多为书页状高岭石及丝缕状伊利石/伊蒙混层，黏土矿物间不定性排列形成三角形或楔形孔隙，孔径的短轴主要分布于 10～500nm，长轴主要分布于 0.1～3μm。

（二）页岩裂缝多尺度发育特征

裂缝是页岩油储层重要的储集空间和渗滤通道之一，裂缝的发育程度对储层的物性及油气产能有重要影响。长期以来，国内外学者对裂缝的类型、成因机理、主控因素以及分布规律等开展了系统研究。页岩裂缝按产状类型可分为水平缝、高角度缝及网状缝；按成因类型可分为构造裂缝、超压裂缝和成岩裂缝，其中构造裂缝可进一步依据其性质分为张性构造裂缝和剪切构造裂缝，最常见的剪切裂缝为滑脱缝，具有明显的擦痕和镜面特征。构造裂缝依据野外露头观测还可分为层间裂缝、穿层裂缝以及小断层（曾联波等，2008）。超压裂缝为通过流体的超压促进作用导致岩层破裂所形成的裂缝（Hooper，1991）。成岩裂缝是成岩作用的过程中形成的裂缝，成岩裂缝的发育多与压实、成岩脱水等作用有关。构造裂缝主要在构造挤压、异常高压和构造抬升作用下形成（Nelson，2001；曾联波等，2007；邹才能等，2011）。页岩的超压裂缝发育机理为异常高压流体导致脆性岩石发生拉张作用产生的裂缝，超压裂缝的特点是一般会被矿物充填形成含脉的裂缝群（曾联波和肖淑蓉，1999）。

1. 岩心尺度

研究区裂缝发育情况较为复杂，不同类型页岩具有不同的裂缝发育特征，其成因类型也有显著差异。水平层理缝是页岩储层的重要储集空间和渗流通道，岩心尺度常见于纹层型页岩中，根据成因类型可细分为成岩层理缝及构造层理缝，其中成岩层理缝多发育于 WY-1 井纹层型页岩下部，裂缝发育程度较高，多规模较小且横向连续性和连通性较差，充填程度多为全充填-部分充填［图 3.8（a）（b）］。构造层理缝多发育于 WY-4 井纹层型页岩下部，裂缝发育密度较低，但整体规模相对较大，且横向连续性、连通性较好，充填程度多为部分充填-不充填［图 3.8（c）（d）］。

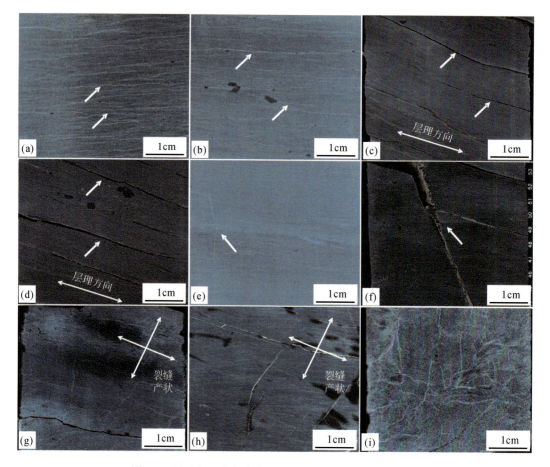

图 3.8　涠西南凹陷流沙港组页岩岩心尺度裂缝发育特征

（a）纹层型页岩，成岩层理缝，WY-1 井，深度为 3005.5m；（b）纹层型页岩，成岩层理缝，WY-1 井，深度为 3025.7m；（c）纹层型页岩，构造层理缝，WY-4 井，深度为 3559.3m；（d）纹层型页岩，构造层理缝，WY-4 井，深度为 3555.3m；（e）纹层型页岩，高角度缝，WY-1 井，深度为 3013.4m；（f）纹层型页岩，高角度缝，WY-4 井，深度为 3560.26m；（g）纹层型页岩，网状缝产状较稳定，WY-4 井，深度为 3548.7m；（h）纹层型页岩，网状缝产状较稳定，WY-4 井，深度为 3552.8m；（i）夹层型页岩，网状缝产状不稳定，WY-8 井，深度为 3492.07m

高角度缝多由构造作用中的穿层剪切作用形成，裂缝切割层系多，可成为页岩油的垂向运移通道，因区域剪切应力差异，不同地区裂缝开度及延伸程度具有显著差异。研究区高角度缝多发育于纹层型页岩中，其中 WY-1 井纹层型页岩中高角度缝规模相对较小，开度相对较小，延伸长度较短，充填多为全充填 [图 3.8（e）]。WY-4 井纹层型页岩中高角度缝发育规模相对较大，且开度较大、延伸长度较长，充填多为部分充填 [图 3.8（f）]。

网状缝成因多与构造作用有关，受多重应力影响形成，对改善页岩油储层储集空间及油气渗流能力具有重要作用。研究区网状缝多发育于纹层型页岩及夹层型页岩中，纹层型页岩中网状缝具有较稳定的产状方向，两组裂缝产状近乎垂直，裂缝发育规模相对较大，开度较大，充填程度多为全充填-部分充填。夹层型页岩中网状缝较为复杂，未见较稳定的产状方向，裂缝发育规模相对较大，开度较小，充填程度多为全充填 [图 3.8（g）～（i）]。

2. 薄片尺度

水平层理缝多形成于不同纹层之间的薄弱面，水平延伸较远，宽度多为微米级，长度多为毫米-厘米级。部分油质沥青半充填层理缝在荧光下呈淡蓝色-蓝色荧光，未充填层理缝通常不发荧光，部分未充填层理缝显示出淡蓝色荧光，可能为层理缝表面被油质沥青侵染〔图3.9（a）～（d）〕。镜下层理缝成因多为成岩收缩作用，成岩层理缝多顺层发育，一般发育于有机质丰度较高且纹层较发育的页岩中，烃类生成可能是顺层裂隙产生的主要原因（刘庆等，2004）。纹层发育的页岩具有明显的各向异性，容易产生顺层方向的破裂面，页岩层理由于弱胶结作用使其具有较小的断裂韧性，容易导致裂纹失稳扩展，且纹层状页岩非均质性强，矿物组分在层理界面处表现出较大的差异性，越易产生层理缝（袁玉松等，2016）。涠西南凹陷流沙港组流三上亚段—流二下亚段页岩水平层理缝常见于基质型及纹层型页岩中，层理面近水平延伸，长度可达厘米-分米级，多发育于含长英黏土质页岩及混合质页岩中，呈开启状态的水平层理缝是页岩油运移和储集的有效空间。

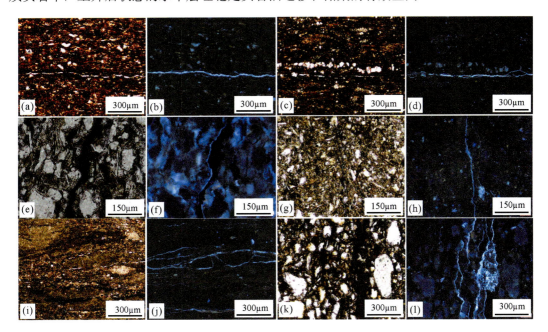

图3.9　涠西南凹陷薄片尺度裂缝发育特征

（a）含长英黏土质页岩，层理缝发育，单偏光，WZ12-2-A10S1井，深度为3164.9m；（b）含长英黏土质页岩，油质沥青半充填呈淡蓝色-蓝色荧光，荧光，WZ12-2-A10S1井，深度为3164.9m；（c）含长英混合质页岩，长英质纹层伴生层理缝，单偏光，WY-4井，深度为3556.9m；（d）含长英混合质页岩，油质沥青半充填层理缝，荧光，WY-4井，深度为3556.9m；（e）含黏土长英质页岩，油质沥青充填高角度缝，单偏光，WY-5井，深度为2611.68m；（f）含黏土长英质页岩，部分充填发淡蓝色-蓝色荧光，荧光，WY-5井，深度为2611.68m；（g）含黏土长英质页岩，半开启状高角度缝，单偏光，WY-8井，深度为3496.52m；（h）含黏土长英质页岩，沥青侵染裂隙呈淡蓝色-蓝色荧光，荧光，WY-8井，深度为3496.52m；（i）含黏土混合质页岩，长英质纹层伴生网状缝，单偏光，WY-4井，深度为3560.25m；（j）含黏土混合质页岩，沥青侵染网状缝呈淡蓝色-蓝色荧光，荧光，WY-4井，深度为3560.25m；（k）含黏土长英质页岩，油质沥青充填网状缝，单偏光，WY-8井，深度为3413.69m；（l）含黏土长英质页岩，油质沥青充填网状缝呈淡蓝色-蓝色荧光，荧光，WY-8井，深度为3413.69m

高角度缝多与有机质生烃增压、构造作用有关，一般可达毫米级别，甚至厘米级别。高角度缝多被油质沥青完全充填或半充填（浸染），少数被沥青质沥青充填。开启的高角度缝能切穿纹层与水平层理缝沟通，形成连通缝网结构。由构造作用产生的不规则构造裂缝一般被有机质充填或者沥青充填，宽度几到几十微米不等。研究区的高角度缝多发育于夹层型页岩的含黏土长英质页岩中，形态呈参差状，延伸较长可达厘米级。例如，WY-5 井高角度缝多被油质沥青充填-半充填，呈淡蓝色-蓝色荧光 [图 3.9（e）（f）]，WY-8 井高角度缝多为半充填-浸染状态，沥青侵染裂缝呈淡蓝色-蓝色荧光 [图 3.9（g）（h）]，高角度缝通常能切穿层理，成为页岩油的纵向疏导通道。

成岩网状缝多为水平层理缝与高角度缝相交而成，多发育于长英质矿物丰富的页岩中 [图 3.9（i）（j）]。涠西南凹陷流沙港组流三上亚段—流二下亚段页岩网状裂缝主要发育于纹层型页岩及夹层型页岩中的混合质页岩岩相及长英质页岩岩相，基质型页岩少量发育。水平层理缝与高角度构造缝之间或多条高角度缝之间彼此交错可形成复杂网状缝，部分裂缝被油质沥青或泥质充填，开启的网状缝有利于页岩油的储集和运移 [图 3.9（k）（l）]。

三、页岩油储层孔隙连通性特征

（一）流体自发渗吸

流体自发渗吸（亦称流体自吸）实验是发生在多孔介质内，在毛细管力的驱动作用下一种润湿性流体驱替另一种非润湿性流体的过程（Ewing et al.，2002；Hu et al.，2012；Yang et al.，2019）。基于前人开展的渗流理论和网络模拟研究，多孔介质内流体吸入体积和自吸时间的双对数图的斜率可用来衡量介质孔隙的连通性和润湿性，根据斜率大小可反映多孔介质内孔隙连通性的优劣，其中曲线斜率＜0.25 则反映多孔介质的孔隙连通性较差，曲线斜率介于 0.25～0.5 指示孔隙连通性中等，曲线斜率＞0.5 则表明孔隙连通性较好。例如，伯利尔砂岩中的液体吸入斜率为经典的费克行为（斜率为 0.5），反映了其较好的孔隙连通性；而 Barnett 页岩、Eagle Ford 页岩的自吸斜率仅为 0.25 左右，说明其孔隙连通性较差，因此根据自吸曲线的斜率能定性-半定量评价页岩储层的孔隙连通性。

流体自吸实验是在常温常压条件下进行，实验前页岩样品需要切割成边长为 1cm 的立方体，然后用环氧树脂涂在平行或垂直层面的 4 个面上（顶面和底面未涂环氧树脂），以防止实验过程中液体和蒸汽的吸收和挥发。涂上环氧树脂后的立方体样品放置在 60℃温度下的烘箱中烘干 48h 以上，除去页岩样品中存在的水分和挥发性物质，然后在干燥器（相对湿度＜10%）中冷却至室温（约 23℃）。自吸实验中主要使用去离子水（水相）和正葵烷（油相）两种不同性质的流体。为了保持相对稳定的湿度环境，在去离子水自吸实验中的样品室里放置了两小杯去离子水。立方体样品的底部约 1mm 处与流体接触，利用 SHIMADZU 生产的 Mode AUW220WD 型高精度天平（精度为 0.01mg）自动记录页岩样品吸入流体的重量（或速率）。流体自吸过程中主要受到毛细管压力的作用（重力一般可以忽略不计），多孔介质中的自吸速率与流体性质密切相关，如密度、黏度和界面张力等都会影响自吸速率。

涠西南凹陷流沙港组流三上亚段—流二下亚段页岩自发渗吸曲线具有两段式的特征，

渗吸前期的斜率大于渗吸后期，前期吸水是样品的干燥表面和层理缝快速吸水的结果，而后期则是样品中孔隙的吸水特征。不同岩相表现出差异性的裂缝发育情况及连通性特征，混合质页岩初期渗吸段明显大于基质扩散段，表明页岩中微裂缝较为发育，孔隙连通性较好；黏土质页岩初期渗吸段与基质扩散段斜率相近，表明微裂缝发育情况一般，孔隙连通性差-中等。孔隙连通性总体表现为混合质页岩优于黏土质页岩及长英质页岩（图3.10）。

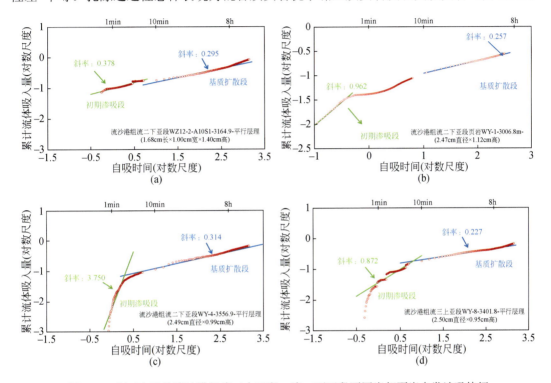

图3.10 涠西南凹陷流沙港组流三上亚段—流二下亚段不同岩相页岩自发渗吸特征

（a）含长英黏土质页岩，WZ12-2-A10S1 井，深度为3164.9m；（b）含黏土混合质页岩，WY-1 井，深度为3006.8m；（c）含长英混合质页岩，WY-4 井，深度为3556.9m；（d）含黏土长英质页岩，WY-8 井，深度为3401.8m

（二）二次压汞

近年来，高压压汞法作为一种有效的孔径分布表征手段在页岩储层评价方面得到了广泛应用。利用高压压汞数据也可以估算许多重要参数，如渗透率、孔隙曲折度等。其中孔隙曲折度与孔隙连通性密切相关，孔隙曲折度越大，页岩储层微纳米孔隙中的油气分子就需要经过越复杂的孔隙通道进入裂缝网络中，孔隙连通性也就越差。同时，高压压汞实验过程中出现的汞滞留现象，可利用汞滞留现象及残余汞量来表征页岩基质孔隙连通性。实验流程为称取一定重量的样品，并对样品进行预处理，对预处理的样品进行第一次高压压汞实验，获取不同孔隙直径对应的第一增量进汞体积，对经过第一次压汞实验后的样品进行第二次压汞实验，获取样品不同孔隙直径对应的第二增量进汞体积，将第一次增量进汞体积与第二次增量进汞体积做差处理，得到两次压汞后同一孔隙直径残余汞量，用来表征样品的孔隙连通性，根据同一孔隙直径的残余汞量，其值越小，表征样品对应孔隙直径的孔隙连通性越好。

涠西南凹陷流沙港组流三上亚段—流二下亚段页岩两次压汞曲线增量进汞差值无异常，所有样品在第二次压汞均无新的裂缝产生。高压压汞曲线均表现为三段式特征：第一阶段为初期快速上升阶段，可能为页岩毛管压力曲线存在麻皮效应，岩样粗糙外表面与水银接触面之间的空腔体积是产生麻皮效应的根源。此外，也可能是大孔，主要是颗粒空隙之间的孔容；第二阶段为中期平稳阶段，随着压力的增加进汞量基本没有增加，该阶段能量消耗主要表现为汞被压缩；第三阶段为后期快速上升阶段，一方面，随着进汞压力持续升高，汞吸收了更多的能量，体积被进一步压缩。另一方面，页岩中含有的毛细孔、微孔也在高压下被汞注入。

涠西南凹陷流沙港组流三上亚段—流二下亚段页岩中含长英混合质页岩具有更大的累计进汞增量，且二次压汞过程中，进汞、退汞曲线几乎重合，即汞进入孔隙均为连通孔隙（图 3.11）。含长英黏土质页岩（C_2）具有较低的累计进汞体积，初期进汞较少，孔喉主要由＜40nm 的孔隙提供；含长英混合质页岩（M_1）具有最高的累计进汞量，表现出三段式压汞特征，孔喉主要由 5～500nm 孔隙及部分裂缝提供；含黏土长英质页岩（S_2）压汞曲线累计进汞量较低，孔径总体较小，孔喉主要由＜30nm 孔隙提供；细粉砂岩进汞体积最高，孔喉主要由＞100nm 孔隙提供。根据二次压汞增量汞体积差值可以看出涠西南凹陷流三上亚段—流二下亚段页岩汞滞留孔喉（即不连通孔）主要分布在＜50nm 的范围内，含长英混合质页岩及含黏土混合质页岩储层孔喉连通性较好，含长英黏土质及含黏土长英质页岩次之（图 3.12）。

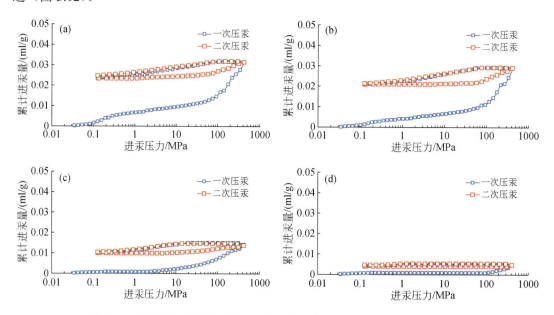

图 3.11　涠西南凹陷流沙港组流三上亚段—流二下亚段页岩压汞-退汞曲线

（a）含长英混合质页岩，WY-1 井，深度为 3010m；（b）含黏土混合质页岩，WY-1 井，深度为 3011.2m；（c）含黏土长英质页岩，WY-8 井，深度为 3413.64m；（d）含长英黏土质页岩，WY-8 井，深度为 3403.44m

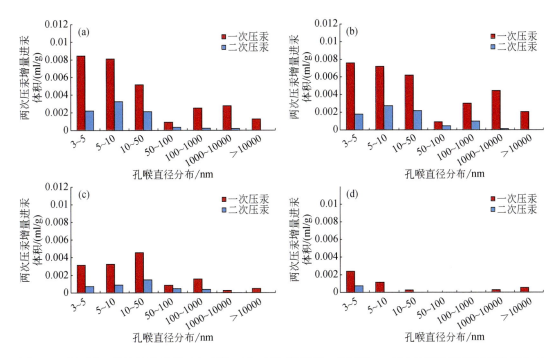

图3.12　涠西南凹陷流沙港组流三上亚段—流二下亚段页岩一次压汞、二次压汞不同孔喉增量进汞分布

（a）含长英混合质页岩，WY-1井，深度为3010m；（b）含黏土混合质页岩，WY-1井，深度为3011.2m；（c）含黏土长英质页岩，WY-8井，深度为3413.64m；（d）含长英黏土质页岩，WY-8井，深度为3403.44m

第三节　涠西南页岩油储层成岩-成储机制

页岩的沉积、埋藏、成岩及热演化过程中，有机质的丰度、类型及热演化程度等均会对孔隙的形成及演化产生重要影响。基于高分辨率场发射扫描电子显微镜-能谱元素-阴极发光联机观察分析，涠西南凹陷流沙港组流三上亚段—流二下亚段页岩共识别出5种主要成岩作用，主要包括压实作用、溶蚀作用、黏土矿物转化、硅质胶结和有机质热演化作用。在综合分析埋深、地温梯度、镜质组反射率及黏土矿物类型、含量等因素基础上，划分成岩阶段，建立成岩演化模式，结合页岩储层孔隙发育类型和特征，识别建设性和破坏性成岩作用，并建立了流三上亚段—流二下亚段页岩成岩-成储演化模式。

一、页岩成岩作用识别

成岩作用指沉积物在搬运沉积时期到变质作用发生时期之间经过埋深、压力、地层温度增加、流体活动等因素影响，由松散细粒沉积物固结成岩经历的一系列物理化学变化过程，根据演化阶段可将成岩作用划分为早期成岩作用、中期（埋藏）成岩作用及晚期（表生）成岩作用，根据成岩作用类型可分为机械压实作用、溶蚀作用、胶结作用、交代作用等（李忠等，2016）。本书基于薄片鉴定、荧光分析、X射线全岩/黏土矿物衍射、有机岩石学显微组分、高分辨率扫描电子显微镜-能谱扫描等实验方法，在研究区流三上亚段—流二下亚段页岩中识别出了 5 种主要成岩作用。

（一）压实作用

压实作用指随着沉积物的埋深增加，上覆沉积物负荷随之增加导致的松散沉积物脱水、体积减小、致密化过程发生的作用，包括机械压实作用及化学压实作用（寿建峰等，2006）。压实作用贯穿成岩作用的始终，在早成岩阶段，埋藏深度＜2000m 时，机械压实作用是储层减孔降渗最主要的成岩作用，该阶段储层原生孔隙大量减少（Paxton et al.，2002），由于页岩在沉积时具有较高的孔隙度和含水量，因此更易受到机械压实的影响。涠西南凹陷流沙港组流三上亚段—流二下亚段页岩的埋深大多超过了 3000m，经历了较强的压实作用改造，矿物颗粒在压实过程中重新排列，表现出一定的定向性，包括压实作用破坏黏土矿物沉积时的片架结构及压实作用对有机质的变形作用，造成黏土矿物及有机质呈半定向-定向排列。石英、长石等颗粒被黏土矿物紧密包裹，反映了强压实作用过程，多发育在含长英黏土质页岩中，常见于黏土和有机质混合体组合 [图 3.13（a）（b）]，在局部含长英混合质页岩中长英质和灰质的刚性矿物组合中，压实作用整体表现为弱-中压实作用，孔隙保存较好 [图 3.13（c）（d）]。

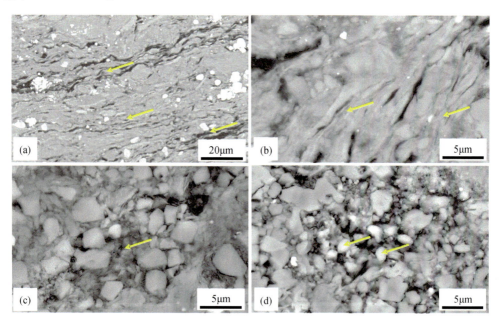

图 3.13　涠西南凹陷流沙港组流三上亚段—流二下亚段页岩压实作用特征

（a）含长英黏土质页岩，黏土及有机质弯曲变形，强压实作用，WZ12-2-A10S1 井，深度为 3159.7m；（b）含长英黏土质页岩，黏土及有机质混合体，WZ12-2-A10S1 井，深度为 3164.9m；（c）含长英混合质页岩，长英质矿物间孔隙保存良好，弱压实作用，WY-4 井，深度为 3556.9m；（d）含长英混合质页岩，微晶石英+方解石矿物组合，WY-4 井，深度为 3556.9m

（二）溶蚀作用

溶蚀作用是成岩作用中较为重要的增孔成岩作用，页岩在埋藏后，由于流体性质发生变化，黏土矿物、长石类硅酸盐矿物及碳酸盐矿物等会发生溶解，在颗粒内部形成溶蚀孔隙。涠西南凹陷流沙港组流三上亚段—流二下亚段页岩成熟度多处于有机质生油阶段期，有机质演化过程中干酪根热降解可以生成大量的羧酸和苯酚酸，前人表明在温度范围 80～120℃时，总有机碳为 8% 的烃源岩中 3% 的有机碳会生成有机酸，平均每克有机碳可以生成 1.3mmol 的有机酸（Andresen et al.，1993），且溶蚀强度受控于有机质含量、有机酸浓度、易溶矿物与有机质的赋存形式等因素。研究区页岩溶蚀现象较为发育，以方解石和长石的溶蚀为主 [图 3.14（a）～（c）]，伴随着向黏土矿物转化，局部可见铁白云石溶蚀 [图 3.14（d）]。方碳酸盐矿物溶蚀现象最为常见，以颗粒表面发育溶蚀孔为主要特征、港湾状溶蚀边缘为次要特征，能为页岩提供很好的储集空间。

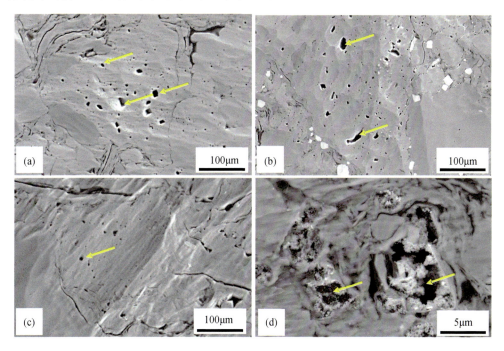

图 3.14　涠西南凹陷流沙港组流三上亚段—流二下亚段页岩溶蚀作用特征

（a）含黏土长英质页岩，方解石溶蚀，WY-8 井，深度为 3409.9m；（b）含黏土长英质页岩，方解石溶蚀，WY-8 井，深度为 3408.17m；（c）含黏土长英质页岩，长石溶蚀，WY-8 井，深度为 3396.56m；（d）含长英黏土质页岩，铁白云石溶蚀，WZ12-2-A10S1 井，深度为 3162.33m

（三）黏土矿物转化

黏土矿物来源以陆源输入和悬浮沉积为主，沉积过程中随地层埋深增加、温度升高，及成岩流体环境的变化，在埋深达到 2000m，温度为 60～100℃，钾离子来源充足的情况下，蒙脱石会逐渐向伊利石转化（Morad et al.，2000）。涠西南凹陷流沙港组流三上亚段—流二下亚段页岩黏土矿物以丝状伊利石 [图 3.15（a）]、伊蒙混层 [图 3.15（b）] 及书页状高岭石 [图 3.15（c）（d）] 为主，其中伊利石平均含量最高（24.2%），高岭石次之（9.9%），伊蒙混层（5.6%）及绿泥石（2.8%）少量发育。黏土矿物转化主要表现在伊蒙混层的含量逐渐减少，伊利石的含量逐渐增高，说明蒙脱石向伊利石转化，转化过程中会析出硅质并消耗大量的 K⁺，研究区钾长石溶蚀提供了 K⁺来源。

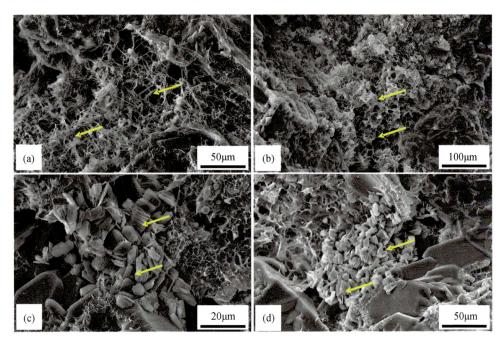

图 3.15　涠西南凹陷流沙港组流三上亚段—流二下亚段页岩黏土矿物转化作用特征
（a）含黏土长英质页岩，发育自生丝状伊利石，WY-6 井，深度为 3009.4m；（b）含黏土长英质页岩，发育伊蒙混层，WY-8 井，深度为 3494m；（c）含长英混合质页岩，发育书页状高岭石，WY-6 井，深度为 2899.5m；（d）含黏土长英质页岩，书页状高岭石充填粒间孔隙，WY-6 井，深度为 2923m

（四）硅质胶结作用

涠西南凹陷流沙港组流三上亚段—流二下亚段页岩主要胶结作用为硅质胶结作用，钾长石溶蚀及黏土矿物的转化作用可以为硅质胶结提供了丰富的硅元素，最常见的硅质胶结物以石英次生加大和自生石英胶结两种形式存在，石英次生加大主要产出于碎屑石英颗粒表面，通常沿石英晶格继续生长，而自生石英胶结则主要充填于原生粒间孔隙内，多呈多晶镶嵌状、自形微晶状、它形充填状及微晶石英状等（黄思静等，2007）。研究区页岩的硅质胶结以石英加大边［图 3.16（a）］和自生微晶石英［图 3.16（b）～（d）］为主。自生石英多集群分布，碎屑石英和自生石英作为刚性颗粒骨架，可以有效保护原生孔隙和次生孔隙空间。

（五）有机质热演化

涠西南凹陷流沙港组流三上亚段—流二下亚段页岩 R_o 在 0.7%～0.9%，处于中成岩阶段，只有少数样品出现有机孔局部发育的情况。黏土质页岩中有机孔多为狭缝状，多为有机质生烃收缩缝［图 3.17（a）（b）］，而含黏土混合质页岩中有机孔多呈蜂窝状发育，发育规模较小，表现为局部发育特征［图 3.17（c）（d）］。

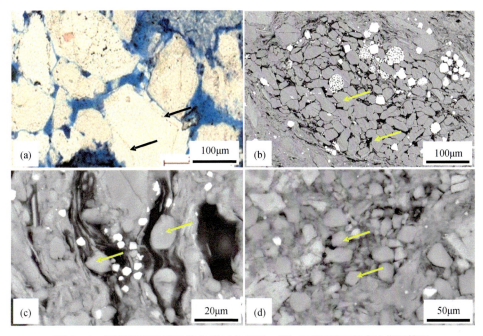

图 3.16 涠西南凹陷流沙港组流三上亚段—流二下亚段页岩胶结作用特征

（a）含黏土长英质页岩，发育自生石英加大边，硅质胶结作用，WY-6 井，深度为 3032.3m；（b）含长英黏土质页岩，微晶石英发育，硅质胶结作用，WZ12-2-A10S1 井，深度为 3162.33m；（c）含长英黏土质页岩，微晶石英零散分布，WZ12-2-A10S1井，深度为 3159.7m；（d）含长英混合质页岩，微晶石英，WY-4 井，深度为 3556.9m

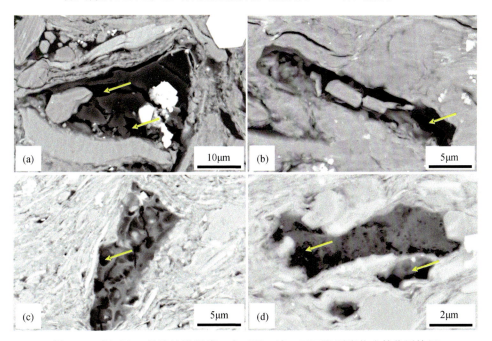

图 3.17 涠西南凹陷流沙港组流三上亚段—流二下亚段页岩热成熟作用特征

（a）含长英黏土质页岩，有机孔伴生黄铁矿，WZ12-2-A10S1 井，深度为 3162.33m；（b）含长英混合质页岩，蜂窝状有机孔发育，WY-1 井，深度为 3008m；（c）含黏土混合质页岩，有机质热裂解生成椭圆状有机孔，WY-4 井，深度为 3566.3m；（d）含黏土混合质页岩，有机质热裂解生成蜂窝状有机孔，WY-4 井，深度为 3566.3m

二、成岩阶段划分

成岩阶段划分是认识储层演化特征的重要手段，建立成岩阶段需要厘清研究区岩石矿物学特征、古地温特征、有机质热成熟度和微观孔喉结构等特征，并且成岩阶段可分为早成岩阶段 A 期、早成岩阶段 B 期、中成岩阶段 A 期、中成岩阶段 B 期以及晚成岩阶段。

早成岩阶段 A 期的主要环境是浅埋藏，地温<45℃，镜质组反射率 R_o<0.2%。在细粒沉积物原地埋藏沉降后，上覆地层厚度逐渐增厚，地层压力增大，机械压实作用相应增强，由于细粒沉积物塑性较高，沉积物内部迅速脱水，疏松沉积物快速致密化。早成岩阶段 B 期的划分一般是埋深在 1000～2000m，地温在 45～100℃，镜质组反射率 R_o 在 0.2%～0.5%。该阶段地层厚度持续增厚，地层压力继续增加，机械压实持续作用，页岩中的自由水基本排出。在生物及温度的影响下，部分有机质会产生有机酸，对原始沉积的碳酸质颗粒及长英质颗粒产生溶蚀，但溶蚀作用较为微弱。同时黏土矿物中蒙脱石大量向伊利石转化，蒙伊混层黏土矿物中伊利石成分持续升高。与此同时，页岩中的有机质陆续进入低成熟，伴随有机酸部分产出，并对碳酸盐及长英质矿物等物质进行溶蚀，部分碳酸盐及硅酸盐在离子交换作用下开始重结晶。该阶段主要成岩作用为机械压实作用、黏土矿物转化及溶蚀、重结晶作用。

中成岩阶段 A 期的主要特征表现在埋深在 2250～3000m，地温在 75～125℃，镜质组反射率 R_o 在 0.5%～0.7%，此时页岩中蒙脱石进一步向伊利石转化，蒙伊混层黏土矿物中伊利石含量进一步升高，以混层黏土矿物为主的页岩逐渐转变为以伊利石黏土矿物为主的页岩，同时黏土矿物转化伴随层间水大量脱出，进一步加大孔隙内部流体压力。有机质逐渐成熟，开始裂解生烃，并伴随有机酸的产生，对碳酸盐矿物及长英质矿物进一步溶蚀，黏土矿物转化过程中及长石等溶蚀所释放的硅离子可促成部分自生石英矿物的形成，主要为微晶石英颗粒，粒间孔发育。此外，有机质生烃增压等产生一定的高角度缝。该阶段主体孔隙为残余碎屑颗粒粒间孔、黏土矿物片间孔、方解石重结晶孔为主、自生石英晶间孔，包含少量长石、碳酸盐矿物溶蚀孔，总孔隙空间快速上升。中成岩阶段 B 期埋深大致在 3000～4000m，地温为 120～150℃，镜质组反射率 R_o 在 0.7%～1.0%。随着埋藏深度增加，压实程度进一步扩大，伊蒙混层黏土矿物中伊利石含量占据绝对优势，有机质大量成熟，伴随大量有机酸的排出，碳酸盐矿物受到较强溶蚀作用，由于压力的升高，产生沿层理裂开的缝隙，原生碎屑颗粒粒间孔和黏土矿物片间孔进一步压实，数量和孔隙空间快速减少。有机质大量生烃、排酸量增加以及烃类脱羧释放的大量二氧化碳形成碳酸，碳酸盐类矿物溶蚀程度进一步扩大，方解石溶蚀孔隙和重结晶孔隙大量发育；另外，部分不稳定长石也被大量溶蚀在颗粒边缘和内部形成长石溶蚀孔。该阶段孔隙类型以碳酸盐重结晶孔、溶蚀孔为主。由于原生孔隙的进一步压实减少和次生孔隙形成相互叠加，该阶段总孔隙空间呈现总体稳定或略下降的趋势。

三、成岩-成储演化模式

涠西南凹陷流沙港组流三上亚段—流二下亚段页岩现今埋深主要介于 2550～3770m，最高地温约 150℃，T_{max} 主体位于 430～445℃，等效 R_o 主体<1.0%，表明研究区流沙港组

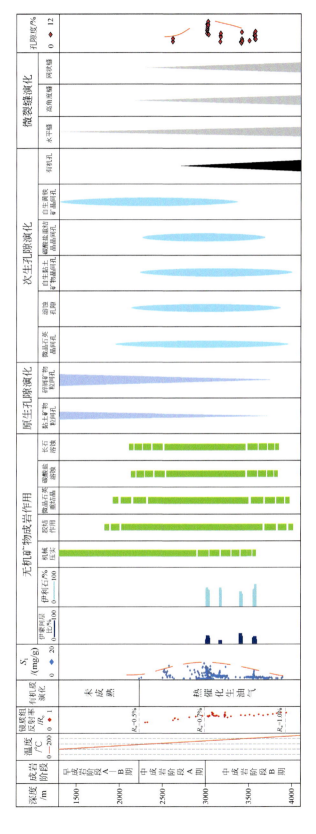

图3.18　涠西南凹陷流三上亚段—流二下亚段油页岩成岩-成储演化模式

页岩处于有机质热成熟生烃阶段，相当于成岩作用的中成岩阶段 A 期—B 期。早成岩作用时期，R_o 主体<0.5%，以压实作用占主导，胶结作用开始出现，黏土矿物未出现大规模转化，以伊蒙混层为主。中成岩阶段 A 期—B 期，R_o 主体位于 0.5%~1.0%，有机质开始大量生烃，伊蒙混层开始快速向伊利石转化，黏土矿物以伊利石为主。在此阶段，受有机质生烃所产生有机酸影响，硅质胶结作用、碳酸盐和长石溶蚀作用广泛发育，是油页岩储集空间改造的关键时期（图 3.18）。

第四节 涠西南凹陷页岩油储层甜点预测

综合孔隙度、渗透率、孔体积、比表面积、孔径分布、孔隙类型等关键储层储集空间参数，结合神经网络模型预测，在建立涠西南凹陷流沙港组流三下亚段—流二上亚段页岩有利储集体划分标准的基础上，刻画和预测优质储集体垂向分布特征。同时，结合岩相平面分布、埋深、长英质矿物含量平面分布等，在考虑成岩相分布的基础上，揭示涠西南凹陷流沙港组流三上亚段—流二下亚段页岩优质储集体平面分布规律。

一、有利储集体划分依据及测井解释模型

针对陆相页岩油储层方面，目前已有诸多学者提出了相关的储层评价标准。贾岫等（2018）将沾化凹陷古近系沙河街组页岩油储层分为优质储层、有利储层和不利储层三类，其中，优质储层方解石含量>70%、纹层发育、TOC>4%、成熟度>0.7%，孔隙度>6%。张道伟等（2020）认为柴达木盆地英西地区页岩油储层质量好坏主要由 TOC、白云石含量、总孔隙度和脆性矿物含量 4 个因素控制，并制定了页岩油储层分级评价标准。金之钧等（2021）综合多盆地多层系富有机质页岩地质特征，按照 TOC>2%、S_1>2mg/g、S_1/TOC>100mg/g、孔隙度>5%、脆性矿物含量>60%的评价标准及成熟度指标（分别为 R_o>0.9%，0.7%≤R_o≤0.9%，R_o<0.7%），将页岩油选区类型分为好、中、差三种。

综合前人研究成果，在对页岩油储层地质特征及影响因素分析总结的基础上，筛选出孔隙度、孔隙类型、岩相、BJH 孔体积及 BET 比表面积 5 个因素作为综合评价页岩油储层品质的指标，其中孔隙度是最重要的参数。将页岩储集体划分为三类，Ⅰ类最优、Ⅱ类次之、Ⅲ类最差。其中Ⅰ类储集体主要岩相为纹层型含长英混合质页岩，孔隙度>6%，BJH孔体积>0.03cm³/g，BET 比表面积>10m²/g，孔隙类型以粒间孔、晶间孔和微裂缝为主；Ⅱ类储集体岩相为含黏土混合质页岩，孔隙度为 4%~6%，BJH 孔体积为 0.02~0.03cm³/g，BET 比表面积为 6~10m²/g，孔隙类型以黏土矿物片间孔、微裂缝为主；Ⅲ类储集体主要岩相为含长英黏土质页岩，孔隙度<4%，BJH 孔体积<0.002cm³/g，BET 比表面积<6m²/g，孔隙类型以黏土矿物片间孔为主（表 3.1）。

表 3.1 涠西南凹陷流沙港组流三上亚段—流二下亚段页岩储集体划分依据

岩相	含长英混合质页岩	含黏土混合质页岩	含长英黏土质页岩
孔隙度/%	>6	4~6	<4
BJH 孔体积/（cm³/g）	>0.03	0.02~0.03	<0.02

续表

岩相	含长英混合质页岩	含黏土混合质页岩	含长英黏土质页岩
BET 比表面积/(m²/g)	>10	6～10	<6
主要孔隙类型	粒间孔、晶间孔、微裂缝	黏土矿物片间孔、微裂缝	黏土矿物片间孔
优质储集体分级	Ⅰ类	Ⅱ类	Ⅲ类

在确立有利储集体划分参数和标准的基础上，采用核心参数法，确定页岩油有利储集体构成要素中的主要评价参数，建立有利储集体评价核心参数判别标准，明确有利储集体发育的主控因素。优选关键井自然伽马（GR）、自然电位（SP）、声波时差（AC）、密度（DEN）、中子（CNC）等测井数据，利用 MATLAB 软件建立各单井矿物含量、孔隙度及渗透率的 BP 神经网络判别模型，据此定量判别模型，即可判别矿物组分、孔隙度及渗透率含量预测。利用神经网络岩相自动识别与预测技术，构建岩相、孔隙度及渗透率等地质参数自动识别预测模型，进行孔隙度预测。

二、页岩有利储集体垂向分布规律

利用测井参数，结合 BP 神经网络模型对涠西南凹陷流沙港组流三上亚段—流二下亚段页岩进行岩相划分及孔隙度预测。流沙港组流二下亚段上部主要岩相为含长英黏土质页岩，流沙港组流二下亚段下部主要岩相为含长英混合质页岩、含黏土混合质页岩，流三上亚段主要岩相为含黏土长英质页岩。根据有利储集体划分依据对涠西南凹陷流沙港组流三上亚段—流二下亚段页岩储集甜点段进行判别可知，Ⅰ类储集体主要发育在流二下亚段中部（3～4 小层），其中下部层段 5～6 小层也发育较多的Ⅰ类储集层（图 3.19）。该段页岩孔隙度>6%，BJH 孔体积>0.003cm³/g，BET 比表面积>10m²/g，主要孔隙类型为矿物颗粒粒间孔、晶间孔等，主要裂缝类型为水平层理缝、高角度缝及网状缝，具有良好的储集物性。通过横向上 WY-1、WY-4、WY-5、WY-8 的联井对比分析可知，不同钻井位置上有利储集体的垂向分布位置有所差别，整体上，Ⅰ类储集体发育在流二下亚段中部 3～4 小层位置，其次发育在流二下亚段下部位置 5～6 小层（图 3.20）。

三、页岩有利储集体平面分布规律

涠西南凹陷流三上亚段—流二下亚段页岩岩相整体沿沉积中心呈环带状分布，由凹陷边缘向凹陷中心，依次发育（扇）三角洲前缘砂岩、长英质页岩、混合质页岩、含长英黏土质页岩、黏土质页岩等。（扇）三角洲前缘砂岩主要分布于物源供给方向，混合质页岩大面积分布于凹陷内部，沿沉积中心呈环带分布，包括 WY-1 井、WY-8 井、WY-6 井、WY-5 井等均发育混合质页岩，凹陷中心以含长英黏土质页岩、黏土质页岩为主。对于基质型和纹层型页岩层段，含长英混合质页岩是主要的有利储集岩相，在甜点平面选区中作为Ⅰ类储集体选区范围；长英质页岩及含长英黏土质页岩次之，作为Ⅱ类及Ⅲ类储集体的选区范围。对于夹层型页岩层段，将（扇）三角洲前缘砂体相作为常规储层，在甜点平面选区中将含砂率为 25%～30%的混合质页岩岩相作为Ⅰ类储集体选区范围，含砂率<25%的其余页岩岩相作为Ⅱ类及Ⅲ类储集体选区范围。

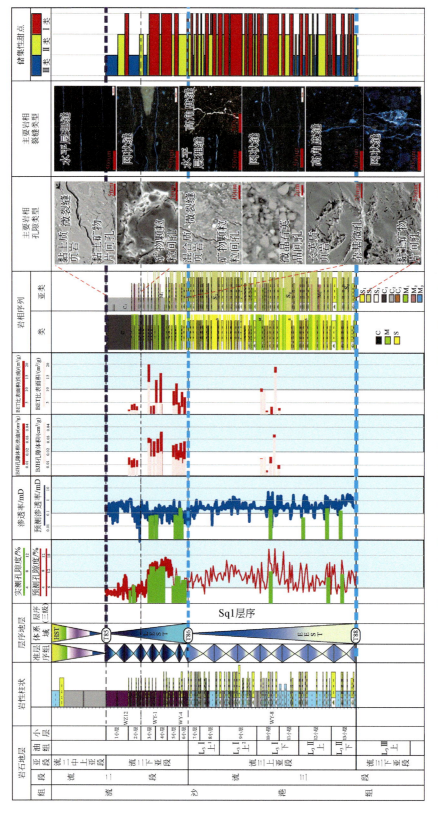

图3.19 涠西南凹陷流沙港组流三上亚段—流二下亚段页岩储集甜点综合柱状图

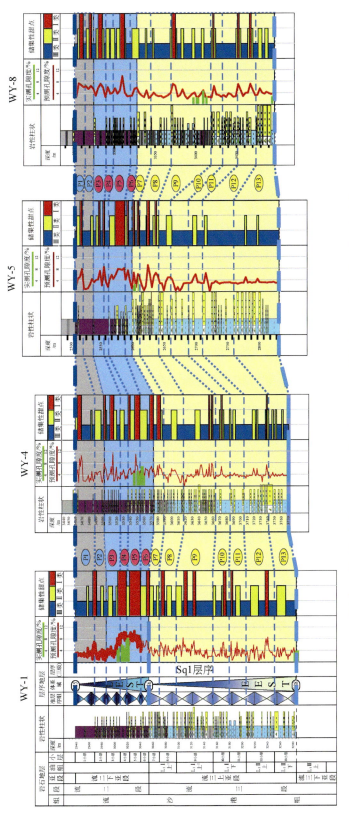

图3.20 涠西南凹陷流沙港组流三上亚段—流三下亚段页岩储集性甜点多井联井图

利用测井-神经网络预测技术建立孔隙度与埋深关系，基于埋深和孔隙度之间的变化规律，预测孔隙度的分布规律，为有利储集体预测提供依据。对于基质型和纹层型页岩层段，当埋藏深度<3200m时，整体上孔隙度>6%，可以作为Ⅰ类储集体划分标准；当埋藏深度为3200~3600m时，孔隙度主要分布于4%~6%，作为Ⅱ类储集体划分标准；当埋藏深度>3600m时，孔隙度主体<4%，可以作为Ⅲ类储集体划分标准。对于夹层型页岩层段，根据孔隙度与埋深的关系，将埋深<3000m、3000m<埋深<3600m和埋深>3600m作为Ⅰ类、Ⅱ类、Ⅲ类储集体的划分标准。

涠西南凹陷流二下亚段基质型与纹层型页岩的长英质矿物含量在一定程度上与孔隙度、孔隙体积及比表面积均呈良好正相关趋势。长英质矿物对页岩储层孔隙贡献较大，一方面长英质矿物作为刚性颗粒格架，粒间孔相对发育，且有机质生烃过程中排出的有机酸能使长石发生溶蚀，增加了次生孔隙空间；另一方面，石英抗压实作用强，有利于孔隙的保存。因此，长英质矿物含量平面变化作为有利储集体平面选区的另一重要因素。对于基质型和纹层型页岩，在储集甜点平面选区中，根据长英质矿物与孔隙度之间的关系，将长英质矿物含量>40%定为Ⅰ类储集体的标准，将长英质矿物含量介于30%~40%和<30%为Ⅱ类储集体及Ⅲ类储集体的标准；对于夹层型页岩，分别将长英质矿物含量>60%、40%~60%和<40%作为Ⅰ类、Ⅱ类和Ⅲ类储集体的标准。

基于岩相、埋深、长英质矿物含量、含砂率、孔隙度等参数以及断裂发育情况，优选出涠西南凹陷流沙港组流三上亚段—流二下亚段基质型、纹层型和夹层型页岩层段的Ⅰ类、Ⅱ类和Ⅲ类页岩储集体的分布范围（图3.21~图3.23）。基质型及纹层型页岩的Ⅰ类储集体主要为混合质页岩，埋深<3200m，且长英质矿物含量>40%，整体上呈环带状分布于凹陷

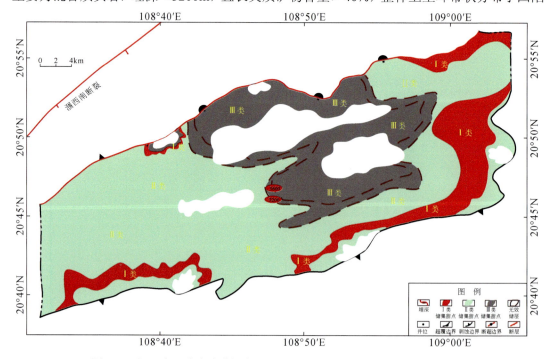

图3.21　涠西南凹陷流沙港组流二下亚段基质型页岩有利储集体平面分布

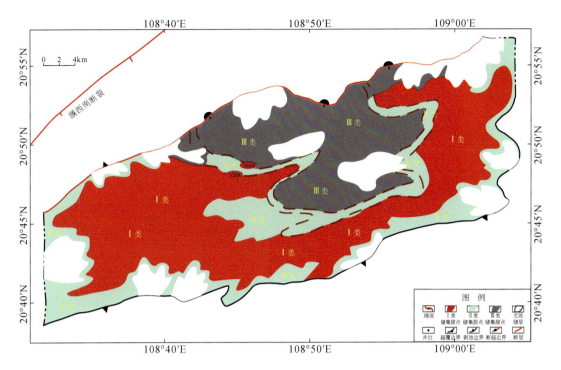

图 3.22　涠西南凹陷流沙港组流二下亚段纹层型页岩有利储集体平面分布

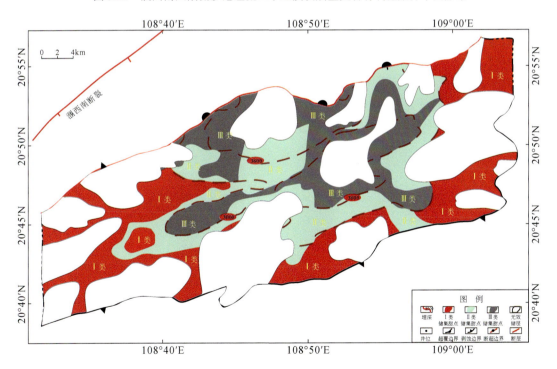

图 3.23　涠西南凹陷流沙港组流三上亚段夹层型页岩有利储集体平面分布

周缘；Ⅱ类储集体主要为长英质页岩及含长英黏土质页岩，埋深介于 3200～3600m，并且长英质矿物含量介于 30%～40%；Ⅲ类储集体主要为含长英黏土质页岩，埋深＞3600m 及长英质矿物含量＜30%；非储集体主要为扇三角洲前缘砂岩及黏土质页岩（图 3.21，图 3.22）。

夹层型页岩Ⅰ类储集体主要岩相为混合质页岩，埋深＜3000m，含砂率介于 25%～30%，主要分布于近物源的盆缘区域；Ⅱ类储集体主要岩相为长英质页岩或黏土质页岩，埋深介于 3000～3600m，含砂率＜25%，主要分布于凹陷中心周缘区域；Ⅲ类储集体主要岩相为黏土质页岩，埋深＞3600m，含砂率小于 25%，主要分布于凹陷中心区域。

第四章　涠西南凹陷页岩油资源分级评价

第一节　页岩油资源潜力评价关键参数恢复

一、有机碳恢复

　　岩石中的有机碳质量（数量）和有机碳含量是沉积盆地油气资源和烃源岩评价的两个最重要的有机地球化学指标。烃源岩在生油门限前未大量生烃、排烃时的有机质含量称为原始有机质丰度，而通常所测得的是烃源岩生烃、排烃后的残余有机质含量。烃源岩中残余有机质包括岩石中的可溶有机质（氯仿沥青"A"）和不溶有机质（干酪根）。

　　总有机碳（TOC）不仅是评价烃源岩生烃潜力的重要参数，也是衡量有机质孔隙发育的重要指标。目前，国内外对烃源岩评价主要采用现今（残余）TOC 指标。残余有机碳含量对于未成熟烃源岩而言可以反映其原始生烃潜力，随着热演化程度的增高，干酪根不断向烃类转化，残余有机碳含量逐渐减低，难以真实客观地反映烃源岩的原始生烃潜力（秦建中等，2005）。原始 TOC 指成岩过程中沉积岩中的有机质经历复杂生物化学及化学变化，通过腐泥化及腐质化过程形成干酪根后，未开始热解生烃或只热解生成极少量的烃类（不包括生物降解生烃），其岩石热解参数 $T_{\max}$ 不大于 400℃。近年来，我国在震旦系中发现大型油气藏，其中部分气源来自于残余有机碳较低、热成熟度较高的烃源岩。因此，利用残余 TOC 评价烃源岩生烃潜力时会出现一定的偏差，尤其是高成熟-过成熟阶段的烃源岩，残余 TOC 较原始 TOC 明显降低。随着热演化程度增高，干酪根持续热解生烃，有机质产生大量的微孔隙，从而形成有利于页岩油气富集的甜点区。随着陆相页岩油气和古老油气藏勘探成果的不断涌现，对于高成熟或过成熟烃源岩初始生烃潜力有待重新认识（Lu et al.，2015）。

　　页岩 TOC 不仅是衡量烃源岩生烃潜力的重要参数，也是评价页岩储层储集能力的重要指标。前人研究结果表明，随着热演化程度的增加，页岩有机质内发育大量纳米级的微孔隙，导致比表面积大大增加，形成了吸附态天然气的主要载体，从而极大地提高了天然气吸附能力。前人利用美国马弗里克（Maverick）盆地上白垩统博基亚斯（Boquillas）未成熟（R_o=0.6%～0.7%）的页岩样品开展的黄金管热解实验结果表明，原始有机碳对有机孔隙的演化和分布具有重要的控制作用。因此，合理、准确地选择页岩 TOC 评价标准对于页岩油气富集规律理论研究和页岩油气勘探目标优选具有重要的意义。恢复初始有机碳含量的方法主要有自然演化剖面法、热解模拟法、物质平衡法等。这些方法都需要一定的假设条件，所以都存在一定的局限性。例如，自然剖面法要求烃源岩热成熟度变化范围较大，单一盆地中很难找到合适的剖面。彼得斯（Peters）等利用岩石热解数据建立热解模拟法估算初始有机碳含量，在质量平衡计算中引入生产指数修正因子，但是未考虑样品损失的气体和挥发的轻烃碳含量，导致估算的初始有机碳含量偏低（Chen et al.，2016）。

目前，国内外学者针对不同的地区页岩油气富集特征给出了不同的有机碳含量评价标准，但这些标准多是建立在残余 TOC 基础之上。根据中华人民共和国能源行业标准中《页岩气资源评价技术规范》（NB/T 14007—2015）规定，我国富有机质页岩的评价标准为总有机碳不低于 1%。王世谦等（2009）认为四川盆地南部五峰组－龙马溪组页岩层系中高伽马黑色页岩层段的 TOC 基本都＞2%。但是前人研究表明，随着热演化程度的增高，烃源岩中有机碳不断向烃类转化，导致反映有机质丰度的有机碳含量逐渐降低，即页岩现今（残余）TOC 低并不意味着页岩有机母质在热演化过程中没有对油气生成、富集作出贡献。特别是对于高成熟-过成熟阶段的烃源岩而言，现今残余 TOC 与原始 TOC 相比，具有明显的低值（张振英第，2009）。因此，基于有机碳含量在烃源岩热演化过程中的变化可以推断，直接利用残余有机碳含量作为有效页岩的评价标准必然会引起一定的误差。例如，对于原始有机碳含量较高的页岩而言，有机质在热演化过程中生成大量油气，也产生了丰富的有机孔隙，从而形成页岩油气富集的甜点区。但是由于有机碳在生油气过程中消耗，页岩现今（残余）TOC 相对较低，甚至可能表现为低丰度的烃源岩。在这种情况下，利用页岩现今 TOC 作为评价参数，可能误判该页岩为低潜力油气富集区，甚至是无效页岩。

恢复初始有机碳含量的方法主要有自然演化剖面法、物质平衡法等。这些方法都需要一定的假设条件，所以都存在一定的局限性。例如，自然演化剖面法要求烃源岩热成熟度变化范围较大，单一盆地中很难找到合适的剖面。而热模拟实验法则很好地弥补了这一缺陷，通过一系列的封闭体系生排烃热模拟实验，设置不同温度点。通过不同温度点测定的 R_o 与 TOC。建立相关的函数关系，从而达到恢复烃源岩原始有机碳的目的（庞雄奇等，2014）。本书基于第二章第三节开放体系热生排烃模拟实验来重建原始 TOC。

基质型黏土质页岩热模拟固态产物地化参数演化特征结果如下，TOC 损失率相对最高，原样 6.1%降为 R_o=1.86%时的 2.8%，减少率为 54.1%。氢指数 HI 表现出相似的特征，HI 损失率低，原样 570mg/g TOC 降为 R_o=1.86%时的 248mg/g TOC，减少率为 56.5%。其中，原始 TOC 恢复公式为 $TOC0=2.43R_o^2-8.63R_o+10.15$（$R_o$＜2.0%），原始 HI 恢复公式为 $HI0=123.9R_o^2-547.2R_o+836.6$（$R_o$＜2.0%）（图 4.1）。

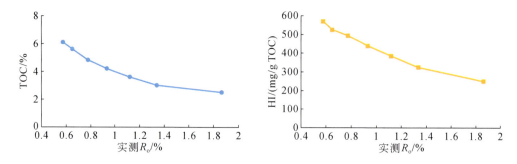

图 4.1　涠西南凹陷流沙港组流二下亚段层序基质型黏土质页岩油源岩 TOC 与 HI 随实测 R_o 变化

纹层型混合质页岩热模拟固态产物地化参数演化特征描述为：TOC 从原样 4.1%降为

R_o=1.86%时的 2.0%，减少率为 51.2%；HI 损失率中原样 477mg/g TOC 降为 R_o=1.86%时的 232mg/g TOC，减少率为 51.4%。拟合的 TOC 含量与热模拟镜质组反射率 R_o 的数学函数为 TOC0=2.13R_o^2-6.84R_o+7.38（R_o<2.0%）。拟合的 HI 和热模拟镜质组反射率 R_o 的数学函数为 HI0=146.5R_o^2-548.0R_o+745.6（R_o<2.0%）。由上述可知，在相同的热演化变化程度下，基质型黏土质页岩无论从 TOC 以及 HI 特征的减少率均要高于纹层型混合质页岩。表明，富含Ⅰ型干酪根的基质型黏土质页岩更容易形成油气，且其转化率更高（图 4.2）。

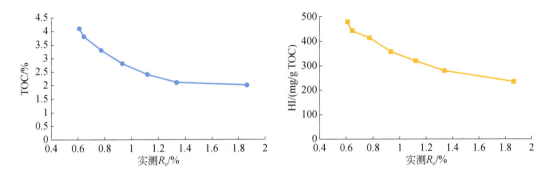

图 4.2　涠西南凹陷流沙港组流二下亚段层序纹层型混合质页岩油源岩 TOC 与 HI 随实测 R_o 变化

夹层型长英质页岩热模拟中，TOC 从原样 1.3%降为 R_o=1.86%时的 0.6%，减少率为 53.85%，HI 从原样 223mg/g TOC 降为 R_o=1.86%时的 115mg/g TOC，减少率为 48.4%。其中，拟合的 TOC 含量与热模拟镜质组反射率 R_o 的数学函数为 TOC0=0.62R_o^2-2.02R_o+2.29（R_o<2.0%）；HI 与热模拟镜质组反射率 R_o 的数学函数为 HI0=90.5R_o^2-308.0R_o+375.8（R_o<2.0%）（图 4.3）。

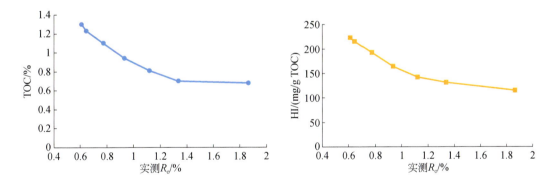

图 4.3　涠西南凹陷流沙港组流三上亚段层序夹层型长英质页岩油源岩 TOC 与 HI 随实测 R_o 变化

从图 4.4 中，可以清晰地看出，从基质型黏土质页岩到纹层型混合质页岩再到夹层型长英质页岩，TOC 损耗率减小，损耗速率降低，HI 损耗率增大，损耗速率降低。表明富含Ⅰ型干酪根的基质型黏土质页岩相对于其他两种岩相的页岩油源岩更容易形成油气，且转化率更高。

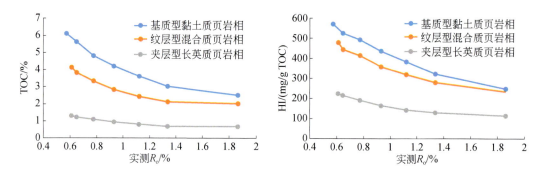

图 4.4   涠西南凹陷流沙港组流三上亚段—流二下亚段不同类型岩相页岩油源岩 TOC 与 HI 随实测 R_o 变化

原始 TOC 恢复结果显示：从基质型黏土质页岩到纹层型混合质页岩再到夹层型长英质页岩，TOC 恢复率总体上呈逐渐上升趋势，表明 TOC 恢复率与成熟度呈正相关，恢复前后各小层 TOC 均升高，但 TOC 大小相对关系保持不变。其中，C1 到 C4 发育高 TOC 黏土质、混合质页岩；C5 到 C6 发育中等的混合质页岩；而 C7 到 C13 小层发育低 TOC 的长英质页岩（图 4.5）。

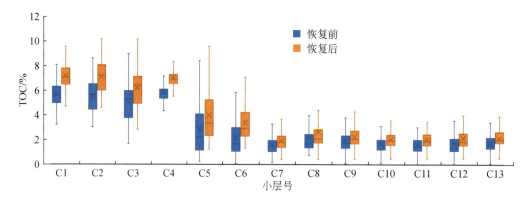

图 4.5   涠西南凹陷 WY-1 井流沙港组流三上亚段—流二下亚段页岩油源岩 TOC 恢复前后关系对比

二、含油率 S_1 恢复

岩油作为非常规能源的重要组成部分，因其资源潜力巨大而备受关注。作为油气勘探的重要环节，资源量评价是页岩油勘探的关键步骤之一。由于热解实验简单易行，检测结果信息量较大，因而在页岩油资源潜力评价的过程中常将热解参数 S_1 作为泥页岩中游离烃含量，用来反映泥页岩的含油率。含油率是识别与评价油页岩最直接有效的参数，总有机碳质量分数和生烃潜量因与含油率密切相关也常用来判别油页岩的指标（卢双舫等，2016）。用于评价页岩油含油率参数 S_1 的岩石热解分析方法的工作原理是：在热解炉中把粉碎后的岩样在 300℃恒温 3min，由氢离子火焰检测器进行检测，定量分析烃源岩中的游离烃 S_1（mg/g）；从 300℃按一定的升温速率，程序升温至 850℃，定量检测烃源岩中的干酪根热裂解生成的热解烃 S_2（mg/g）。然而，部分已存在于泥页岩中的重质烃类产物沸点远高于 300℃，使泥页岩中的残留烃无法在 300℃之前被完全热蒸发出来，因此一部分残留烃无法作为 S_1

被检测，而是在 300℃ 之后被当作 S_2 检测。另外，在岩心从井底到达地面的过程中，岩心在岩心库中长时间放置的过程中以及实验前对样品的粉碎过程中，泥页岩中的气态烃（C_{1-5}）和轻质液态烃（C_{6-9}）已经损失殆尽。

因此，采用热解分析得到的 S_1 并不能代表地下岩石中的残留烃量。地下泥页岩中的原油应该包括以下三部分：①实测 S_1；②热解分析前已经损失的小分子烃类；③被作为 S_2 检测的重质残留烃。因此，热解参数 S_1 能否客观表征残留烃量，将直接影响页岩油资源潜力评价结果的可信度。然而受岩心存放条件、实验测试分析技术及干酪根吸附和溶胀作用等的影响，S_1 存在轻烃与重烃的损失，导致实测值远低于地下实际值，因此需要对它们进行校正。其中，损失的轻烃组分（C_{6-13}）密度小、黏度低、流动性较强，对其轻烃校正势必影响着页岩油可动资源的评价。相比之下，游离烃 S_1 损失的重质组分密度较大、黏度较高、不易被开采，但随着开采技术的逐渐成熟，这些资源量仍具有开发潜力。因此，对 S_1 进行轻烃与重烃恢复，合理客观地估算页岩油总资源量，对页岩油长远的勘探开发具有重要意义。胜利油田张林晔等对比直接热解和放置不同时间后热解的结果，认为放置时间越长轻烃损失越多，放置 30 天以上时平均损失量为 50%，以此作为轻烃校正系数（张林晔等，2012）。李玉恒对含中质油岩样在室温条件下不同放置时间的热解结果进行分析，认为轻烃损失量随存放条件的变化而变化，放置时间越长其损失量越大，该方法耗时较长，可操作性较差，且无法恢复泥页岩样品从井底上升至地表过程中损失的轻烃，也有一些学者对比密闭取心和井壁取心的热解参数关系，对井壁取心热解参数进行校正，该方法准确度高，但价格高昂，难以广泛应用。此外，国内还有一些学者在油气资源评价及含油性判别方面对热解参数 S_1 损失进行了研究，但都没有建立一套完整的轻重烃恢复的技术。针对价格昂贵难以推广或者恢复不彻底等问题，本书提出了一套对热解参数 S_1 进行轻烃与重烃的恢复的方案。对涠西南凹陷流二下亚段以及流三上亚段层序油页岩进行热解参数 S_1 轻烃与重烃恢复研究，并利用热解 S_1 法对该段的页岩油总资源量进行了评估，旨在为页岩油资源潜力评价提供客观参数。此外，本书提出的轻烃与重烃恢复方案对于常规烃源岩评价也有重要帮助。

（一）S_1 的重烃恢复

众所周知，通过对岩样进行 Rock-Eval 实验可测得游离烃含量 S_1，而通过对岩样进行氯仿抽提实验可测得残留油（包括游离烃类和 300℃ 以上热解出的高碳数烷烃和芳烃组分）的含量，并且氯仿抽提过程会去除岩石样品中的残留油。因此，将热解实验和抽提实验有机结合，从两个实验所测参数的实际意义出发，对比抽提前后热解参数的差异，就可以对 S_1 重烃损失进行校正（卢双舫等，2016）。取一块岩石样品，对其只做热解实验得 S_1 与 S_2，另取同一岩石样品先进行氯仿沥青"A"抽提，对抽提后的岩样再进行热解实验得 S_2'。两次热解的岩石样品具有区别：直接热解的样品中既含有游离烃组分 S_1 与 300℃ 以上热解出的高碳数烷烃和芳烃组分，又含有干酪根裂解的组分；而经过抽提后的样品中只含有干酪根裂解的组分。即岩样直接进行热解实验所测得的 S_2 中既包含干酪根裂解生成的烃，也包括游离烃中的重质组分（300℃ 以上热解出的高碳数烷烃与芳烃组分），而经氯仿抽提后再进行热解实验所测得的 S_2' 中只包括干酪根裂解生成的烃类。则 S_2 与 S_2' 的差值（ΔS_2）即为

进入 S_2 中游离烃 S_1 的重质组分。所以，S_1 的重烃校正系数为 $K_烃 = (S_2 - S_2') / S_1$（实测值）。S_1 重烃恢复公式为 S_1（重烃恢复量）$= S_2 - S_2' = K_重 \times S_1$（实测值）。式中，$K_重$ 为 S_1 的重烃恢复系数；S_1（重烃恢复量）为 S_2 经重烃恢复转化为 S_1 的量，mg/g（图 4.6）。

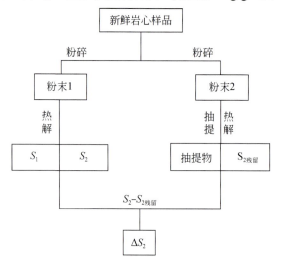

图 4.6　S_1 重烃恢复实验方案

（二）S_1 的轻烃恢复

目前由 Rock-Eval 热解分析得到的 S_1 是样品经历了长时间的放置和粉碎处理过程损失了大部分的轻烃（C_{6-14}）后仅存的 C_{14+} 部分，这势必影响着页岩油资源潜力的评价及其可动资源量的评价。对于 C_{6-14} 组分的计算，利用生烃组分动力学的方法，对泥页岩生-残烃中各部分比例（C_{14+}，C_{6-14} 和 C_{1-5}）进行定量刻画，进而在 S_1 重烃恢复的基础上（相当于已知 C_{14+} 含量）进行轻烃恢复。如图 4.7 所示，在泥页岩初次裂解过程中，干酪根直接裂

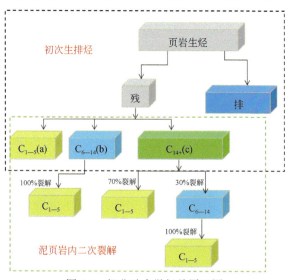

图 4.7　组分动力学相关原理图

解成 C_{14+}，C_{6-14} 和 C_{1-5}。如果在密闭体系中，干酪根裂解生成的烃会继续发生二次裂解，C_{14+} 裂解成 C_{6-14} 和 C_{1-5}，初次裂解和二次裂解生成的 C_{6-14} 继续裂解成 C_{1-5}。在干酪根裂解过程中，各个产物的产率随着成熟度增加而变化。根据生烃组分化学动力学原理，建立平行一级反应模型，并对模型进行优化。优化方法采用变尺度优化算法，构造目标函数和惩罚函数，使实验所测得的各组分烃类转化率和使用模型所计算的转化率差值最小，即使计算转化率无限接近实验值测得的转化率。优化求取此时各个烃类组分生成过程的活化能 [$EO_i(C_{13+})$ 和 $EO_i(C_{6-13})$] 和指前因子 [$AO_i(C_{13+})$ 和 $AO_i(C_{6-13})$]。

当知道干酪根生成各组分的油、气（表达式中副标变为 G）的有关动力学参数（EO_i 和 AO_i），干酪根生成的重质油（C_{13+}）裂解为轻质油（C_{6-13}），气（C_{1-5}）的动力学参数以及轻质油（C_{6-13}）裂解成气（C_{1-5}）的动力学参数，结合研究区的热史，则可动态地计算出地史时期不同成熟度下有机质生成各组分烃类的烃比例。假设泥页岩中所残留的各组分烃类比例与生成时各组分比例相同（即等比例排烃），即可以得到不同成熟度下残留的各组分烃类（C_{13+}，C_{6-13} 和 C_{1-5}）的比值，此时不难得出残留烃中 C_{6-13}/C_{13+} 与镜质组反射率 R_o（%）的关系图版。为了获取标定有机质成油、成气的化学动力学模型所必需的温度-产油率（产气率）关系曲线，本书中实验采用 Rock-Eval-II 型热解仪，在 10℃/min 和 20℃/min 不同升温速率条件下将样品从 200℃ 加热升温至 600℃。实时记录产物量与加热时间的关系，即可得产烃率-温度关系。为了分别标定有机质成油、成气的动力学参数，在相同的加热温度范围和升温速率条件下，以 30℃ 的温度间隔收集热解产物并进行热解气相色谱法（即 PY-GC），从气相色谱图上得出各个温度段气体（C_{1-5}）和液体（C_{6+}）组分的相对含量，结合产烃率与温度关系，即可得出不同升温速率条件下各温度点的生油量和生气量。进而将产烃（油+气）率-温度关系转化为产油率-温度和产气率-温度的关系，供标定成烃、成油和成气的动力学参数之用（图 4.8）。

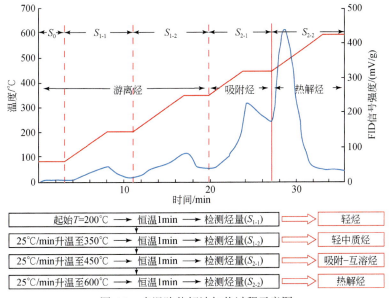

图 4.8 多温阶热解法加热过程示意图

FID-自由感应衰减

常规程序热解分析的游离碳氢化合物（S_1）不完全正确地呈现了游离油成分特征。加热释放法利用于同赋存状态的页岩油具有不同的分子热挥发能力，赋存在裂缝及大孔隙中的页岩油相对微孔中的油容易热释出来，小分子的化合物相对大分子的化合物容易热释出来，而游离态的化合物相对吸附态的化合物更容易热释出来。因此，可以通过设置合理的加热实验条件来对页岩体系中不同赋存状态的页岩油进行定量表征。多温阶热解技术采用不同温度范围内的热解产物与原油组分进行对比，有效区分页岩油中的可动油和吸附油（图4.8）。该实验是将粉末状样品置于岩石热解评价仪中，S_{1-1} 是在 200℃恒温 1min 得到，然后将样品以 25℃/min 的速率从 200℃升温到 350℃恒温 1min 得到 S_{1-2}。随后，将样品以每分钟 25℃的速率从 350℃升温至 450℃恒温 1min，得到 S_{2-1}。最后，从 450℃以 25℃/min 的速率加热到 600℃恒温 1min 后得到 S_{2-2}。S_{1-1} 主要由轻质油组成；S_{1-2} 主要由轻质油和中质油组成；S_{2-1} 主要由胶体、沥青质、重质烃组成；S_{2-2} 主要为干酪根裂解烃。由于 S_{1-1} 为轻质油，在现有技术条件下很容易流动，所以表示实际可动油量。S_{1-1} 和 S_{1-2} 之和代表游离烃最大可动油含量。S_{2-1} 主要表示不可动油的含量，即吸附烃。S_{2-2} 主要代表干酪根的油气再生烃潜力。S_{1-1}、S_{1-2}、S_{2-1} 之和即为页岩总含油量（蒋启贵等，2016；彭金宁等，2020）。

根据上述的重烃恢复方案，本书优选了 6 口井（WY-1、WY-4、WY-5、WY-8、WZ11-6-1 以及 WZ11-6-1）不同岩相的样品来完成抽提后热解实验（表 4.1）、多温阶热解以及热模拟-气相色谱分析实验。通过实验结果来建立涠西南地区页岩油源岩的重烃补偿系数特征。本书研究所用抽提前后热解数据信息如表 4.1 所示。

表 4.1　涠西南凹陷流沙港组流二下亚段层序和流三上亚段层序页岩油源岩抽提前后热解数据信息一览表

井号	深度/m	优势岩相类型	样品性质	有机质类型	抽提前		S_1/S_2	抽提后		ΔS_2	$K_重$
					$S_1/$(mg/g)	$S_2/$(mg/g)		$S_1/$(mg/g)	$S_2/$(mg/g)		
WY-1	3006.31	纹层型混合质页岩	岩心	II_1	9.06	31.27	0.29	0.12	26	5.27	0.58
WY-1	3025.83	纹层型混合质页岩	岩心	I	5.92	31.07	0.19	0.06	23.89	7.18	1.21
WY-4	3549.5	纹层型混合质页岩	岩心	II_1	4.85	13.81	0.35	0.18	6.58	7.23	1.49
WY-4	3561.7	纹层型混合质页岩	岩心	II_2	4.7	16.31	0.29	0.12	10.72	5.59	1.19
WY-5	2612.44	夹层型长英质页岩	岩心	II_2	0.56	1.38	0.41	0.03	0.31	1.07	1.91
WY-5	2613.94	夹层型长英质页岩	岩心	II_2	0.2	0.47	0.43	0.02	0.06	0.41	2.05
WY-8	3410.85	夹层型长英质页岩	岩心	II_2	0.41	4.43	0.09	0.03	2.85	1.58	3.85
WY-8	3402.54	夹层型长英质页岩	岩心	I	5.92	51.46	0.12	0.08	41.68	9.78	1.65
WZ11-6-1	2605	基质型黏土质页岩	岩屑	II_1	1.72	12.37	0.14	0.58	10.29	2.08	1.21

续表

井号	深度/m	优势岩相类型	样品性质	有机质类型	抽提前		S_1/S_2	抽提后		ΔS_2	$K_重$
					$S_1/$(mg/g)	$S_2/$(mg/g)		$S_1/$(mg/g)	$S_2/$(mg/g)		
WZ11-6-1	2826	基质型黏土质页岩	岩屑	II_1	0.81	5.37	0.15	0.18	2.98	2.39	2.95
WZ12-2-A 10S1	3159.7	基质型黏土质页岩	岩心	I	4.36	35.15	0.12	0.09	28.14	7.01	1.61
WZ12-2-A 10S1	3161.5	基质型黏土质页岩	岩心	I_{11}	6.93	34.96	0.2	0.1	25.19	9.77	1.41
WZ12-2-A 10S1	3163.25	基质型黏土质页岩	岩心	I	5.33	39.39	0.14	0.07	31.84	7.55	1.42
WZ12-2-A 10S1	3165.55	基质型黏土质页岩	岩心	II_1	4.54	27.94	0.16	0.1	22.23	5.71	1.26
WZ12-2-A 10S1	3167.55	基质型黏土质页岩	岩心	I	10.49	48.52	0.22	0.13	39.46	9.06	0.86

本书根据涠西南凹陷流沙港组流二下亚段层序和流三上亚段层序页岩油源岩经氯仿抽提前后的热解数据，经分析发现，重烃校正系数 $K_重$ 与表征成熟度的参数 S_1/S_2 呈现出明显的负相关关系。表明在成熟度较低时，干酪根所生成的烃类较重，因此在检测时重烃损失量较大，$\Delta S_2/S_1$ 较大。当成熟度逐渐升高时，干酪根所生成的烃较轻，在检测过程中重烃损失量较少，$\Delta S_2/S_1$ 较低。因此，本书建立了热解 S_1/S_2 与重烃校正系数 $K_重$ 的数学函数关系。结果表明：重烃校正系数随成熟度升高逐渐降低，同一成熟度下重烃校正系数黏土质页岩＜混合质页岩＜长英质页岩（图4.9）。结合涠西南凹陷流沙港组流二下亚段层序和流三上亚段层序页岩油源岩实测的 S_1/S_2 的分布范围（0.05～0.40）可以看出，基质型页岩油源岩的 $K_重$ 分布范围较广，为 0.5～7.0，夹层型页岩油源岩 $K_重$ 次之，为 1.8～4.0，纹层型页岩油源岩的 $K_重$ 最差，为 0.5～3.0。通过该实验的结果，再结合研究区的 S_1/S_2 与深度关系（图4.9），不难得出研究区内不同深度段的 $\Delta S_2/S_1$ 的值，即不同深度段的泥页岩的重烃恢复系数，这样就可对不同深度泥页岩损失的重烃进行补偿校正。

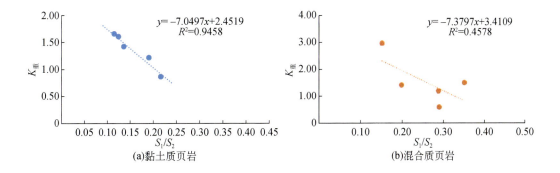

(a)黏土质页岩　　(b)混合质页岩

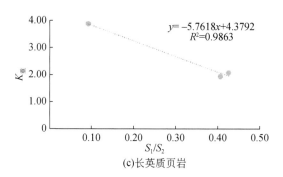

(c)长英质页岩

图4.9 涠西南凹陷流沙港组流二下亚段层序和流三上亚段层序页岩油源岩页岩油源岩 $K_重$ 与 S_1/S_2 相关
关系图

参照上述的轻烃恢复方案，本书优选了两块不同岩相的低熟页岩油源岩进行热模拟实验及其相关产物的气相色谱分析实验。根据组分动力学的原理来建立涠西南地区页岩油源岩的轻烃补偿系数特征。热模拟和相关产物气相色谱分析数据如表4.2所示。

表4.2 涠西南凹陷流沙港组流二下亚段层序和流三上亚段层序页岩油源岩热模拟和相关产物气相
色谱分析数据信息一览表

最高模拟温度/℃	R_o/%	热解油 C_{14+}产率/（mg/g）	轻烃产率 C_{6-14}/（mg/g）	$K_轻$	热解油 C_{14+}产率/（mg/g）	轻烃产率 C_{6-14}/（mg/g）	$K_轻$
290	0.50	15.00	0.75	0.05	13.16	0.65	0.05
300	0.55	16.28	0.65	0.04	17.18	0.72	0.04
310	0.60	16.57	0.89	0.05	15.33	1.16	0.08
320	0.65	17.57	0.76	0.04	13.57	1.02	0.08
330	0.70	16.86	1.05	0.06	14.74	1.08	0.07
340	0.75	19.88	1.30	0.07	18.27	1.22	0.07
350	0.80	29.56	2.07	0.07	28.81	2.13	0.07
360	0.86	30.65	3.39	0.11	57.27	4.18	0.07
360	0.86	32.04	3.52	0.11	46.11	3.88	0.08
370	0.94	50.80	5.01	0.10	36.38	10.42	0.29
380	1.04	36.85	8.49	0.23	28.26	11.62	0.41
390	1.15	33.35	9.63	0.29	16.50	14.50	0.88
400	1.26	13.82	15.03	1.09	11.51	14.09	1.22
410	1.38	10.40	14.68	1.41	6.68	11.16	1.67
420	1.52	8.40	12.83	1.53	8.44	7.57	0.90
430	1.66	4.84	10.05	2.08	4.70	7.06	1.50
450	1.98	2.33	5.97	2.57	3.51	4.62	1.32
470	2.34	2.03	4.07	2.00	3.65	4.14	1.13
480	2.52	2.06	3.22	1.56	1.83	3.35	1.83
500	2.91	1.12	2.79	2.48	1.78	2.47	1.39
520	3.31	1.46	1.90	1.30	1.55	1.21	0.78
550	3.83	0.71	0.82	1.15	0.40	0.42	1.04

本书联合组分动力学与多温阶热解结果，建立涠西南地区页岩油源岩轻烃补偿系数特征。多温阶热解实验揭示了，当 $R_o \approx 0.82\%$ 时，$K_{轻}=0.33 \sim 0.79$（表 4.3）。

表 4.3　涠西南凹陷流沙港组流二下亚段层序和流三上亚段层序页岩油源岩多温阶热解样品信息以及实验数据信息一览表

井号	深度/m	层位	样品类型	岩相类型	R_o/%	$S_{1\text{-}1}$/(mg/g)	$S_{1\text{-}2}$/(mg/g)	$S_{2\text{-}1}$/(mg/g)	$S_{2\text{-}2}$/(mg/g)	S_1/S_2	$K_{轻}$
WY-4	3548.2	流二段	岩心	纹层型混合质页岩	0.8239	0.18	0.52	0.54	0.40	0.37	0.43
WY-4	3548.4	流二段	岩心	基质型黏土质页岩	0.8240	0.19	0.45	0.40	0.37	0.24	0.79
WY-4	3548.8	流二段	岩心	夹层型长英质页岩	0.8241	0.33	0.92	0.80	0.48	0.42	0.56
WY-4	3549.5	流二段	岩心	纹层型混合质页岩	0.8243	1.99	5.63	2.87	7.21	0.40	0.38
WY-4	3552.5	流二段	岩心	基质型黏土质页岩	0.8251	1.34	3.81	2.87	3.64	0.39	0.44
WY-4	3553.4	流二段	岩心	夹层型长英质页岩	0.8253	1.37	4.73	3.07	4.39	0.43	0.47
WY-4	3556.5	流二段	岩心	纹层型混合质页岩	0.8262	2.18	7.53	3.64	5.63	0.56	0.35
WY-4	3557.8	流二段	岩心	基质型黏土质页岩	0.8265	3.77	8.59	4.65	9.13	0.47	0.48
WY-4	3558.5	流二段	岩心	基质型黏土质页岩	0.8267	1.63	5.83	3.56	6.51	0.41	0.33
WY-4	3560.16	流二段	岩心	基质型黏土质页岩	0.8272	3.10	10.96	5.28	6.83	0.57	0.34
WY-4	3561.65	流二段	岩心	基质型黏土质页岩	0.8276	0.99	2.43	1.51	1.01	0.59	0.47
WY-4	3561.8	流二段	岩心	基质型黏土质页岩	0.8276	1.31	4.23	3.00	9.14	0.22	0.41
WY-4	3564.46	流二段	岩心	基质型黏土质页岩	0.8283	0.94	2.96	1.92	10.44	0.17	0.40

S_1 轻烃补偿效果：随成熟度先升高后降低，同一成熟度下轻烃补偿系数黏土质页岩＞混合质页岩。黏土质页岩的轻烃补偿系数的数学公式为 $K_{轻}=0.82R_o^2-0.28R_o-0.01$（$R_o<2.0\%$）；混合质页岩的轻烃补偿系数的数学公式为 $K_{轻}=0.15R_o^2+0.84R_o-0.55$（$R_o<2.0\%$）（图 4.10）。结合涠西南凹陷流沙港组流二下亚段层序、流三上亚段层序基质型和纹层型页岩油源岩的等效成熟度分布范围（R_o 分布在 $0.50\% \sim 3.31\%$），可以得到轻烃补偿系数为 $0.05 \sim 1.15$。张林晔所测渤南洼陷 E_2s_3 (下) 亚段泥页岩放置 30 天以上时 S_1 轻烃平均损失量为 50%，以此作为轻烃补偿系数（张林晔等，2012）。与之相比，本书所求得的恢复系数偏高，其主要原因有：第一，大民屯凹陷 E_2s_4 (2) 段泥页岩样品放置时间较长，本书认为其轻烃全部损失，而实际上岩样中的轻烃不一定全部损失；第二，本书假设生烃和残留烃中轻烃所占比例相同，但受到排烃条件影响，残留烃中轻烃所占的比例要小于生烃时轻烃所占的比例，因此恢复结果比实际情况略大；第三，前人对泥页岩进行轻烃恢复的研究过程中，认为钻井取心后立即用液氮冷冻的岩心没有轻烃损失，而实际上岩心在从井底到地面的过程中，轻烃已有部分损失，因此前人所做的恢复结果比实际情况略小。

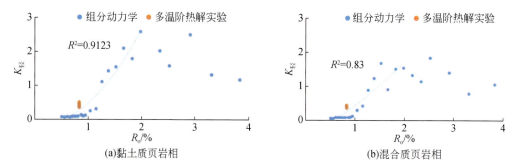

图 4.10　涠西南凹陷流沙港组流二下亚段层序和流三上亚段层序页岩油源岩 $K_{轻}$ 与 R_o 相关关系图

此外，还用冷冻岩心样品不同静置时间热解常规进行了验证。验证结果显示：应用公式恢复的 S_{10} 与实测 S_{10} 基本一致，表明轻烃补偿公式适用于涠西南凹陷（图 4.11）。

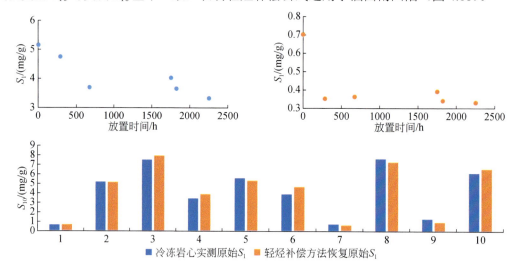

图 4.11　涠西南凹陷流沙港组流二下亚段层序和流三上亚段层序页岩油源岩 S_1 与放置时间相关关系图

最后，总结了 S_1 轻重烃恢复的特征。重烃校正系数随成熟度升高而降低，同一成熟度下重烃校正系数黏土质页岩＜混合质页岩＜长英质页岩。轻烃补偿系数随成熟度先升高后降低，同一成熟度下轻烃补偿系数黏土质页岩＞混合质页岩（图 4.12）。

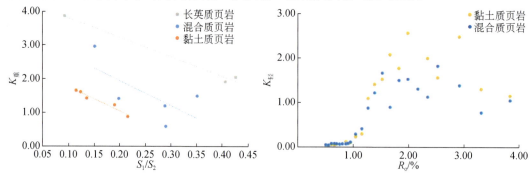

图 4.12　涠西南凹陷流沙港组流二下亚段层序和流三上亚段层序页岩油源岩轻重烃恢复系数总结图

将建立好的轻重烃恢复系数数学模型应用岩相类型应用到 WY-1 钻遇油页岩的每个小层上。应用结果显示：恢复前后各优势岩相 S_1 相对关系不变，C4 混合质页岩 S_1 最高，C1～C3，C5～C6 黏土质、混合质页岩 S_1 次之，C7～C13 的长英质页岩 S_1 相对较低，但相较于恢复前，恢复后 S_1 显著升高（图 4.13）。

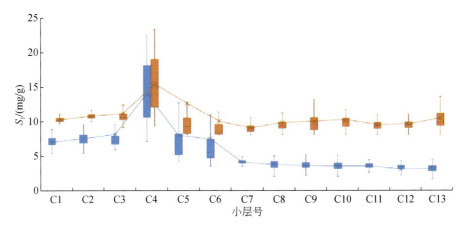

图 4.13　涠西南凹陷流沙港组流二下亚段层序和流三上亚段层序页岩油源岩 S_1 恢复前后关系对比

S_1 的轻烃与重烃恢复对页岩油资源评价影响较大。能否客观地对页岩油资源量进行评价关系到页岩油勘探开发的相关决策，因此在预测资源量时，及时准确地对 S_1 进行轻烃与重烃恢复，对页岩油勘探开发具有重要意义（徐长贵等，2022）。

第二节　页岩油资源潜力评价关键参数空间分布

关键参数空间分布预测以源岩形成的地质主控因素为主要导向，沉积体系、岩相的空间分布作为该部分的主要指导依据，地球物理方法约束不同类型源岩的分布趋势，钻井实测统计数据核定关键参数的演变规律，综合上述 4 个方面的研究认识共同落实关键参数的空间分布特征。以不同类型源岩发育厚度为例，阐述关键参数空间分布特征，区域性的油页岩源岩细分类型识别是落实厚度分布的前提，准确厘定厚度空间分布规律是最终目的。因此，首先开展类型识别分析研究，在此基础上分析不同区域的发育厚度。

一、基于地震特征的油页岩类型识别

油页岩的地震反射特征具有高振幅、连续性好的特征，与常规的碎屑岩相比，在传播速度等方面有一定的差异，这是使用地球物理方法识别油页岩的理论基础。同理，油页岩本身物质和物性的区别也会在地球物理特征上表现出一定的差异性。因此，从理论上将采用地球物理方法预测不同类型油页岩的空间分布是可行的。在涠西南凹陷油页岩实际勘探中发现，油页岩层段的岩性组分并非均质，存在基质型、纹层型、夹层型等不同类型，为科学准确地评价本研究区的页岩油资源量，需开展油页岩分类型预测识别分析。从物质成分的角度看，油页岩由非黏土矿物、黏土矿物、有机质、孔隙和内部流体构成。油页岩的

地震响应特征主要受纵波速度、体积密度影响，而油页岩纵波速度、体积密度异常受有机质丰度、微观孔隙发育程度控制，总体上表现为强反射特征。

考虑到地震分辨率相对较低，本书的技术流程从单井油页岩类型及地质参数的差异性识别出发，通过单井合成记录正演，厘定不同类型油页岩合成地震记录特征及差异性，进而将单井合成地震与井旁实际叠后地震记录进行校验对比，落实方法的可行性，确定油页岩空间预测的主要技术方法，进而在全区开展不同类型油页岩空间分布及厚度的精细刻画研究。

油页岩地震反射强度与有机碳含量、总孔隙度大小两个因素密切相关，随着有机碳含量增大、总孔隙度增大而减弱，油页岩弹性参数的异常地震响应主要取决于有机质丰度和孔隙发育程度。在涠西南凹陷，基质型油页岩与纹层型油页岩均表现为较为连续的强反射特征，但反射强度仍存在一定差异，这主要与两种类型油页岩的岩石物理性质相关。据统计，基质型油页岩的 TOC 平均值为 6.14%，纹层型油页岩 TOC 平均值为 5.25%，二者基本相当（图 4.14），而基质型油页岩的孔体积与纹层型油页岩相比下降明显（图 4.15），这为通过地震反射强度区分不同类型油页岩提供了理论基础。

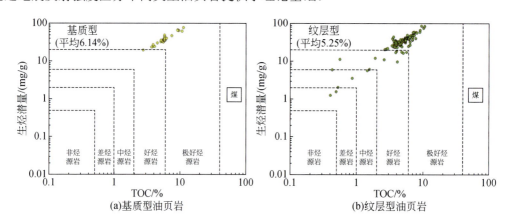

图 4.14　基质与纹层型油页岩生烃潜量与 TOC 交汇图

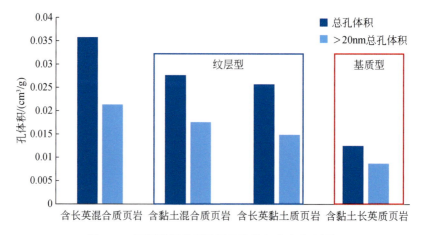

图 4.15　不同岩相类型油页岩孔体积分布直方图

　　基于以上岩石物理差异特征，选取单井开展合成地震记录正演分析，以验证该方法的可行性。通过声波、密度测井曲线与波长 200ms，采样间隔 2ms，主频 30Hz 的里克（Ricker）子波进行褶积正演地震记录。地震记录表明，基质型油页岩表现为高振幅值，该特征不仅体现在基质型油页岩顶底界面，也体现在基质型油页岩层段的内部，而纹层型油页岩振幅值相对偏低（图 4.16）。基于以上岩石物理原理及单井合成地震记录正演表明，通过反射强度属性来区分基质型油页岩与纹层型油页岩具有一定的可行性，但由于研究层段厚度相对较小，在覆盖全区的叠后地震记录上，仅表现 1～2 个地震波的长度，该方法是否能够准确应用于全凹陷的油页岩分布与采集地震资料的分辨率也密切相关。总地来说，根据以上研究落实了一种区分基质型油页岩、纹层型油页岩的方法，基质型油页岩孔隙体积小，孔隙度低，导致内部振幅幅值高，表现为相对强反射特征，纹层型油页岩孔隙体积相对较大，孔隙度相对偏高，导致内部振幅幅值下降，表现为相对弱反射强度。

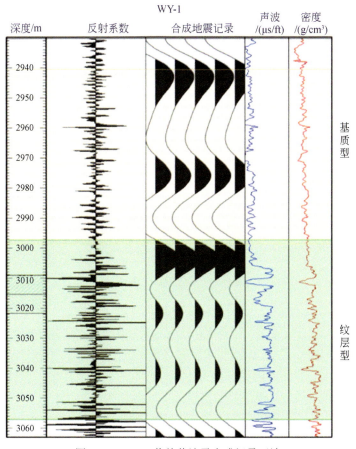

图 4.16　WY-1 井单井地震合成记录正演

$1ft=3.048×10^{-1}m$

　　基于上述认识，在全区提取反射强度三维数据体，并进行井旁地震反射强度与单井交汇对比分析，以期通过实际成果对方法进行进一步校验。对 5 口井的井旁属性与油页岩类型区分的交汇对比（图 4.17），对该方法的应用性进行验证。

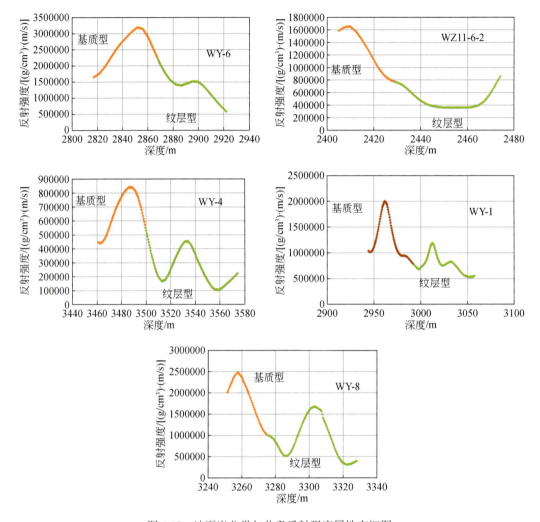

图 4.17　油页岩分类与井旁反射强度属性交汇图

通过对比可知，基质型油页岩的反射强度明显要高于纹层型，符合岩石物理与地球物理的对比规律。但值得注意的是，在不同区域，基质型油页岩、纹层型油页岩的反射强度对应的值域范围并不统一，如 WZ-11-6-2 基质型油页岩、纹层型油页岩的区分强度值为800000 左右，而 WY-1 井两者的区分值为 1000000 左右。因此，难以通过一个确定的具体唯一数值进行基质型油页型、纹层型油页岩的全区范围区分。

二、地震地质综合预测不同类型油页岩空间分布

通过小范围地球物理成果所呈现出的规律性与地质规律进行比对分析，验证构造、沉积对不同类型油页岩空间分布为两种不同类型的预测提供了新视角。涠西南凹陷10区、11区反射强度属性空间分布特征表明（图 4.18），反射强度较高的区域分布在靠近北部边界断裂，向凹陷内部反射强度有所降低，根据岩石物理规律分析为断裂根部发育基质型厚度大，向周缘地区纹层型逐渐占优势。

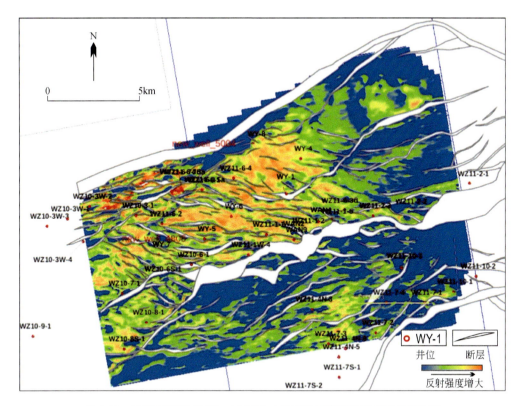

图 4.18　涠西南凹陷 10 区、11 区流二下亚段层序反射强度属性平面图

　　针对上述表现出的特征，综合分析了该地区的构造、沉积发育规律，在流二下亚段层序沉积期，一号断裂强烈活动，导致断裂根部形成局部的深湖区，并且该地区物源供给相对弱，有利于形成基质型为主的油页岩沉积。通过地球物理方法的参考校验，证明沉积体系的空间分布对不同类型油页岩的空间分布具有较强的控制作用。因此，除了使用反射强度属性等来判断不同类型油页岩的空间分布趋势外，参考沉积体系的空间发育特征约束不同类型油页岩的发育范围，并通过单井油页岩类型的识别和厚度数据统计进行校验。

　　在地震反射强度平面趋势参考、沉积发育特征约束、单井油页岩类型及厚度统计的基础上，明确了不同类型油页岩空间厚度的分布特征。

　　流三上亚段沉积时期，涠西南凹陷扇体广布，南北发育扇三角洲沉积体系，东部发育辫状河三角洲体系，凹陷整体上砂质碎屑供给充足，基本不发育厚层段泥页岩沉积，单井上也揭示了相似的规律，岩性以砂砾岩、砂岩与泥页岩互层沉积为主。因此，夹层型源岩在扇体前端到湖盆中心发育厚度较大，在凹陷东西两侧发育有两个厚度中心，西部厚度中心最大泥页岩厚度超过 200m，东部厚度中心约 160m（图 4.19）。

　　流二下亚段沉积时期是湖侵阶段，扇三角洲及辫状河三角洲体系的发育明显萎缩，涠西南凹陷以三角洲前缘、浊积扇沉积为主，整体沉积粒度较细。岩性上以泥页岩夹薄层粉细砂岩、厚层泥页岩为主要特征，在该阶段沉积了纹层型和基质型两种类型源岩。纵向上，随着湖侵的发展，在流二下亚段的早期沉积以纹层型源岩为主，在晚期沉积以基质型源岩为主。从沉积体系展布的视角来看，纹层型源岩受该时期沉积扇体的空间分布约束，前缘、

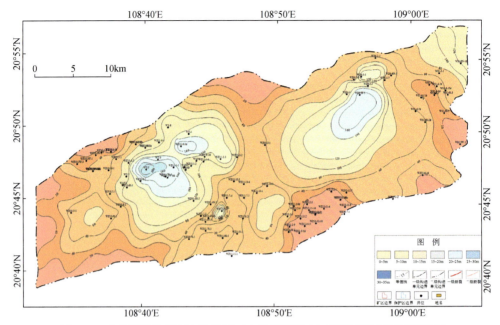

图 4.19　北部湾盆地涠西南凹陷流三上亚段层序夹层型油页岩厚度等值线图

前三角洲和浊积扇沉积为凹陷提供了粉细砂岩，结合细粒泥页岩沉积形成了纹层型。受三角洲及浊积扇沉积较小的地区，尤其是涠西南凹陷 A、B、C 三个次洼内部，由于水体深度大，砂质碎屑供给不足，是基质型源岩沉积的优势区。纹层型源岩和基质型源岩在流二下亚段沉积的空间分布格局上呈互补关系。湖盆中心，尤其是三个次洼的中心，是基质型源岩的厚度中心区。在湖侵早期，大规模发育纹层型源岩，主要厚度中心分布仍然受次洼分布约束，但在靠近凹陷边缘等位置也同时发育小规模厚度中心（图 4.20 和图 4.21）。

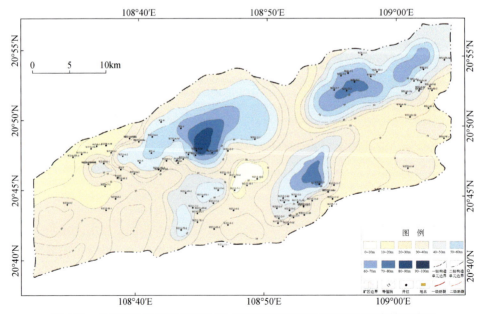

图 4.20　北部湾盆地涠西南凹陷流二下亚段层序纹层型油页岩厚度等值线图

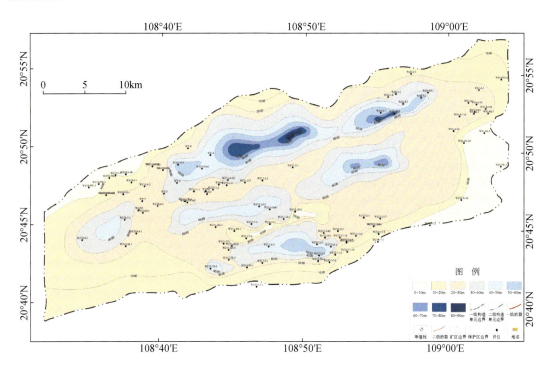

图 4.21　北部湾盆地涠西南凹陷流二下亚段层序基质型油页岩厚度等值线图

通过单井统计的分类型数据，结合沉积体系的发育特征及地震趋势预测，纹层型油页岩在凹陷北部仍存在三个厚度中心，东北部最大发育厚度约 70m，北部厚度中心平面规模大，最大厚度超过 90m，受该地区多个扇体前端的浊积碎屑交汇控制。在凹陷中南部发育两个规模稍小的厚度中心，主要受南部三角洲前缘和浊积席状砂沉积控制，其中东部厚度中心最大约 80m，西部厚度中心约 50m（图 4.21）。基质型源岩主要在流二下的晚期沉积，厚度中心呈北东-南西分布的条带状，其空间形态受涠西南凹陷三个次洼的分布控制，北部受一号断裂活动控制，在 A 洼形成较大规模的深湖区，基质型最大厚度可达 80m，该厚度富集区向南被二号断裂分隔，在该时期由于二号断裂的活动性并不强，B、C 两个次洼内部基质型源岩的厚度与北部 A 洼相比规模及厚度均偏小，厚度中心最大值 40~60m。此外，在凹陷西部、中南部扇体发育的间隔带也发育有小规模的厚度中心，最大厚度 40~50m（图 4.21）。

第三节　页岩油资源潜力分级标准及其特异性

页岩油存在广义和狭义两种定义。本书页岩油的定义采用国家标准《页岩油地质评价方法》（GB/T 38718—2020），即赋存于富有机质页岩层系中的石油。富有机质页岩层系烃源岩内粉砂岩、细砂岩、碳酸盐岩单层厚度不大于 5m，累计厚度占页岩层系总厚度比例小于 30%。无自然产能或低于工业石油产量下限，需采用特殊工艺技术措施才能获得工业石油产量。目前，页岩分类的原则主要是基于岩石的成因。相比于海相页岩，陆相页岩具有更为丰富的岩石类型、产状及结构，更为多样的矿物种类与岩性组合关系，其分类方案长期处于百家争鸣的状态。

我国学者习惯根据中国陆相页岩油特点，从沉积环境、相态、储层类型、热演化程度、岩性组合、源储组合等进行分类（赵文智等，2018）。

1）按海、陆相环境的分类

海相页岩油不是一个专门术语，只是近些年里，国内学者为了与陆相页岩油对比并界分二者间的差异而提出，同时也为了借鉴北美页岩油勘探开发的成功经验，提出了海相页岩油这个概念，如黎茂稳等提到了陆相页岩油、海相页岩油等名词（黎茂稳等，2019）。

2）按热演化程度的分类

赵文智等提出陆相中低成熟度（$R_o<1.0\%$）富有机质页岩中，滞留液态烃占总生油量最大比例约25%、未转化有机质达40%～100%，可划分为油页岩、中低熟页岩油、中高熟页岩油三类（赵文智等，2020）。邹才能等提出黑色页岩资源开发可分为油页岩、中低成熟页岩油、中高成熟页岩油三类（邹才能等，2015，2020）。金之钧等指出美国目前大规模开发的是高成熟度页岩油资源，并提出了中高成熟度页岩油与中低成熟度页岩油的发展思路和目标，但中低与中高成熟度的分类界限 R_o 是0.8%、0.9%还是1.0%，需要进一步研究（金之钧等，2021）。杜金虎、胡素云等指出中国发育的陆相页岩受热演化程度控制，发育中高与中低成熟度两种类型页岩油（杜金虎等2019；胡素云等，2020）。

3）按岩性岩相组合、源储组合的分类

我国陆相页岩主要发育于淡水、咸水、碱湖环境，岩性复杂，非均质性强。同时，由于我国学者在对页岩油的定义及与致密油的区分等方面存在偏差，因而生产单位、研究部门、高校学者为了便于生产组织部署，均提出了地区性或区域性的分类方案（孙龙德等，2021；2023）。

本书针对涠西南凹陷页岩油源岩成熟度范围较窄，岩相非均质性强的特征，将涠西南凹陷流沙港组流二下亚段层序和流三上亚段层序页岩油按照岩相来分类。分为基质型页岩油、纹层型页岩油以及夹层型页岩油。其中，基质型页岩油和纹层型页岩油属于纯页岩型页岩油（徐长贵等，2022）。

结合页岩油勘探现状，确定了页岩油资源评价关键参数，并相应地制定了相关参数的下限标准，在统一标准下采用小面元容积法评价夹层型岩油，采用小面元体积法（含油率法）评价基质型页岩油和纹层型页岩油。通过评价方法、参数标准及实例的研究，以期为该区岩油资源评价和勘探规划提供参考。

一、基质型页岩油与纹层型页岩油分级标准制定

其中，基质型页岩油和纹层型页岩油小面元体积法的资源分级评价公式为 $Q=A\times H\times\rho_r\times S_1\times K_{S_1}$（$Q$：页岩油可动资源量，$10^8$t；$A$：泥页岩面积，$km^2$；$H$：页岩厚度，m；$\rho_r$：岩石密度，$t/m^3$；$S_1$：生烃潜量，mg/g；$K_{S_1}$：热解 S_1 校正系数，无量纲）。因此，通过各个参数涠西南凹陷基质型页岩油和纹层型页岩油的表现，确定各个参数的分级，从而建立该区域基质型页岩油和纹层型页岩油的分级评价标准。

首先确定的是该类油页岩厚度特征。其中，厚度起评下限主要考虑水平井压裂和经济因素所需的厚度，同时参考国家标准《页岩油地质评价方法》（GB/T 38718—2020）。因此，确定页岩厚度下限为20m。

此外，厚度的特征识别主要通过沉积相特征以及地震属性来确定。纹层型 GR 高值背景下高频指状震荡，核定厚度受控于三角洲及浊流沉积，存在东北、中部两个厚度中心，被深湖区厚层基质型分隔开。空间分布规律为凹陷中间薄，边缘厚。基质型油页岩呈环带状分布，厚度中心位于深湖区域。最后将基质型与纹层型的油页岩厚度分级为：Ⅰ级（＞40m）；Ⅱ级（30～40m）；Ⅲ级（20～30m）。其次，将上述 TOC 与 S_1 含量的预测与恢复方法应用到该区域所有油页岩的钻遇井。然后基质型和纹层型的油页岩所有的 TOC 与 S_1 参数进行优选平均。然后在平面上对这些优选平均后的值采取克里金插值，最后分别建立基质型与纹层型油页岩的 TOC 与 S_1 的平面等值线分布图（图 4.22～图 4.25）。

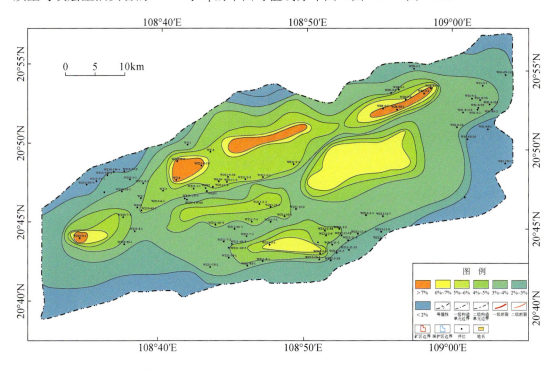

图 4.22　北部湾盆地涠西南凹陷流沙港组流二下亚段层序基质型油页岩 TOC 等值线图

中国历次（轮）油气资源评价均对有效烃源岩 TOC 下限有过探讨，但没有形成一致的结论，普遍认为下限值分布在 0.5%～2.0%。黄东等研究四川盆地侏罗系大安寨段淡水湖相页岩的 S_1 与 TOC 关系，初步确定 TOC 下限为 1.5%；卢双舫等研究松辽盆地南部青山口组成熟烃源岩的 S_1 与 TOC 关系，推荐 2.0%作为油气富集的 TOC 下限。张金川依据页岩 TOC、R_o，综合考虑埋深、含气量、页岩面积、厚度、地表条件、保存条件、可压裂性等因素，将海相页岩气核心区的 TOC 下限定为 2.0%。本书基于涠西南凹陷基质型油页岩与纹层型油页岩 TOC 的平面等值线分布图，并综合考虑前人研究成果和目前资源评价的基本认识，将高效生烃的页岩 TOC 下限定为 2.0%。此外，同时确定了该区域基质型油页岩与纹层型油页岩的 TOC 分级特征。其中，Ⅰ级＞4%；Ⅱ级 3%～4%；Ⅲ级 2%～3%。卢双舫等将页岩油分散资源与低效资源的 S_1 界线定为 0.3～0.8mg/g，将页岩油低效资源与富集资源的 S_1

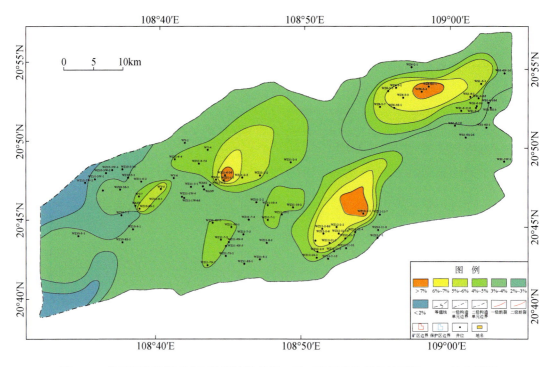

图 4.23　北部湾盆地涠西南凹陷流沙港组流二下亚段层序纹层型油页岩 TOC 等值线图

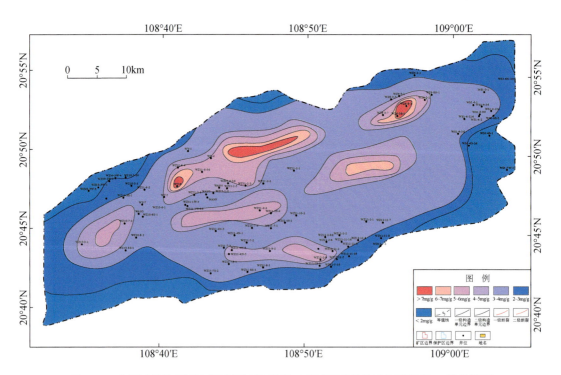

图 4.24　北部湾盆地涠西南凹陷流沙港组流二下亚段层序基质型油页岩 S_1 等值线图

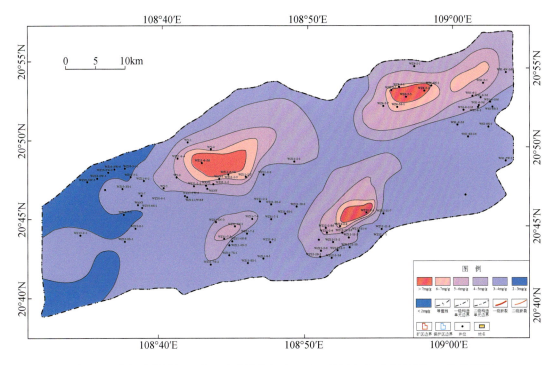

图 4.25　北部湾盆地涠西南凹陷流沙港组流二下亚段层序基质型油页岩 S_1 等值线图

界线定为 $1.1\sim3.8$mg/g。黄东等将无效资源和低效资源的 S_1 界线定为 1.0mg/g。考虑到 S_1 的轻烃损失，目前 1.0mg/g 的 S_1 恢复轻烃后大概在 $1.3\sim2.0$mg/g。另外，基于海上页岩油勘探的经济高风险性和涠西南凹陷基质型页岩油与纹层型页岩油源岩的 S_1 含量等值线分布图，将涠西南凹陷基质型页岩油与纹层型页岩油的 S_1 下限定为 1.0mg/g。此外，根据 S_1 在此套层位的平面分布图，将 S_1 的分级定如下：Ⅰ级＞4%；Ⅱ级 3%～4%；Ⅲ级 2%～3%（图 4.24，图 4.25）。

基质型页岩油与纹层型页岩油源岩 OSI 等值线图主要是采取以下的制作方式。首先利用优选测井曲线与 OSI、R_0 建立强相关线性关系的数学函数。根据这一数学函数将涠西南凹陷所有钻遇页岩油井进行全井段恢复。基于这一恢复结果分别建立基质型页岩油与纹层型页岩油源岩的 OSI 与 R_0 的平面等值线分布图（图 4.26～图 4.29）。

通常把致密储层 OSI 下限定在 50mg/g 上下，庆城油田长 7 段页岩油探明储量计算采用 55mg/g 作为 OSI 下限。以往的资源评价对 OSI 下限研究较少，不像储量计算有明确的 OSI 数据，资源评价时 OSI 数据通常是个估算值。根据涠西南凹陷基质型页岩油与纹层型页岩油源岩 OSI 的等值线分布图以及海上页岩油开采的风险性。本书将涠西南凹陷页岩油的 OSI 下限定为 100mg/g。其次，Ⅰ级页岩油的源岩定为 OSI＞150mg/g，Ⅱ级页岩油的源岩 OSI 为 120～150mg/g，Ⅲ级页岩油的源岩 OSI 为 100～120mg/g。

借鉴北美海相页岩油发展的成功经验，我国陆相页岩油的资源地位与可利用性越来越受到业界和社会的高度重视，众多学者围绕陆相页岩油定义、类型、储层特征、形成条件、成藏机理与富集特征，以及甜点区/段评价标准等都开展了较多研究，取得了对指导和推动

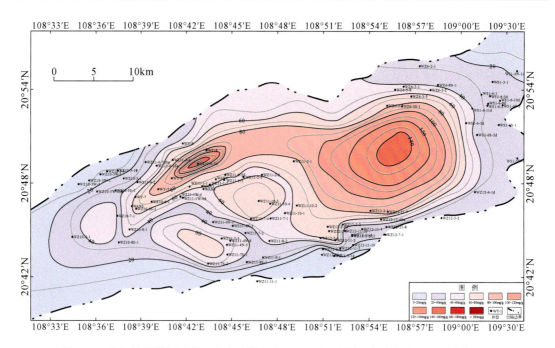

图 4.26　北部湾盆地涠西南凹陷流沙港组流二下亚段层序基质型油页岩 OSI 等值线图

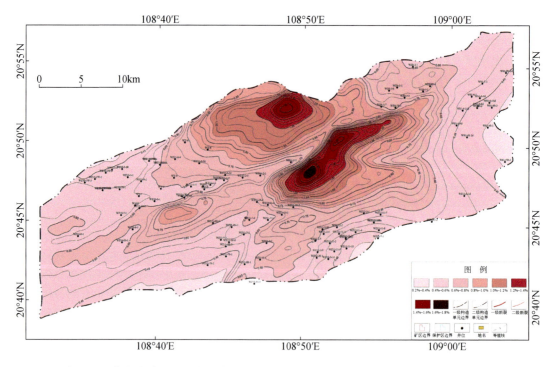

图 4.27　北部湾盆地涠西南凹陷流沙港组流二下亚段层序基质型油页岩 R_o 等值线图

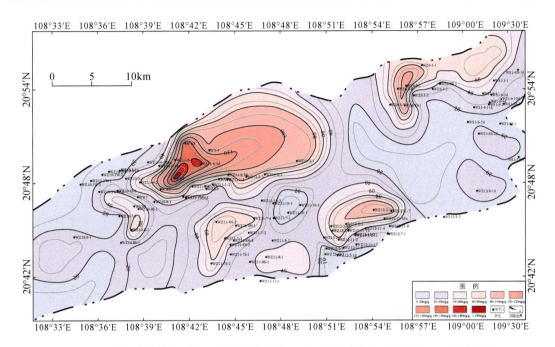

图 4.28　北部湾盆地涠西南凹陷流沙港组流二下亚段层序纹层型油页岩 OSI 等值线图

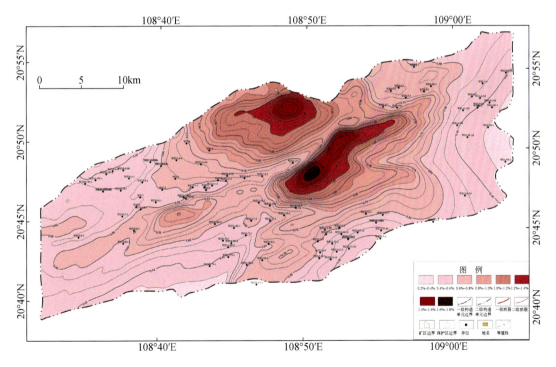

图 4.29　北部湾盆地涠西南凹陷流沙港组流二下亚段层序纹层型油页岩 R_o 等值线图

页岩油下一步勘探发展有重要意义的阶段认识。按照陆相页岩油的热成熟度，可将我国陆上发育的页岩油可分为中高熟（$R_o>0.9\%$）与中低熟（$R_o<0.9\%$）两种类型。中高熟页岩油具有以成熟的液态石油烃为主，油质较轻，可动油比例较高，地质资源潜力较大但可采资源总量不确定性较高，以及依靠现有的水平井和压裂技术就可以开发动用为特征。有机质热演化程度较高，$R_o>0.9\%$，以$1.0\%\sim1.6\%$为佳。当然，对中高熟页岩油热成熟度上限取值，业内还未统一。本书认为，为了确保页岩油单井日产较高且累计采出量有经济性，热成熟度不能太低，否则会因油质偏稠导致流动性偏差，影响页岩油的经济性。在确定了一个探区页岩油的主要富集段并经试采获得了经济产量后，R_o的取值下限可适当放宽至0.8%，以扩大可动用储量规模。有多位学者从富有机质页岩发育机理、岩相岩性特征、纹层结构类型、储集空间类型与源储关系等多方面讨论了页岩油的地质特征、形成条件与富集规律。在甜点区/段评价方面，提出了六性（七性）评价参数标准与方法，预测了一批有利分布区。在多个探区开展了页岩油地质与可采资源量评价方法的探索和建立，并在我国现阶段页岩油资源潜力与分布评价中发挥了重要作用。我国发育的陆相页岩油与北美海相页岩油有很大不同。北美海相页岩层系沉积稳定，油层厚度大，连续性好，热成熟度处于轻质油凝析油窗口，气油比（GOR）较高，具有较高的地层能量和较好的地下流动性，单井可以实现较高初产和累产（EUR），开发效益良好。中国陆相页岩油沉积相横向变化较大，有机质类型虽好但热成熟度普遍偏低，导致原油黏度偏大，气油比偏低，原油地下流动性偏差，且地层能量总体偏低。加之储层黏土矿物含量偏高，脆性偏差，虽然可以有较高的初产，但单井累计采出量却变化较大，如果不能实现低成本开发，经济性则面临较大挑战。本书基于R_o的全凹陷等直线分布图以及钻遇页岩油井的EUR，确定了涠西南凹陷基质型页岩油与纹层型页岩油的R_o起评下限为0.5，Ⅰ级页岩油的R_o范围为$0.75\%\sim1.3\%$，Ⅱ级页岩油的R_o范围为$0.7\%\sim0.75\%$，Ⅲ级页岩油的R_o为$0.5\%\sim0.7\%$（表4.4）。

表4.4　北部湾盆地涠西南凹陷流沙港组流二下亚段层序基质型页岩油和纹层型页岩油分级评价标准

评价参数	分级评价参数标准			起评下限
	Ⅰ级	Ⅱ级	Ⅲ级	
TOC/%	>4	3~4	2~3	2
$S_1/$（mg/g）	>6	4~6	2~4	2
OSI/（mg/g）	>150	120~150	100~120	100
R_o/%	0.75~1.3	0.7~0.75	0.5~0.7	0.5
页岩厚度/m	>40	30~40	20~30	20

二、夹层型页岩油分级标准制定

夹层型页岩油的分级评价标准所有的参数主要是基于资源分级评级公式：$Q=(A\times H\times\phi\times S_o\times10^2)\times\rho_o/B_o$（$Q$：页岩油可动资源量，$10^8$t；$A$：泥页岩面积，km^2；$H$：页岩厚度，m；$\phi$：孔隙度，%；$S_o$：含油饱和度，%；$\rho_o$：原油密度，t/m^3；$B_o$：原油体积系数，无量纲）。

湖侵早期夹层型油页岩，厚层灰褐色油页岩夹灰色薄层粉-细砂岩，油页岩累计厚度为18～33m，占比80%～95%，砂岩成分以石英为主，含少量暗色矿物，分选较好。岩心精描及成像测井图像显示多期冲刷面、正粒序层理及沙纹层理，泥页岩水平层理及页理发育，反映半深湖-深湖相泥页岩与多期次浊流沉积。根据地震识别以及沉积相特征发现，夹层型油页岩，扇体前端到湖盆中心发育厚度较大，东西双厚度中心。结合上述特征，在精确钻井岩性与钻井特征后，建立了北部湾盆地涠西南凹陷流沙港组流三上亚段层序夹层型油页岩厚度等值线分布图（图4.30），并进一步厘定了夹层型油页岩的砂岩厚度分级评价起评下限为20m，Ⅰ级油页岩的砂岩厚度为＞60m，Ⅱ级油页岩的砂岩厚度为40～60m，Ⅲ级油页岩的砂岩厚度为20～40m（图5-9）。

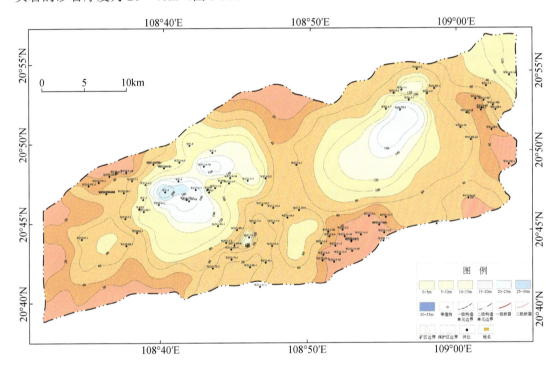

图4.30　北部湾盆地涠西南凹陷流沙港组流三上亚段层序夹层型油页岩厚度等值线图

夹层型油页岩源岩 R_o 的平面等值线分布图的成图与基质型油页岩和纹层型油页岩一致。有机质成熟度对上述要素均起控制作用（图4.31）。进入生烃门限后，有机成熟度增高，随着生烃作用的进行，有机孔增多，原油气油比增大，原油黏度降低，泥页岩孔隙压力也随之增高，有机质成熟度对于泥页岩生烃、成储、改善页岩油流动性和渗流动力条件均起重要控制作用，因此将成熟度作为页岩油富集高产的又一重要控制因素。研究表明，我国东部古近系陆相页岩油资源主要分布在成熟度为0.9%～1.1%的范围，不同地区略有不同。结合以上东部凹陷背景特征，将夹层型页岩油源岩的 R_o 起评下限定为0.5%，Ⅰ级页岩油的源岩 R_o 为0.8%～1.3%，Ⅱ级页岩油的源岩为0.7%～0.8%，Ⅲ级页岩油的源岩为0.5%～0.7%（表4.5）。

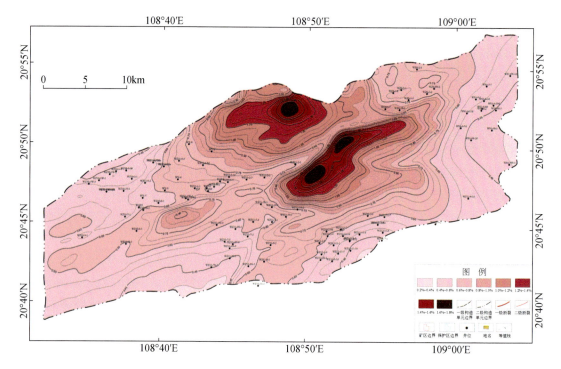

图 4.31　北部湾盆地涠西南凹陷流沙港组流三上亚段层序夹层型油页岩 R_o 等值线图

表 4.5　北部湾盆地涠西南凹陷流沙港组流三上亚段层序夹层型页岩油分级评价标准

评价参数	分级评价参数标准			起评下限
	I 级	II 级	III 级	
R_o/%	0.8～1.3	0.7～0.8	0.5～0.7	0.5
孔隙度/%	>8	6～8	4～6	4
含油饱和度/%	50～60	40～50	30～40	30
砂岩厚度/m	>60	40～60	20～40	20

第四节　页岩油资源潜力分级评价

　　北美页岩气藏的成功开发，极大地推动了全球页岩气勘探开发进程。中国的地质工作者在关注国外页岩油气的研究成果及勘探开发成效的同时，结合中国的地质条件，初步探讨了中国页岩油气的形成条件、赋存形式、成藏机理、资源潜力及有利发育区（卢双舫等，2012，2016）。中国的页岩油气资源潜力巨大，应用现有的烃源岩定量评价方法，不难计算出页岩中残存的油气总量。但是受沉积环境、矿物组成及其中有机质的丰度、类型、成熟度及排烃效率的影响，不同页岩中含油气量有明显的差别，而且由于页岩具有致密、低孔尤其是低渗的特征，页岩油气的开采难度较常规油气大。那么页岩中所赋存的大量油气哪些是近期可以有效开采的，哪些是待未来技术突破后有望开采的，而哪些可能是永远都难以被有效开采的，这就需要有一套标准来指导页岩油气资源的分级评价工作。理论上讲，页岩油气资源的分级应基于油气的富集程度和可采性，但由于油气的（经济）可采性与技术、油价等有关，且富集程度是（经济）可采性的基础和前提。因此，将油气的富集性作为资源分级评价的第一考察要素（卢双舫等，2012，2016）。

前人采用不同的研究方法从不同角度开展了页岩油分级评价研究工作。页岩油泛指富有机质泥页岩在天然状态下赋存或经过加温改造后形成的液态烃。根据成因机理、原油物性、埋藏深度以及可采条件等，可将页岩油进一步划分为传统上所称的（含）油页岩和与页岩气共生、伴生的页岩油两类。其中，露天或埋藏较浅的（含）油页岩既可作为可燃固体矿产，也可经过加工产生类似天然石油的黏稠状液态产物，即国内外一直使用的页岩油或人造页岩油，其含义与目前狭义上的页岩油相差较大。目前所指页岩油是以游离、溶解及吸附状态赋存于有效生烃泥页岩层系中，经过钻井、压裂等手段能够直接获取的液态烃，页岩油又可划分为黏稠型和凝析型两种。进一步依据页岩油赋存空间、开发生产条件及开发经济效果，可将页岩油划分为基质含油型、夹层富集型和裂缝富集型三类（张金川等，2012）。卢双舫等认为由于干酪根不仅是生成油气的主要介质，也是吸附油气的主要介质，因此需要将反映干酪根含量最直观、有效的指标——总有机碳（TOC）、热解烃量和氯仿沥青"A"含量结合使用，才能达到对页岩油含油性和含油量进行分级评价的目的。同时基于中国陆上盆地的大量实验数据进行统计分析，通过 TOC 和 S_1 呈现出的缓慢增加—迅速增加—保持不变的分段性，将页岩油潜力划分为分散资源、低效资源和富集资源三类（卢双舫等，2012，2016）。如果有足够数量的 TOC、S_1、氯仿沥青"A"含量等实测数据，可从井剖面上确定不同级别页岩的厚度，并进一步做出不同级别页岩的等厚图，然后可用体积法计算出不同级别的页岩油气资源量。受取样数目及分析经费的限制，实测地球化学分析数据的量难以满足系统刻画 TOC 等地球化学参数在井剖面上的变化的需要。但 TOC 等地球化学参数在测井上有特定的响应，且测井资料具有系统、全面和分辨率高的特点，为资源分级评价提供了有效的技术手段。利用实测地球化学分析数据和测井-地球化学响应模型，就可以方便、系统地确定各井评价目标烃源岩层 TOC 在纵向上的变化，做出不同级别烃源岩的等厚图，然后对氯仿沥青"A"进行轻烃补偿，计算出不同级别的页岩油气资源量（卢双舫等，2012，2016）。Hu 等综合 TOC、S_1 和页岩油可动性评价参数，进一步将页岩油资源划分为无效资源、低效资源、中效资源和富集资源 4 个级别（Hu et al.，2018）；Liu 等通过多要素平面图叠合，预测了松辽盆地青山口组的页岩油有利勘探区（Liu et al.，2019）；何文渊等利用采油强度与页岩油参数的相关性，依据试油结果建立了页岩油甜点评价标准，对松辽盆地古龙凹陷青山口组页岩油级别进行划分并优选了页岩油甜点；王璟明等采用系统聚类法对页岩储集物性进行数学统计分析，建立了吉木萨尔凹陷芦草沟组页岩的储层分级评价标准；魏永波等采用综合权重因子法，利用综合因子优选了饶阳拗陷沙河街组一段下亚段页岩油的垂向富集层段和平面甜点。由于中国陆相页岩油地质条件复杂，不同地区、不同层段的页岩特征差异较大。因此，难以建立普适性较强的页岩油有利区带优选标准。而且现有的页岩油分级方法及其有效性是以大量区域性地质数据为基础的，而玛湖凹陷风城组页岩油目前处于勘探初期，钻井、试油和实际生产资料较少，亟须寻找或创新适用于风城组和勘探初级阶段的页岩油分级评价方法，建立针对风城组页岩油的甜点分级标准，进而有效指导页岩油有利勘探目标优选。

通过现有的烃源岩定量评价方法计算出泥页岩中残留的油气总量并不难，但不同的泥页岩中所含有的油气量受不同沉积条件、矿物组成及其有机质丰度、类型、成熟度等因素的影响，其大小有着明显不同。同时，泥页岩具有储集空间致密、孔隙度低、渗透率低的特点，使得页岩油气开采难度较大。泥页岩中的油气资源哪些是难以无法开采的？哪些是未来技术发展有待开采的？哪些是近期就可以开采的？这就需要有一个标准来解决页岩油气资源的分级评价工作。那么影响着这个分级标准的因素，无论是技术是否成熟到能够开采还是油气的价格等，有一点是肯定的：分级标准的基础是油气的富集程度。所以，本书主要以油气的富集程度为建立分级的标准。泥页岩油气资源量的多少，主要取决于有机质丰度的大小。其次，S_1 与氯仿沥青 "A" 也能够很好地体现泥页岩含油量的大小。

在页岩油资源评价方法研究方面：首先，夹层页岩油（其中的泥页岩不是储层）资源评价方法主要是容积法，这部分评价方法与致密油的容积法相似，这里不赘述；其次，纯页岩油（泥页岩为储层）资源评价方法主要采用体积法。Chen 等（2016）提出了改进的有机孔计算方法，并评价了西加拿大盆地 Duvernay 组页岩油；薛海涛等（2016）对松辽盆地青山口组泥页岩氯仿沥青 "A" 含量进行校正，对 S_1 进行补偿校正，进而评价页岩油；朱日房等（2019）分别运用氯仿沥青 "A" 含量和热解 S_1，对东营凹陷沙三段页岩油总资源量和可动资源量进行评价，但对于中低成熟度页岩油（原位转化页岩油）的资源评价，目前还没有定量模型。综上所述，前人虽已对页岩油资源评价开展了深入研究，但依然存在两大关键问题：①页岩油的分类及各类页岩油资源潜力问题。分类上，目前虽有国家标准，但没有明确是否包括原位转化页岩油类型的描述。在资源潜力方面，不同学者和研究机构尽管给出了资源潜力范围，但因划分类型不统一，横向之间难以对比，且各自给出的页岩油资源量差别大，难以落实和准确把握我国页岩油资源潜力。②不同类型页岩油的评价方法及关键参数问题。评价方法上，虽然已有包括容积法、体积法、类比法等不同评价方法，但是在定量评价的细节及不同勘探阶段的差异等方面没有明显体现出来；对原位转化页岩油则还没有定量评价方法。在关键参数方面，对页岩油资源评价参数下限还没有形成统一的认识，在国家、行业和企业三个层面上都还没有相关标准，制约了页岩油资源评价的规范化开展。本书从我国现阶段科研和生产的实际出发，将页岩油划分为夹层页岩油、纯页岩油（基质型页岩油和纹层型页岩油）三大类，根据它们明显不同的赋存与形成特征及不同勘探阶段评价数据资料的差异，建立了各类页岩油的资源量评价定量模型，探讨了各定量模型的关键参数及其取值下限，采用统一的参数标准，筛选评价区并估算我国三大类页岩油的资源潜力，以期为我国页岩油资源评价和规划部署提供参考。

基质型页岩油赋存于页岩孔隙空间内（包括页理缝、裂缝等空间）。目前研究认为，裂缝及孔隙中的吸附油因难以流动而不能成为资源量，只有可动油才可作为地质资源量。因此，纯页岩油地质资源评价不宜采用基于储层孔隙度的容积法，目前主要采用基于 S_1 的体积法。其他类似的方法还有基于氯仿沥青 "A" 含量的体积法，基于盆地模拟生油量和排油量的差值法等。针对不同地区、不同层系的不同勘探程度，基于 S_1 的体积法分为蒙特卡洛法和小面元法。本书使用小面元法对基质型页岩油与纹层型页岩油进行分级评价。将评

价区划分成 n 个评价单元（面元），采用空间插值算法对每个评价面元的参数进行插值（赋值）。然后计算每个评价面元的可动资源量，最后将所有评价面元的资源量相加得到评价区可动资源量。随后，根据现实可动油比例，得出现实可动资源量。

基质型页岩油的Ⅰ类可动资源量为 0.34×10^8t，现实可动资源量为 0.10×10^8t；Ⅱ类可动资源量为 0.45×10^8t，现实可动资源量为 0.13×10^8t；Ⅲ类可动资源量为 0.84×10^8t，现实可动资源量为 0.25×10^8t（表 4.6）。

表 4.6　北部湾盆地涠西南凹陷流沙港组流二下亚段层序基质型页岩油分级评价标准

评价参数	资源分级		
	Ⅰ类	Ⅱ类	Ⅲ类
A/km^2	50.6	116.5	505.6
H/m	45.2	31.2	25.7
ρ_r/（t/m^3）	2.0	2.0	2.0
热解 S_1/（mg/g）	6.1	5.2	2.8
K_{S_1}（无量纲）	1.21	1.18	1.15
Q/10^{8}t	0.34	0.45	0.84
$K_{可动}$/%	0.30	0.30	0.30
Q_x/10^{8}t	0.10	0.13	0.25

注：A 为页岩面积；H 为砂岩厚度；$K_{可动}$ 为现实可动油比例；Q_x 为现实可动资源量。

纹层型页岩油的Ⅰ类可动资源量为 0.55×10^8t，现实可动资源量为 0.16×10^8t；Ⅱ类可动资源量为 0.80×10^8t，现实可动资源量为 0.24×10^8t；Ⅲ类可动资源量为 1.36×10^8t，现实可动资源量为 0.41×10^8t（表 4.7）。

表 4.7　北部湾盆地涠西南凹陷流沙港组流二下亚段层序纹层型页岩油分级评价标准

评价参数	资源分级		
	Ⅰ类	Ⅱ类	Ⅲ类
A/km^2	61.4	161.2	502.6
H/m	48.8	32.2	28.5
ρ_r/（t/m^3）	2.2	2.2	2.2
热解 S_1/（mg/g）	6.5	5.6	3.6
K_{S_1}（无量纲）	1.28	1.25	1.20
Q/10^{8}t	0.55	0.80	1.36
$K_{可动}$/%	0.3	0.3	0.3
Q_x/10^{8}t	0.16	0.24	0.41

涠西南凹陷夹层型页岩油可动资源量的评价方法与基质型和纹层型页岩油的采取的评

价方法类似。夹层型页岩油的可动油比例要高于基质型与纹层型页岩油。夹层型页岩油的Ⅰ类可动资源量为 $0.51×10^8t$，现实可动资源量为 $0.23×10^8t$；Ⅱ类可动资源量为 $0.59×10^8t$，现实可动资源量为 $0.26×10^8t$；Ⅲ类可动资源量为 $0.57×10^8t$，现实可动资源量为 $0.25×10^8t$（表 4.8）。

表 4.8　北部湾盆地涠西南凹陷流沙港组流三上亚段层序夹层型页岩油分级评价标准

评价参数	资源分级		
	Ⅰ类	Ⅱ类	Ⅲ类
A/km^2	70.6	195.9	500.4
H/m	60.7	42.4	31.0
$\phi/\%$	8.1	6.1	4.2
$S_o/\%$	52	41	31
$\rho_o/(g/cm^2)$	0.85	0.85	0.85
B_o	3.0	3.0	3.0
$Q/10^8t$	0.51	0.59	0.57
$K_{可动}/\%$	0.44	0.44	0.44
$Q_x/10^8t$	0.23	0.26	0.25

综上，涠西南凹陷页岩油可动资源量累计 $6.01×10^8t$，其中基质型 $1.63×10^8t$，纹层型 $2.71×10^8t$，夹层型 $1.67×10^8t$；Ⅰ级 $1.40×10^8t$，Ⅱ级 $1.84×10^8t$，Ⅲ级 $2.77×10^8t$；其中流二下亚段层序 $4.34×10^8t$，流三上亚段层序 $1.67×10^8t$（表 4.9）。现实可动资源量 $2.03×10^8t$，其中基质型 $0.48×10^8t$，纹层型 $0.81×10^8t$，夹层型 $0.74×10^8t$；Ⅰ级 $0.49×10^8t$，Ⅱ级 $0.63×10^8t$，Ⅲ级 $0.91×10^8t$；其中流二下亚段层序 $1.29×10^8t$，流三上亚段层序 $0.74×10^8t$。

表 4.9　涠西南凹陷页岩油资源量统计表

层段		页岩油类型	可动资源量/10^8t				现实可动资源量/10^8t			
			Ⅰ级	Ⅱ级	Ⅲ级	累计	Ⅰ级	Ⅱ级	Ⅲ级	累计
流二下亚段层序	湖侵晚-晚期	基质型	0.34	0.45	0.84	1.63	0.10	0.13	0.25	0.48
	湖侵晚-早期	纹层型	0.55	0.80	1.36	2.71	0.16	0.24	0.41	0.81
流三上亚段层序	湖侵早期	夹层型	0.51	0.59	0.57	1.67	0.23	0.26	0.25	0.74
累计			1.40	1.84	2.77		0.49	0.63	0.91	
合计			6.01				2.03			

第五章　涠西南凹陷页岩储层含油性与可动性

页岩储层的致密性极大地限制了石油在其中的可动性与可动量，从而制约了页岩油的勘探开发效果。涠西南凹陷页岩油不同类型储层中页岩油含量如何？赋存在哪里？有多少页岩油可以流动？在什么条件下可以流动？这些问题关系到涠西南凹陷丰富的页岩油资源能否动用？有多少可以动用？是否可以有效益地动用？因此，页岩储层的含油量和可动性是涠西南凹陷页岩油有效勘探开发的重要研究内容。本章在页岩油赋存状态分析的基础上，利用岩石多温阶热解以及核磁共振实验定量表征了不同类型页岩油储层岩石的含油性，明确了不同类型页岩油储层的含油性差异。在此基础上，结合核磁共振与离心技术对页岩油的可动性进行定量评价，明确了涠西南凹陷页岩油可动下限及主控因素，为涠西南凹陷页岩油甜点层段和甜点区的优选提供支持。

第一节　页岩油赋存与可动性研究现状

页岩油的赋存状态与赋存机理是页岩含油性和可动性的基础，页岩油的可动性与其在页岩层系的赋存密切相关。页岩油的赋存状态一般包括游离态、吸附态，还含有少量与有机质互溶的溶解态。其中，以游离态形式赋存的页岩油容易流动，吸附态的页岩油难以流动。页岩油的赋存状态与赋存孔隙空间、油分子的大小、页岩油的物理化学性质（密度、黏度）以及流-固相互作用有关（Bai et al.，2022；Yang et al.，2024）。认识页岩油赋存状态与赋存机理，明确不同赋存状态（吸附、游离、溶解）所占的比例及其相互转化条件，对页岩油资源量评价具有重要意义。

一、页岩油赋存状态

页岩油赋存状态主要包括游离态、吸附态和溶解态三种形式态（柯思，2017；张文昭，2014）。游离态页岩油指的是以游离形式聚集在页岩储层孔隙和裂缝中的石油。游离态页岩油与孔裂隙表面的相互作用弱，甚至可以忽略不计，游离态页岩油的分布和含量受页岩孔隙结构、裂缝发育程度、原油化学组成等因素的影响。吸附态页岩油是指被页岩有机质、黏土等矿物表面吸附的油，其吸附能力和吸附量与页岩矿物类型、矿物表面性质等密切相关。溶解态页岩油主要指原油与有机质（干酪根）形成互溶状，少部分学者认为溶解态页岩油也包含原油分子在高温高压条件下与储层水分子形成乳状液中的原油。在研究页岩有机质对烃类的吸附时，由于难以区分烃类是吸附在有机质表面还是进入有机质内部，因此吸附和互溶可以统称为吸入（Yang et al.，2015）。

游离态页岩油是目前页岩油开采的主要对象。游离态页岩油赋存在不同的矿物粒间孔隙、粒内孔隙、溶蚀孔隙、有机质孔隙以及构造缝、层理缝、微裂缝中。目前国内大多数陆相页岩油中的游离油大多赋存在无机矿物相关的孔隙和裂缝中。Yang 等（2024）对鄂尔多斯盆地延长组长 7 段页岩储层的溶剂抽提实验表明，长 7 段页岩油的游离态页岩油/可动油大量聚集在长石矿物的溶解孔隙和矿物粒间孔，富含长石溶蚀孔隙的页岩油容易通过有机溶剂抽提出来。此外，他们也观察到了有机质及黏土复合体上吸附的油，这些油在真空环境下呈现油花状或串珠状溢出。Han 等（2015）认为 Barnett 页岩储层中生物微晶石英的纳米孔提供了游离油的存储场所，是 Barnett 页岩油的甜点，具有很高的经济价值和开发潜力。济阳拗陷页岩沙河街组页岩油开发实践表明富有机质纹层状岩相（尤其是灰质纹层）孔缝并存、储集空间大、连通性好、游离油和可动油饱和度高（宋明水等，2020）。以上可以看出，无机矿物相关的孔隙、裂缝对游离油的聚集具有重要作用，这些矿物基质孔隙的尺寸、形状和连通性对页岩油的赋存和流动具有显著的影响。不同矿物基质的孔隙特性各异，导致页岩油的赋存状态和开发效果也有所不同。此外，构造缝、层理缝、微裂缝是游离态页岩油的重要储集空间。这些缝隙一般具有较高的连通性，有利于页岩油的流动和聚集。然而，这些缝隙的尺寸和形状对页岩油的赋存和流动具有很大的影响，不同缝隙的页岩油开发效果也有所不同。

吸附态页岩油主要以油膜的形式存在于纳米级孔隙表面（宋明水等，2020）。页岩油尤其是油组分里的沥青质、胶质等成分与烃源岩中的有机质存在很强的亲和作用，这使得纳米级孔隙表面吸附的油膜具有相对高的黏度和密度，吸附油的开采难度较大。页岩油除了在有机孔隙表面形成吸附外，还可以吸附在黏土矿物以及黏土-有机质复合体表面。黏土矿物具有较大的孔隙表面积，前人的研究已经强调了黏土矿物对页岩气中甲烷分子的吸附（Yang et al.，2015）。同样地，黏土矿物的无机孔隙也能为页岩油分子提供吸附位点。随着生烃能力的增强，生成的页岩油量逐渐超过有机孔隙和微裂缝的最大储油能力。此时，页岩油倾向于运移到邻近的较大孔隙和微裂缝中。在此阶段，页岩油以游离态和吸附态两种形式共存。由于游离态页岩油比吸附态页岩油轻，也造成了游离态页岩油容易在微裂缝内运移。此外，页岩储层中始终含有原生水。它不仅可以吸附在矿物表面，还可以在页岩储层的微裂缝中流动。除游离态页岩油和吸附态页岩油外，原生水、气态烃和干酪根中还存在微量溶解态页岩油。

二、页岩油赋存空间

页岩油储层大量发育纳米孔和微裂缝，孔隙尺寸从 30～300nm 甚至到微米尺度，适合页岩油的规模化储存（Milliken et al.，2013；Wang et al.，2015；Song et al.，2020）。根据孔隙成因，页岩储层孔隙可分为有机孔隙和无机孔隙。无机孔隙包括粒间孔、粒内孔、晶间孔和溶蚀孔，其中粒间孔多存在于骨架颗粒或高密度刚性颗粒晶体之间、软硬颗粒界面以及黏土矿物团聚体内部，随着页岩储层压实和交接作用的加强，其孔径减小；粒内孔主要存在于层状或片状的黏土矿物之间；溶蚀孔一般存在于不稳定矿物中，如长石、方解石、黏土矿物等。有机质孔隙包括液态烃热解生成气体形成的孔隙和生烃形成的剩余孔隙，其演化程度受总有机碳（TOC）和镜质组反射率 R_o 的控制（Loucks et al.，2009，2012；Fu et al.，2019）。TOC 是生烃的物质基础，热成熟度反映了有机质的演化程度，热成熟度高的页岩具有较大的生烃潜力（赵文智等，2020；Ning et al.，2020）。因此，有机质孔隙随着热成熟度的提高而增加。然而，当 $R_o > 3.5\%$ 时，由于有机质的石墨化，一些有机质可能被破坏，其数量迅速减少，此外有机质的显微组分也影响有机质的发育（Curtis et al.，2012；Cao et al.，2021；Xue et al.，2022）。其中腐泥组和镜质组容易生烃并形成有机质孔隙。同时镜质组内部在热演化过程中容易产生异常高压，破坏有机质形成有机孔隙，而惰质组在热演化过程中几乎不具备热解能力。因此，基本不产生有机质孔隙。

页岩储层发育黏土矿物、碳酸盐、有机质等层状结构（Li et al.，2016；Zhou et al.，2020）。层状结构有利于微裂缝的形成，它们在页岩油成藏和渗流中起着比孔隙更为关键的作用。微裂缝主要来源于成岩作用、生烃作用、压实作用和收缩作用等。页岩油广泛分布于层状层理面及与之平行的微裂缝中（Loucks et al.，2012）。微裂缝发育高度依赖于含油页岩储层的层理类型。层状岩相层间微裂缝发育程度较高，其次为块状岩相。层状岩相层间结合力弱，表面效应弱，在超压条件下容易产生微裂缝。新形成的微裂缝不仅可以为页岩油赋存提供空间，提高目标储层的储集能力，还可以提高孔隙连通性和储层渗透率。此外，生排烃热模拟结果表明，页岩油排放量与微裂缝呈正相关。因此，微裂缝对页岩油的赋存至关重要。目前，大规模水力压裂技术能够提高初级微裂缝薄弱面内的裂缝密度，增强页岩油的流动通道，从而实现页岩油的商业化生产（Jarvie et al.，2007；Huang et al.，2020）。

三、页岩油可动性

页岩油勘探的目标主要是开发页岩层系中的游离油资源。然而，游离态页岩油并不等同于可动油，即使存在游离态页岩油，也不一定能顺利地将其开采出来。影响页岩油可动性的因素多种多样，其中最直接的主控因素包括页岩的含油性、页岩油分子的组成以及储集空间的匹配关系和系统压力等。页岩的含油性是影响页岩油可动性的关键因素之一。页岩的含油性指的是岩石中储存的油量，这一含量直接决定了油藏的规模和开采价值。地质学家通过实验和观察，可以评估页岩的含油性，为勘探和开采提供依据。页岩油分子的组成也对可动性产生影响。不同的油分子具有不同的物理和化学性质，这些性质将影响页岩油在岩石中的运移和聚集。因此，了解页岩油的分子组成，有助于地质学家更好地理解油藏的特性，从而优化开采方案。储集空间的匹配关系和系统压力也是影响页岩油可动性的重要因素。在页岩层系中，页岩油通常存储在岩石的微小孔隙中。孔隙的大小、形状和连通性等因素决定了页岩油在岩石中的储存和运移能力。同时，系统压力也会影响页岩油在孔隙中的状态，进而影响其可动性。

尽管近年来我国科研人员在页岩含油性评价方法和页岩微孔表征技术方面取得了显著进展，但目前对于页岩含油性、可动性和微观结构的耦合关系的研究仍相对较少，这无疑限制了更深入地理解和利用页岩资源。此外，由于缺乏相应的评价参数，在实际应用中也难以准确地评估页岩的含油性和可动性，这无疑对页岩资源的开发和利用带来了一定的挑战（蒋启贵等，2016；钱门辉等，2017）。陆相页岩作为油气储层，其矿物组成、岩石结构和非均质性比海相页岩更加复杂，黏土矿物含量更高，其储集空间的类型、大小直接影响着页岩油气的赋存形式和可流动资源量，此外陆相页岩的储集空间类型、孔隙结构特征、微孔-中孔-大孔占比与海相页岩均明显不同，由此陆相页岩油气的页岩油气赋存方式、可流动资源量等方面存在不同。页岩油赋存状态的研究是石油勘探和开发的重要内容之一。对于页岩油来说，其赋存状态的确定不仅影响到油藏的勘探和开发，还会影响到油藏的生产效益。因此，如何对页岩油的赋存状态进行定量表征是一个十分重要的问题。目前，对于页岩油赋存状态的研究还存在一些针对性和有效性的问题。例如，对于页岩油的不同赋存状态，需要采用不同的表征方法，而这些方法的准确性和可靠性还需要进一步提高。此外，页岩油的化学组分复杂，分子之间的相互作用也较为复杂，因此需要开发更加精细的表征方法来研究其赋存状态（贾承造等，2012；宁方兴等，2015）。

近年来，随着科技的发展，我国在页岩油赋存状态的研究方面取得了一定的进步。在这一领域，研究方法主要分为直接法和间接法两种。直接法主要是通过高分辨率扫描电子显微镜、微-纳米 CT、电子束荷电效应、能谱等技术手段，对页岩油进行直接观测和模拟。通过这些技术，研究者可以清晰地观察到页岩油的赋存形态以及赋存孔隙类型，从而对页岩油的储藏特性有了更深入的理解。此外，这些技术还能够帮助研究者分析页岩油的组成成分，进一步揭示其物理和化学性质（公言杰等，2015；金旭等，2021；王民等，2019）；间接法则是通过核磁共振（结合离心/驱替）、Rock-Eval 热解实验、不同极性溶剂抽提实验以及分子动力学模拟等手段，对页岩油的赋存孔径、赋存状态及含量等进行表征。这种方法虽然不能直接观察到页岩油，但可以通过对页岩油的影响进行间接测量，从而推断出页岩油的赋存状态。这些方法对于理解页岩油的赋存状态和变化规律有着重要的意义（宁方兴等，2015）。然而，页岩油的赋存与可动性研究仍然面临许多挑战。页岩油组分复杂，分子间相互作用强烈，使得页岩油在游离态和吸附态之间的区别并不明显，甚至可能不存在明确的分界线。这无疑增加了研究的难度。此外，目前对于如何定量表征页岩油赋存状态的研究还相对不足，缺乏针对性和有效性。因此，未来在这一领域还需要进行更多的研究，以期能够对页岩油的赋存有更深入地理解和更准确地描述。

第二节　涠西南凹陷页岩油赋存状态

光学显微成像在油气地质的研究分析中一直都有着非常重要的作用。通过荧光可以观察岩石孔隙中的剩余油分布，统计分析其含量。在油气的组分分析中，通常按照荧光波长的范围，将其分为轻质组分（<600nm，如甲烷，乙烷等）和重质组分（>600nm，如胶质、沥青质等），在荧光共聚焦中，将 405nm 波长的激光作为激发光，设定多个荧光接收通道对同一位置进行三维荧光以及透射光激光成像，再通过提取轻重组分，即可得到页岩油中轻、重质组分赋存比例。

一、页岩油赋存空间观察

荧光薄片实验结果显示，涠西南凹陷基质型页岩中黏土矿物集中呈层状或透镜体状分布（图 5.1）。陆源碎屑以粉砂为主，成分主要为石英，黏土层相对较暗，有机质呈暗黑色，水平层理缝主要形成于不同纹层之间的薄弱面，在荧光光线的激发下，可观察到亮蓝色的可动油主要集中在层理缝及有机质边缘缝中。

从图 5.2 中可以看出，纹层型页岩的有机质呈暗黑色，水平层理缝发育，主要形成于不同纹层之间的薄弱面，裂缝见大量可动油呈亮蓝色，并可见油质沥青充填层理缝，显淡蓝色-蓝色荧光，部分裂缝与砂质纹层伴生；水平层理缝能为油及沥青的赋存和运移提供良

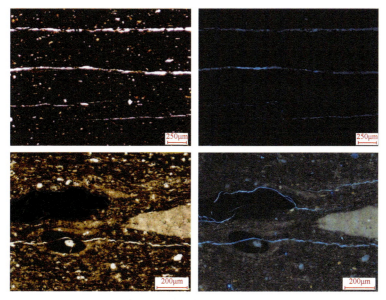

图 5.1　基质型页岩荧光薄片

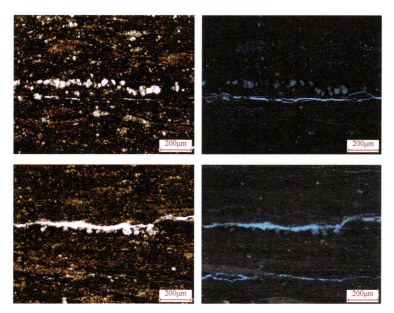

图 5.2　纹层型页岩荧光薄片

好的储集空间和运移通道。

　　观察图 5.3 可知，夹层型页岩中富含长英质矿物，有机质呈暗黑色。发育高角度缝，其成因与构造、生烃增压有关；高角度缝形态呈参差状，通常延伸较长，可达厘米级，其中可见淡蓝色-蓝色的油质沥青充填；高角度缝通常能贯穿层理，成为页岩油的纵向疏导通道，大幅度提高页岩储层的渗流能力。同时也发育一些网状缝，水平层理缝与高角度构造缝之间或多条高角度缝之间彼此交错可形成复杂网状缝，部分裂缝被油质沥青或泥质充填，开启的网状缝有利于页岩油的储集和运移。

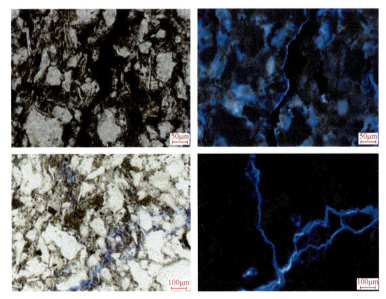

图 5.3　夹层型页岩荧光薄片

层理缝及网状缝是页岩油赋存的重要空间。在层理缝中可见淡蓝色-蓝色的荧光显示，多为油质沥青充填；而高角度缝是页岩油垂向运移的重要通道，偶尔可见淡蓝色-蓝色荧光，可能为油侵显示；网状缝可见大面积淡蓝色-蓝色的荧光显示，多为油质沥青充填。

二、页岩油轻重组分分布

利用激光共聚焦成像分别对基质型页岩油、纹层型页岩油、夹层型页岩油的赋存空间及状态进行表征，获得轻质油、重质油的含量及各自的分布规律。

从基质型页岩的激光共聚焦图片（图 5.4）可以观察到基质型页岩孔隙以微孔为主，见少量层理缝、粒内孔。孔隙发育差，连通差。原油含量较低且重质组分多于轻质组分；轻重质组分均呈点状均匀分布或透镜状富集，或向层理缝富集，局部见部分轻质组分富集于粒内孔。

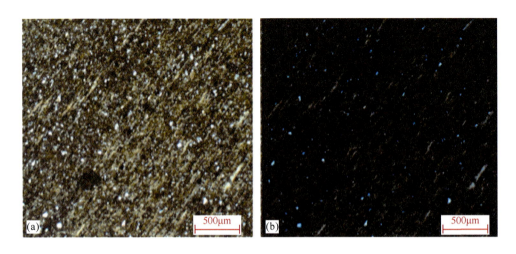

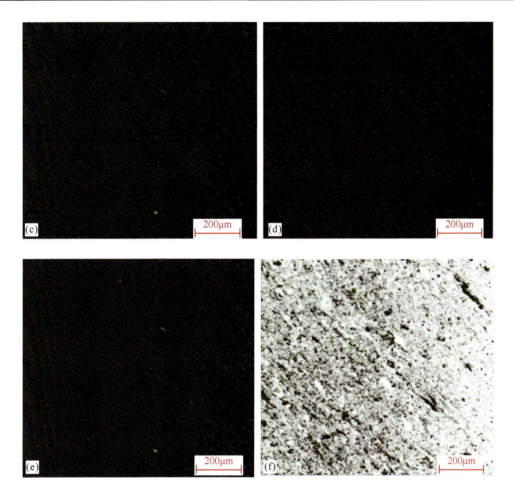

图 5.4 基质型页岩激光共聚焦

（a）单偏光；（b）荧光；（c）绿色轻质组分；（d）红色重质组分；（e）轻质重质合成图像；（f）成分提取

从纹层型页岩的激光共聚焦图片（图 5.5）中可以观察到，该类型页岩孔隙以微孔为主，发育层理缝、高角度缝以及粒内孔，轻质组分、重质组分呈点状、淡雾状分布，轻重质组分多叠置混杂，层理缝、构造缝富集轻质组分。其轻质组分含量为 3.14%（体积比），重质组分含量为 3.26%（体积比）；轻重比 0.96。

从夹层型页岩的激光共聚焦图片（图 5.6）中可以观察到，轻质组分、重质组分呈点状、淡雾状分布，局部呈透镜体状富集，轻重质组分多叠置混杂，无明显运移、聚集特征。经三维重构计算：其轻质组分含量为 2.51%（体积比），重质组分含量为 2.57%（体积比）；轻重比 0.98。轻质组分、重质组分呈点状、淡雾状分布，局部呈透镜体状富集，轻重质组分多叠置混杂，无明显运移、聚集特征。

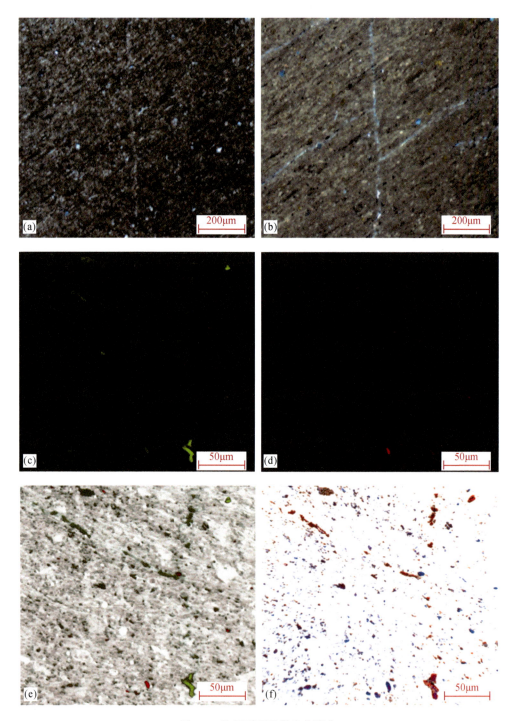

图 5.5　纹层型页岩激光共聚焦

（a）正交光；（b）荧光；（c）绿色轻质组分；（d）红色重质组分；（e）轻质重质合成图像；（f）成分提取

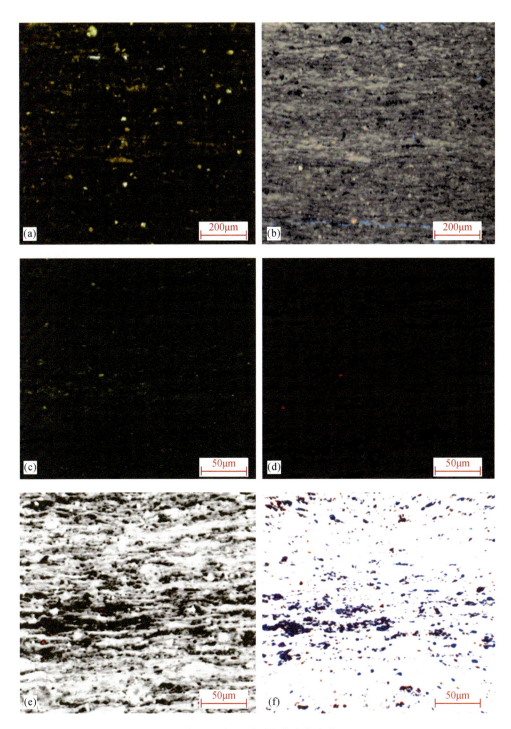

图 5.6　夹层型页岩激光共聚焦

（a）正交光；（b）荧光；（c）绿色轻质组分；（d）红色重质组分；（e）轻质重质合成图像；（f）成分提取

第三节　涠西南凹陷页岩含油性定量表征

含油性对于页岩油甜点层段的评价至关重要。在其他条件相同的情况下，页岩含油性越好，有效勘探开发的可能性就越高，客观评价及有效预测页岩含油性丰富的层段和区域，是页岩油藏精确布井并提高页岩油勘探开发效益的基础。本节利用多温阶热解和核磁共振技术，开展页岩油储层含油性定量表征。

一、多温阶热解评价页岩含油性

热解法是在高温条件下，使有机物质分解产生气体、液体和固体副产物的过程。在这个过程中，不同组分的热挥发性质差异会导致其释放的顺序和量不同，从而可以揭示页岩油的赋存状态。一般来说，游离烃（即未与固体颗粒结合的烃分子）由于其较小的分子质量和较强的热挥发性，会比吸附烃（吸附在固体颗粒表面的烃分子）更先释放出来（Xu et al.，2022）。然而，传统的热解法的温度设置区间过大，难以对不同的页岩油组分进行精细区分。在此基础上，为了更全面准确地检测泥页岩中的吸附、游离油量，本书采用了中国石化石油勘探开发研究院无锡石油地质研究所研发的分步热解实验法。这种方法通过控制热解过程的温度和时间，分步骤地使页岩中的各种烃类组分逐步热挥发，不仅可以快速检测出泥页岩中的游离油量，还可以在一定程度上反映吸附油量，从而为页岩油的开采提供更为精确的数据支持。

在分步多温阶热解流程中（图 5.7），首先将起始温度设定在 80℃，并在此温度下保持 1min，以便让样品充分适应热解环境，这一过程中主要产生的是产物 S_0。接着，以每分钟 25℃的速度将温度提升至 200℃，并在此温度下保持 3min，这一阶段主要通过升温速率的变化，促使样品中的有机物质开始分解，生成产物 S_{1-1}。随后，再以同样的升温速率将温度进一步提升至 300℃，并保持 3min，这一过程中，由于温度的进一步提高，样品中的有机物质将发生更为彻底的分解，生成更为复杂的产物 S_{1-2a}。然后，再次以每分钟 25℃的速度

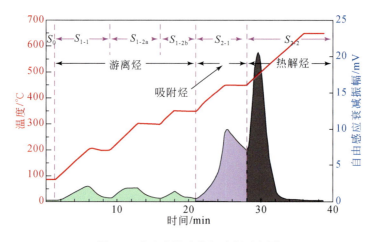

图 5.7　分步多温阶热解流程示意图

将温度提升至 350℃，并保持 3min，这一步主要是为了在保证温度提升速度的同时，给样品充分的反应时间，以生成更为丰富的产物 S_{1-2b}。从 350℃开始，继续以每分钟 25℃的速度升温至 450℃，并在此温度下保持 3min，这一阶段由于温度的进一步提高，样品中的有机物质将经历更为深入的热解反应，生成的主要产物为 S_{2-1}。最后，再次以每分钟 25℃的速度将温度提升至 650℃，并保持 3min，这一步主要是为了在高温条件下，使得样品中的有机物质得到充分的热解，从而得到最终产物 S_{2-2}。对于各个阶段所形成的产物而言，将 S_{1-1} 和 S_{1-2} 称为游离烃（其中 S_{1-1} 被解释为可动烃），将 S_{2-1} 称为吸附烃，将 S_{2-2} 称为干酪根裂解碳化合物（李进步，2020）。

基于多温阶热解实验，统计了不同类型的页岩油储层岩石中吸附油量、游离油量（图5.8）。基质型页岩样品内游离油量介于 6.72～12.32mg/g，平均约为 7.48mg/g，吸附油量介于 6.10～17.43mg/g，平均为 9.35mg/g；混合质纹层型样品内游离油量介于 1.91～19.29mg/g，平均为 9.43mg/g，吸附油量介于 1.36～14.12mg/g，平均为 6.89mg/g；长英质纹层型样品内游离油量介于 1.46～8.37mg/g，平均为 4.92mg/g，吸附油量介于 1.29～3.78mg/g，平均为 2.01mg/g；夹层型页岩样品内游离油量介于 0.64～14.06mg/g，平均约为 1.64mg/g，吸附油量介于 0.28～5.28mg/g，平均为 1.53mg/g；夹层型砂岩样品内游离油量介于 9.61～20.14mg/g，平均约为 14.61mg/g，吸附油量介于 0.33～4.21mg/g，平均为 2.84mg/g。其中长英质纹层型样品虽为粉砂岩，但整体含油量明显低于基质型页岩和混合质纹层型样品，可能是在样品保存过程中，原油的挥发散失导致的。同时夹层型砂岩中总含油量与游离油量虽然最高，但与基质型页岩和混合质纹层型样品相比并未高出太多，也可能与原油的挥发散失有关。

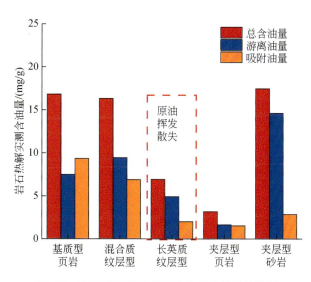

图 5.8 不同类型样品多温阶热解含油量统计图

根据以上结果可知，夹层型砂岩储层内的总含油量及游离油量均是最高的，且吸附油量最低，说明其是该地区页岩油的良好储层。而基质型页岩和混合质纹层型样品储层内的总含油量也处于较高水平，但吸附油量占比较大，吸附油占比分别为 55.6%和 42.6%，这说明虽然其有较高的生油能力，但由于页岩内部孔隙表面的强吸附能力，造成其游离油含量较低。但受样品处理过程中原油挥发散失的影响，该方法所测试出的结果会存在一定的误差，仅能提供一个参考，仍需结合其他方法对该地区页岩油储层的含油性进行更为准确地评价。

二、核磁共振评价页岩含油性

（一）核磁共振实验原理

核磁共振是一种非破坏性的测试方法，可以重复使用样品，在一定程度上避免不同样品造成的影响。岩石中质子偶极矩时间演化有两种核磁共振弛豫机制：纵向弛豫时间（T_1）和横向弛豫时间（T_2）。一般情况下，单一低黏度流体饱和岩石的核磁共振弛豫速率与岩石的孔径有关，孔径越大，流体弛豫速率越慢，弛豫时间越长（Li et al.，2023）。

在特定的流体环境中，氢质子受到磁场的影响，会进行自旋并产生磁化现象（Song et al.，2000）。当这些氢质子暴露在外部射频场中时，它们能够吸收与特定频率产生共振的能量，从而达到高能态（Mitchell et al.，2014）。这个过程类似于一个能量吸收与释放的周期，当射频场被移除后，氢质子会返回到最初的状态。这种从磁化状态到稳态的转变过程，被称为弛豫，可以用纵向弛豫时间（T_1）和横向弛豫时间（T_2）来具体描述和衡量（Zhang et al.，2018）。

横向弛豫时间（T_2）的测量，即一维核磁共振技术，因为其采集速度比纵向弛豫时间（T_1）更快，所以在页岩储层的表征中得到了广泛的应用。通过一维核磁共振技术对页岩样品进行检测，可以发现有机孔隙对油的亲和力较强，而无机孔隙则对水的亲和力较大（Su et al.，2018）。此外，通过一维核磁共振技术获得页岩基质的孔径分布剖面，与通过氮气吸附和解吸实验获得的孔径分布剖面具有很高的相似性（Zhu et al.，2018）。这表明，一维核磁共振技术不仅可以有效地表征页岩储层，还可以作为一种快速、准确的孔径分布检测手段。

通过观察氢核的核磁共振信号，可以识别岩石孔隙中的流体及其含量，评价孔隙结构。岩石孔隙中流体存在三种不同的弛豫机制，即表面弛豫、体弛豫和扩散弛豫（Li et al.，2023）。相应的，弛豫时间也由这些部分组成。对于横向弛豫时间（T_2），可利用式（5.1）计算：

$$\frac{1}{T_2} = \frac{1}{T_{2S}} + \frac{1}{T_{2B}} + \frac{1}{T_{2D}} = \rho_2 \frac{S}{V} + \frac{1}{T_{2B}} + \frac{D(G_\gamma T_E)^2}{12} \tag{5.1}$$

式中，T_2 为横向弛豫时间，ms，是氢质子在磁场中相互作用引起的物理量；T_{2S} 为横向表面弛豫时间，ms，是流体与孔隙表面相互作用的结果；ρ_2 为孔隙横向表面弛豫速率，nm/ms；S 为孔隙面积，nm^2；V 为孔隙体积，nm^3；T_{2B} 为横向体弛豫时间，ms，为固有弛豫时间流体的特性；T_{2D} 为横向扩散弛豫时间，ms，是自旋粒子由于自旋扩散偏离初始位置而产生的弛豫特性；D 为流体的自由扩散系数，无量纲；G 为磁场梯度，MT/m；γ 为氢质子的旋磁比，Hz/T；T_E 为回波间隔，ms。

在均匀磁场中，水的体积弛豫时间一般大于 3000ms，远远大于表面弛豫时间，可以忽略。当不考虑体弛豫和扩散弛豫时，$S/V = F_S/r$，横向弛豫时间可表示为

$$T_2 = \frac{V}{\rho_2 S} = \frac{r}{\rho_2 F_S} \tag{5.2}$$

$$r = \rho_2 F_S T_2 = C T_2 \tag{5.3}$$

式中，F_S 为孔隙的形状因子，无量纲，球形孔隙时取 3，圆柱形孔隙时取 2；r 为孔隙半径，nm；C 为孔径转换因子，无量纲。

（二）页岩核磁共振测试方法

精确的核磁共振测试方法是评估页岩储集特性的基础，样品预处理、测试参数等因素与核磁共振测试结果的准确性密切相关（Zhang et al.，2022）。由于含油页岩中存在大量水、油或气体等多相流体填充其孔隙空间，这将对核磁共振测量结果产生重要影响。因此，在实验过程中还需要去除原始孔隙中存在的流体成分，以获取页岩的基底核磁信号。

核磁共振评价页岩含油量流程图如图 5.9 所示，对原始状态的页岩样品进行测试后，使用三元混合溶剂（38∶32∶30）在 70℃下洗油 14d 并烘干以彻底清除残留的油组分；然后将洗净后的页面置于真空烘干箱内，在 110℃下抽真空 24h，以充分去除残余流体，并使其冷却至室温后再次进行核磁共振测试；接着利用真空加压装置，在 24h 内抽真空，并在 20MPa 的压力下用正十二烷完成 48h 完全饱和过程，对饱和状态的样品再次进行核磁共振测试。最后将饱和后的样品在不同离心条件下进行离心处理并进行核磁共振测试，用于分析页岩油的可动性。

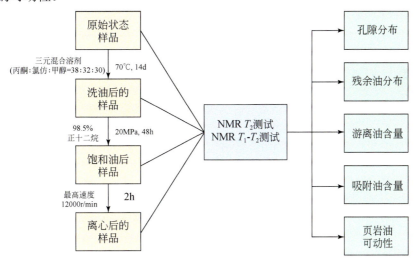

图 5.9 核磁共振评价页岩含油量流程图

（三）二维核磁谱图标定

Li 等（2019）将济阳拗陷古近系富有机质页岩样品作为研究对象，通过对干酪根、吸附油干酪根、不同含油量页岩和不同含水量黏土矿物的核磁共振分析得到的 T_1-T_2 图进行整合，建立了湖相页岩不同含氢组分分组的分类方案。本书在此基础上，对涠西南凹陷页岩样品进行二维核磁测试，样品包括原始状态、溶剂萃取态、饱和油态和离心态，对含氢组分分布位置进行校正（图 5.10）。

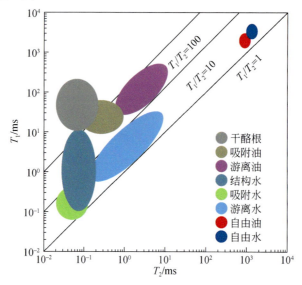

图 5.10　页岩各含氢组分在 T_1-T_2 图上的位置（李进步等，2019）

　　根据原始样品、洗油干燥、饱和油及经过离心后样品的二维核磁结果，制定了符合研究区的页岩含氢组分判定方案（图 5.11）。该方案将 T_1-T_2 谱划分为 5 个信号区域：区域 1 的信号为干酪根，区域 2 和区域 3 分别为吸附油和游离油的信号分布范围。结构水/吸附水和游离水的信号分别出现在区域 4 和区域 5。

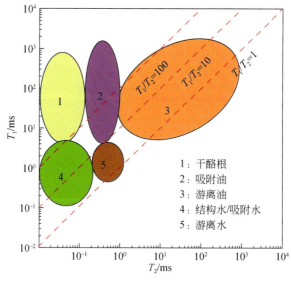

图 5.11　二维核磁不同含氢组分分布

（四）页岩油含油量表征

　　页岩游离油量是指在理论上最大可能被开采出来的页岩油量，反映了页岩油藏的潜在可动能力，即在一定技术条件下，可以被提取并转化为可利用能源的页岩油的最大采收量。页岩游离油量是评估页岩油藏经济性和可行性的重要指标之一。为计算页岩油游离油、吸附油等，对不同质量的正十二烷进行二维核磁测试，其不同质量自由态原油 T_1-T_2 谱图如图 5.12 所示，自由状态下正十二烷的 T_1/T_2 较低，均接近于 1。

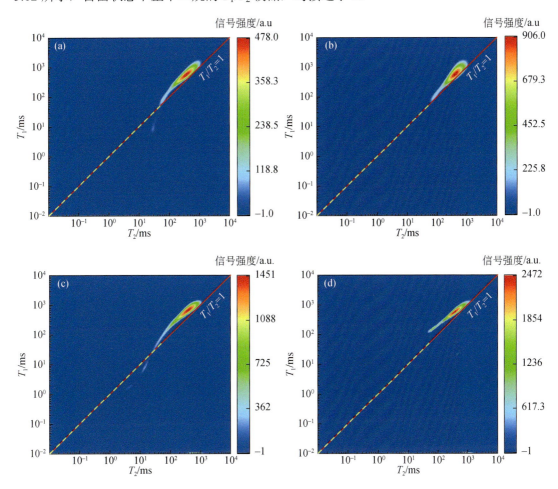

图 5.12　不同质量自由态原油 T_1-T_2 谱图

使用正十二烷（nC_{12}）作为流体介质进行含油饱和页岩实验，对不同体积的纯正十二烷进行核磁共振测试，通过线性拟合，得到含油量与其核磁共振响应之间的标定方程（图 5.13），以此为依据计算页岩样品中游离油及吸附油的含量。

根据所拟合的公式，计算原始样品和饱和油态页岩中不同赋存状态的页岩油含量，结果见表 5.1。

在饱和油后，混合质纹层型的二维核磁谱在游离油区域均出现较强的信号，这一现象表明纹层型页岩中油含量较高，可动性较强。而基质型页岩中游离油量相对较少，可动性最差，图 5.14 中基质型页岩二维核磁图谱中吸附油区域的信号明显强于游离油区域，也很好地印证了这一点。这对于页岩油的开发和利用具有重要的指导意义。

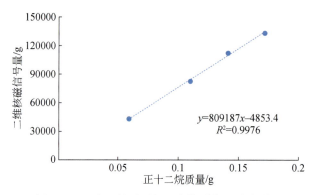

图 5.13　正十二烷质量与二维核磁信号量关系图

表 5.1　不同岩相页岩油含量统计表

岩相	原始状态		饱和油状态	
	游离油量/（mg/g）	吸附油量/（mg/g）	游离油量/（mg/g）	吸附油量/（mg/g）
基质型页岩	2.82	4.77	4.44	5.95
	1.98	5.10	3.81	2.58
	10.45	8.84	3.73	2.42
混合质纹层型	9.40	3.64	20.77	2.37
	5.11	1.90	4.48	1.09
	5.65	8.05	30.11	9.68
	22.04	6.97	26.09	3.11
	2.07	3.98	13.98	4.23
夹层型页岩	0.71	0.02	10.44	2.18
	0.57	0.07	5.62	2.99
	7.45	5.84	8.56	2.30
	8.45	6.84	2.93	2.06
	9.45	7.84	5.57	2.08
	0.60	0.02	3.08	0.74

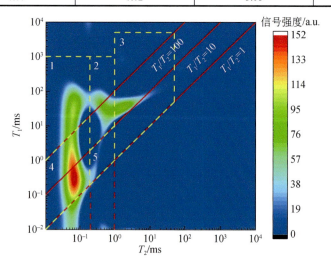

图 5.14　基质型页岩二维核磁图谱

　　混合质纹层型页岩样品在饱和油处理后，二维核磁共振谱呈现出更显著的游离油信号（图 5.15），这一现象明确揭示了样品中游离油含量丰富。通过实验分析，这些样品的游离油含量在 6.9～29.5mg/g 波动，这一数据远高于吸附油含量。进一步的统计结果显示，游离油在样品总量中的占比最大可达 92.1%，平均占比也高达 82.6%，这证明混合质纹层型页岩中的页岩油具有极高的可动性。这一特性对于油藏的开发和利用具有重大意义，意味着这类储层具有较好的开采条件和较高的采收率。纹层型页岩油藏的研究和开发也是北部湾盆地涠西南凹陷勘探和开发的重要方向之一。

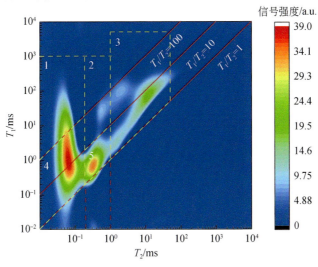

图 5.15　混合质纹层型二维核磁谱图

　　夹层型页岩在二维核磁谱中的表现与其他类型的页岩略有不同，其独特之处在于几乎不存在吸附油信号（图 5.16）。这说明夹层型页岩中的油分子主要以游离状态存在，而非被吸附在页岩颗粒表面。这一特性使得夹层型页岩的游离油信号量相当高，夹层型页岩二维核磁谱图如图 5.16 所示。

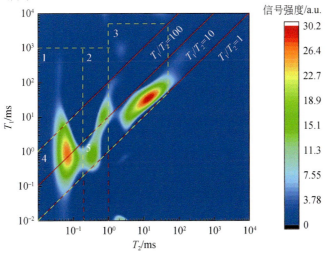

图 5.16　夹层型页岩二维核磁谱图

进一步的研究发现，夹层型页岩中的游离油量为 4.1～17.3mg/g，相较于其他类型的页岩，这一含量范围相对较高。同时，夹层型页岩中游离油所占的比例也相当可观，介于74.7%～88.9%。夹层型页岩中游离油的平均占比达到了 85.8%，这在各类页岩中是最高的。这一结果表明，夹层型页岩具有相当高的游离油含量和占比，这对于评估其作为能源资源的潜力和开发利用效果具有重要意义。

对各类型页岩进行详细地统计和对比分析，原始样品中，混合质纹层型页岩的总含油量最高，这一类型的页岩中游离油量也相对较高。这可能与其独特的地质构造和物质组成有关，使得混合质纹层型页岩能够有效地储存和保存大量的油气资源。然而，当考虑饱和油的情况后，长英质纹层型页岩和夹层型砂岩中的游离油含量开始凸显，成为含油量最高的两类岩相。这表明，虽然混合质纹层型页岩在原始状态下的含油量最高，但其开发潜力可能并不如长英质纹层型页岩和夹层型砂岩。这可能与两类岩相的物理性质、化学性质以及构造特征有关（图 5.17）。

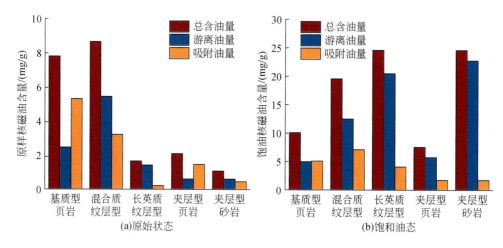

图 5.17　不同类型页岩原样核磁油含量统计

三、不同类型页岩含油性差异

（一）原油组分差异

原油的性质和组分是影响页岩油开采的一个重要因素，对于孔隙度低、渗透率低的致密泥页岩储层来说，轻质原油具有较低的密度和黏度，更容易实现有效集采。图 5.18 为涠西南凹陷不同岩相原油组分占比。基质型页岩中饱和烃和芳香烃含量较低，非烃和沥青质较高，这会增加原油的密度以及黏度，降低页岩油的可流动性；混合质纹层型页岩原油组分以饱和烃和芳香烃为主，占比相对基质型页岩较高，这与前文中纹层型页岩中游离烃占比较高一致；夹层型页岩中则以饱和烃为主，占比超过 50%，芳香烃其次，沥青质含量最少，表明夹层型页岩中的砂岩层的原油可动性高。此外，不同岩相的页岩油之间存在一定的差异，这可能与其生油母质类型有关。生油母质类型的不同，可能会影响到原油的性质和组成，进而影响到页岩油的开采效果。对于页岩油开采来说，深入研究不同岩相页岩油的性质和组成，是提高开采效率的关键。应结合不同岩相页岩油的特性，制定出更为科学合理的开采方案，以提高页岩油的开采效率和产量。

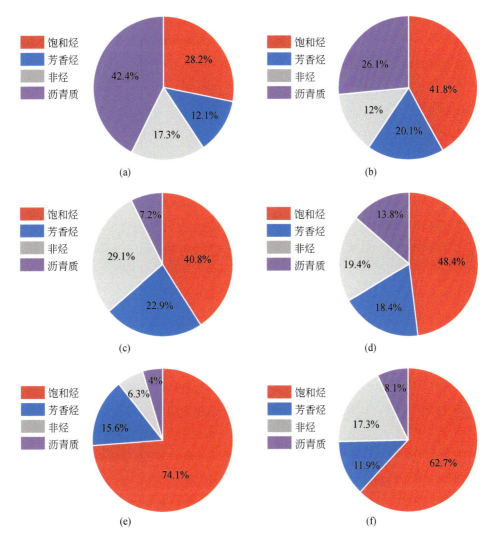

图 5.18 不同岩相原油组分占比

（a）基质型页岩 WY-1，2960m；（b）基质型页岩 WY-1，3017m；（c）混合质纹层型 WZ12，3158.6m；（d）混合质纹层型 WY-1，3092m；（e）夹层型页岩 WY-8，3371m；（f）夹层型页岩 WY-5，2797m

（二）油分子组成差异

页岩油色谱分析是一种在石油勘探和开发过程中非常重要的技术手段。页岩油色谱分析主要是利用色谱技术对页岩油中的各种烃类化合物进行定性和定量分析。通过这种分析方法，可以深入了解页岩油的组成成分和性质特征，为石油资源的合理开发和利用提供科学依据。

基质型页岩的色谱峰值偏右，这意味着其轻质组分含量相对较少，而重质组分含量较高（图 5.19）。这种页岩的组成以黏土矿物和矿物碎屑为主。其中，矿物碎屑主要包括石英、长石和云母等，它们的重量占据了页岩总重量的绝大部分。由于重质组分含量高，这类页岩的密度较大，孔隙度较小，对于油气储集来说，其潜力相对较低。混合质纹层型页岩的色谱中，C_{19} 以下的轻质组分较多。这种页岩具有明显的纹层结构，纹层的主要成分是黏土矿物。其中，蒙脱石和伊利石是主要的黏土矿物成分。这种页岩的轻质组分含量高，孔隙度较大，对于油气储集来说，其潜力相对较高。夹层型页岩的色谱中，各组分含量相当。这种页岩的组成复杂多样，既包括轻质组分，也包括重质组分。不同类型的页岩其组成和性质都有所不同，对于油气储集来说，纹层型页岩具有较大的潜力，而基质型页岩和夹层型页岩则需要结合具体的地质条件进行评价。

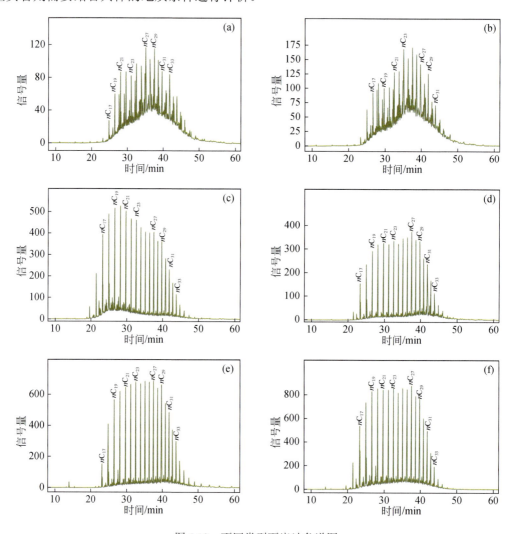

图 5.19　不同类型页岩油色谱图

（a）和（b）为基质型；（c）和（d）为混合质纹层型；（e）和（f）为夹层型

第四节　页岩油赋存地质控制因素

本节在页岩油赋存状态和赋存量分析的基础上，分析页岩矿物组成、物性以及有机质含量和成熟度对不同类型页岩油含油量差异及赋存状态差异的影响，总结页岩油赋存的地质控制机理。

一、矿物组成的影响

页岩中的矿物组成对于其总含油量和游离油量具有显著的影响。矿物组成的多样性使得不同类型的矿物对于页岩油的产生、储存和释放有着不同的作用。其中，长英质矿物和碳酸盐矿物的含量增加，对于页岩油的含量和游离油量的提升具有积极的影响。长英质矿物和碳酸盐矿物在页岩中起到孔隙度和渗透率的提高作用，有利于页岩油和游离油的储存和释放。

页岩油的含油性与页岩有机/无机矿物组成及孔隙结构密切相关。从饱和油样品的核磁共振结果中计算得到的游离油、吸附油含量与各类矿物含量的相关性图（图5.20）中分析，游离油含量具有随着长英质矿物含量增加而增大的趋势，与黏土矿物含量和碳酸盐矿物含量没有明显的相关性。分析认为长英质矿物中长石矿物在有机-无机相互作用下容易产生溶蚀孔隙对孔隙体积增加起到积极作用。同时，相对稳定的不易被溶蚀的石英颗粒之间相互支撑，起到刚性支架的作用，为孔隙增加抗压实能力，使纳米级孔隙在深埋环境下得以保存，而这些孔隙为页岩油提供了良好的赋存空间而得以保存下来。

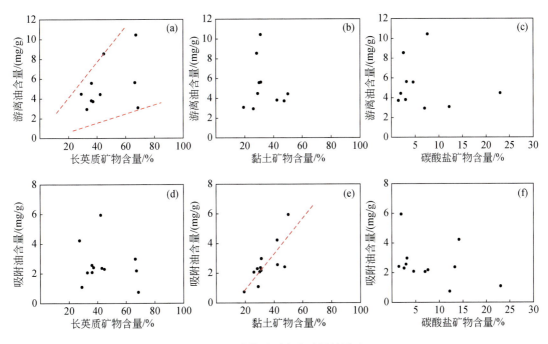

图 5.20　矿物对页岩含油量的影响

值得注意的是，矿物组成的分布和变化在不同的页岩储层中具有差异性。因此，对于不同地区的页岩储层，在开发过程中需要针对其特定的矿物组成特点，采取相应的技术和方法，以最大限度地提高页岩油的产量。

二、物性的影响

页岩油的赋存受到其他因素的影响，其中孔隙度的影响尤为显著。在一定的地质条件下，随着孔隙度的增加，页岩中的总含油量也会相应地提高。这是因为孔隙度越大，页岩中的储油空间就越大，所能赋存的页岩油也就越多（图 5.21）。

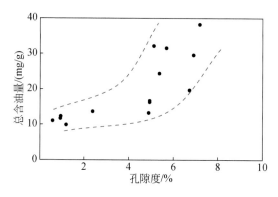

图 5.21 孔隙度对页岩总含油量的影响

孔隙度也影响着游离油的赋存，如图 5.22 所示，游离油量与孔隙度之间具有良好的正相关性，随着孔隙度的增加，游离油量也呈现增加的趋势。

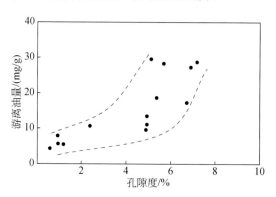

图 5.22 孔隙度对页岩游离油含量的影响

页岩游离油量与页岩的平均孔径和总含油量密切相关。一般来说，平均孔径越大，页岩中的游离油量就越大，同时总含油量也会相应增加。因此，页岩油的富集区往往也是页岩游离油的富集区。

三、有机地化特征的影响

总有机碳（TOC）含量也是影响页岩油赋存的重要因素。总有机碳反映了页岩中有机质丰度，直接影响到页岩油的生成和储集。随着 TOC 的增加，页岩中的总含油量呈现出先增加后降低的趋势（图 5.23）。当 TOC 小于 4%时，总含油量随 TOC 增加而增加；当 TOC 大于 4%时，总含油量随 TOC 增加而减小。这是因为 TOC 高的页岩通常形成于深湖-半深湖环境中，这些页岩储层致密，纹层不发育，矿物成分主要以黏土矿物为主。而相对于低 TOC 的页岩，这些高 TOC 的页岩孔隙不发育，使得其含油量出现降低的现象。

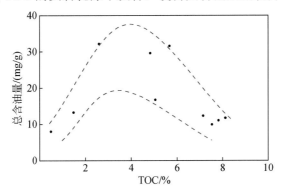

图 5.23　TOC 对页岩总含油量的影响

游离油的含量不仅受到地质条件、沉积环境等多种因素的影响，还与 OSI 有密切关系。OSI 是评价页岩油可动性的一种重要指标，其数值越高，说明页岩油的可动性越好，开发效益也就越高。

在国际上，OSI 大于 100mg/g 通常被作为页岩油可动性的下限标准。只有当 OSI 大于 100mg/g 时，页岩油才具备较好的开发价值。由于我国的页岩油地质条件、储层特性等与国外存在一定差异，虽然 OSI 大于 100mg/g 的标准并未被普遍接受，但已有部分油田将 OSI 大于 75mg/g 作为页岩油的可动门限，因此需要根据实际情况调整界限标准。

通过观察图 5.24 可以发现，随着 OSI 的增加，储层中的游离油量呈现出一种先降低后增加的趋势。这主要是因为，当 OSI 较低时，页岩油并未完全填满页岩内的孔隙，而当 OSI 达到一定程度，页岩油开始逐渐被排出，当 OSI 继续增加，超过一定阈值时，页岩油的流动性会突然好转，游离油量也会相应增加。

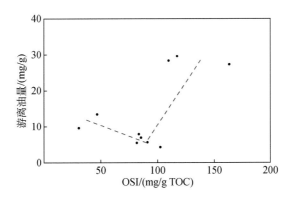

图 5.24　页岩游离油影响因素（有机质）

值得注意的是，图 5.24 中相关性发生转变的点在 OSI 大于 100mg/g 时。这表明，当 OSI 小于 100mg/g 时，储层中的页岩油流动性较差，开发难度较大。因此，对于 OSI 小于 100mg/g 的页岩油储层，需要通过改进开发技术、提高采收率等措施，来提高开发效益。同时，这也为我国在页岩油勘探和开发过程中，如何合理设定 OSI 标准提供了重要参考。

第五节　页岩油可动性定量评价

页岩油可动油含量是页岩油储层评价的关键参数之一，可动油含量直接决定了页岩油产量。游离油是当前技术条件下的可开发资源的最大潜力，但游离油并不等于可动油，页岩油可动性定量表征在页岩油资源评价和甜点优选中起着关键作用。本节主要利用二维核磁结合离心技术定量表征不同类型页岩油储层的可动性及可动量差异。

一、页岩油可动性评价方法

核磁共振技术作为一种先进且实用的技术手段，能够有效地建立页岩孔隙系统与其流体渗流特性之间的有机联系。通过这一技术，可以对页岩油渗流过程进行实时、动态的监测，包括储集空间大小等各项变化，从而为页岩油的开采和利用提供科学依据。在本节的研究中，将核磁共振技术与离心实验相结合，以此来定量评价页岩油的可流动量及其比例。这种方法不仅能够提高评价的准确性，还可以进一步揭示页岩油渗流的规律，为今后的研究提供参考。

离心法是一种广泛应用的实验技术，它主要用于评价储层和非常规储层孔隙流体的可动性。在离心过程中，能够被离心机分离出来的流体被认为是可动流体，这些流体在离心力的作用下能够较为容易地从岩心中流出，通常包括轻质烃和部分重质烃。而离心后依然残留在岩心内的流体则被视为束缚流体，也被称为不可动流体。这些流体由于受岩石内部矿物的吸附作用或者孔隙结构的限制，无法在离心力的作用下自由流出。离心法的应用并不仅限于对可动流体的分离和识别，通过离心力的变化，还可以对页岩油的可动量进行评价。一般来说，离心力越大，能够被分离出来的可动流体比例就越高，对流体的密度和黏度的分离效果就越明显，轻质烃和部分重质烃能够更容易地从岩石中流出。

对饱和正十二烷后的样品分别使用 4 种转速（4000r/min、6500r/min、9000r/min、12000r/min）对样品进行离心。随后，利用核磁共振获得离心后流体的信号强度。

观察图 5.25 可知，洗油后的样品中游离油区域的信号完全消失 [图 5.25（a）]，吸附油区域的信号急剧下降但仍存在，说明极性较强的油被吸附或油被物理捕获在孤立的纳米孔隙中。在经过加压饱和正十二烷后，这两个区域出现较强的信号 [图 5.25（b）]，说明成功将正十二烷注入样品中。经过离心后 [图 5.25（c）～（f）]，游离油区域的信号开始减少，且随着离心力的增大，T_2 弛豫时间较大的范围内即在大孔隙中的油的振幅信号逐渐变得不可见，且可动油信号主要位于 $T_1/T_2=1$ 线与 $T_1/T_2=10$ 线之间，而吸附油的 T_1-T_2 图具有 T_1 分布伸长和 T_2 值范围窄的特点。

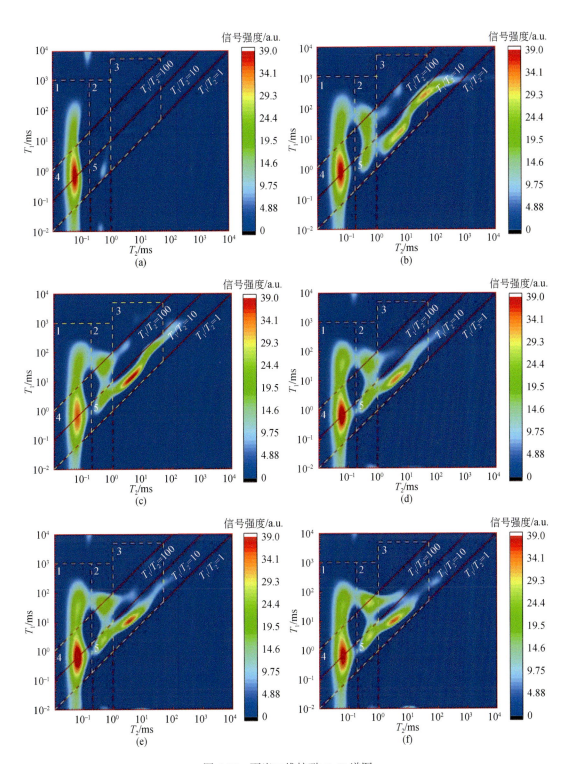

图 5.25 页岩二维核磁 T_1-T_2 谱图

（a）洗油后；（b）饱和油；（c）离心 4000r/min；（d）离心 6500r/min；（e）离心 9000r/min；（f）离心 12000r/min

二、页岩油可动性定量分析

本书中对各种不同类型的样品进行了统计分析，得出了在饱和油状态下核磁共振-离心实验结果中的页岩油可动性情况（图 5.26）。从可动油量来看，混合质纹层型页岩样品具有最高的可动油量，其次是夹层型页岩，基质型页岩则具有最低的可动油量。这一现象与泥页岩裂缝和层间缝发育规模密切相关。在饱和油状态下，泥页岩通过核磁共振 T_2 谱显示出混合质纹层型页岩后峰较为明显发育。这部分对于增加页面上移流体能力起着重要作用。因此，在裂缝和层间缝发育程度较高时，如混合质纹层型页岩中存在大量裂缝和层间缝时，则其可动油量会更高。夹层型页岩比基质型页岩具有更多可动性，这主要归结于孔隙度对于增加页面上移流体能力所起到的贡献。孔隙度越大，可动性也就越高。

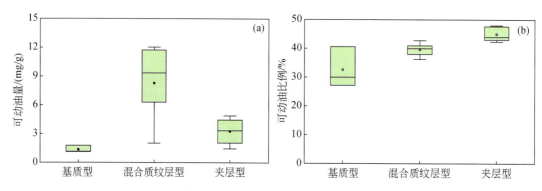

图 5.26　不同岩相页岩油可动性统计

(a) 可动油量；(b) 可动油比例

从页岩油可动油比例来看（图 5.26），夹层型页岩可动油比例最高，混合质纹层型页岩其次，基质型页岩最低；即对应了前述富黏土的泥页岩，页岩油可动性越差的结论。

本书通过对多种不同类型的样品进行详尽的统计分析，深入研究了在饱和油状态下核磁共振-离心实验结果中页岩油的可动性情况［图 5.26（a）］。通过数据对比分析，混合质纹层型页岩样品在可动油量上表现出显著的优势，其可动油量远高于夹层型页岩和基质型页岩。这一现象的产生与泥页岩裂缝和层间缝发育规模有着密切的关联。

进一步研究发现，在饱和油状态下，泥页岩通过核磁共振 T_2 谱显示出混合质纹层型页岩后峰的明显发育，这一点对于增强页面上移流体能力起着至关重要的作用。因此，当裂缝和层间缝发育程度较高时，其可动油量将会进一步提高。

此外，夹层型页岩的可动油量高于基质型页岩，这主要得益于孔隙度对于增加页面上移流体能力所起的积极作用。孔隙度越大，流体在页岩中的可动性也就越高。这一点进一步证明了孔隙度在页岩油可动性中的关键作用。

为了全面评估各地层页岩油的含油性，对各个深度页岩油的含油量进行了详细的统计分析。如图 5.27 所示，发现 WY-1 井的含油量剖面具有一定的特点。具体来说，在第 4～6 小层和第 12、13 小层，WY-1 井的页岩油总含油量和游离油含量均相对较高。这说明这些小层具有较好的储油条件，是勘探和开发页岩油的优势储层，在这些小层进行开采，能够获得较高的产量。然而，虽然第 1、2 小层的总含油量也相对较多，但其游离油含量却是最少的（表 5.2）。这一现象表明，这些小层的油藏具有较差的可动性，即油藏中的游离油难以被开采出来。因此，在制定页岩油开发优先级时，不建议将第 1、2 小层作为优先开采的目标。

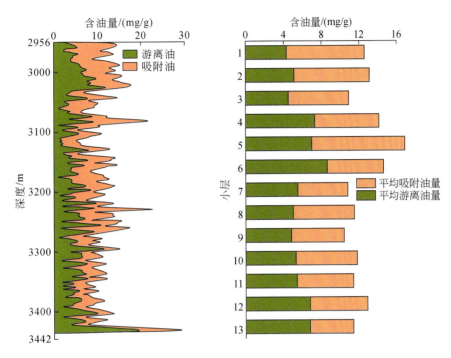

图 5.27　WY-1 井的含油性剖面

表 5.2　WY-1 井各小层含油性统计

小层	平均游离油量/（mg/g）	平均吸附油量/（mg/g）	平均总含油量/（mg/g）	游离油比例/%
1	4.3	8.3	12.6	34.13
2	5.1	8.0	13.1	38.93
3	4.5	6.4	10.9	41.28
4	7.3	6.8	14.1	51.77
5	7.0	9.9	16.9	41.42
6	8.6	6.0	14.6	58.90
7	5.5	5.3	10.8	50.93
8	5.0	6.5	11.5	43.48
9	4.8	5.6	10.4	46.15
10	5.3	6.5	11.8	44.92
11	5.4	6.0	11.4	47.37
12	6.8	6.1	12.9	52.71
13	6.8	4.6	11.4	59.65

WY-4 井的含油性剖面（图 5.28）清晰地揭示出，在各个小层中，第 5、6 小层、第 9 小层、第 11～13 小层的储油特性尤为显著，这些小层不仅是页岩油赋存的主要储层，同时也拥有较高的游离油含量，确定为优势储层。相较于其他小层，第 1、2 小层的游离油含量最少，这使得其可动用性相对较差，开发潜力有限。

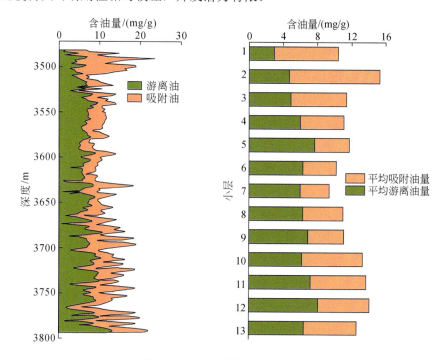

图 5.28　WY-4 井的含油性剖面

根据统计数据（表 5.3），WY-4 井的第 5～7 小层和第 9 小层的游离油比例显著高于其他层位，表现出卓越的可动性。这一特点使得这些小层在开采过程中能够更有效地释放油藏能量，从而提高产能和经济效益。同时，第 11～13 小层的游离油含量最为丰富，平均超过 6mg/g，显示出该层位具有极高的油藏价值。在后续的开发过程中，可以根据这些层位的特点，制定合理的开采策略和工艺技术，最大限度地挖掘油藏潜力，实现高效开发。

表 5.3　WY-4 井各小层含油性统计

小层	平均游离油量 /（mg/g）	平均吸附油量 /（mg/g）	平均总含油量 /（mg/g）	游离油比例 /%
1	2.9	7.5	10.4	27.88
2	4.7	10.6	15.3	30.72
3	4.9	6.5	11.4	42.98
4	6.0	5.1	11.1	54.05
5	7.7	4.0	11.7	65.81
6	6.3	3.9	10.2	61.76
7	6.0	3.4	9.4	63.83

续表

小层	平均游离油量 /（mg/g）	平均吸附油量 /（mg/g）	平均总含油量 /（mg/g）	游离油比例 /%
8	6.3	4.7	11.0	57.27
9	6.9	4.2	11.1	62.16
10	6.2	7.1	13.3	46.62
11	7.2	6.5	13.7	52.55
12	8.1	6.0	14.1	57.45
13	6.4	6.2	12.6	50.79

　　WY-5 井的含油性相较于其他井存在一定差异（图 5.29），尤其在第 5 小层、第 8 小层、第 10 小层、第 12 小层，其总含油量和游离油含量均呈现出较高值，这些层位是页岩油富集的优势储层。然而，与 WY-1 井和 WY-4 井相比，WY-5 井的第 1、2 小层的总含油量和游离油含量均偏低，这导致其储量和可动用性相对较差。进一步的统计数据显示（表5.4），WY-5 井的第 5 小层、第 10 小层的游离油比例明显高于其他层位，这一特点展现了这些小层页岩油具有良好的可动性。同时，第 5 小层、第 10 小层的游离油含量最为丰富，平均水平超过 8mg/g，这一结果明确揭示了该层位具有较高的开发价值。

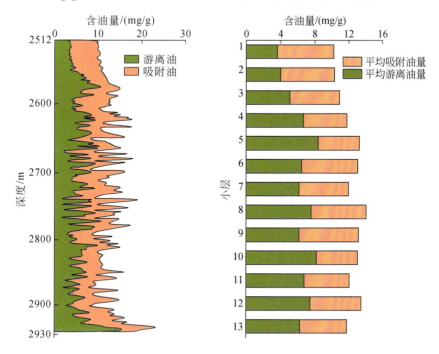

图 5.29　WY-5 井含油性剖面

　　综上所述，WY-5 井的含油性在各个小层之间存在明显差异，其中第 5、8 小层和第 10～12 小层在总含油量和游离油含量上表现尤为突出，不仅体现了其作为优势储层的潜力，也揭示了其具有极高油藏价值的可能性。

表 5.4　WY-5 井各小层含油性统计

小层	平均游离油量 /（mg/g）	平均吸附油量 /（mg/g）	平均总含油量 /（mg/g）	游离油比例 /%
1	3.6	6.6	10.2	35.29
2	4.0	6.3	10.3	38.83
3	5.1	5.8	10.9	46.79
4	6.7	5.1	11.8	56.78
5	8.4	4.9	13.3	63.16
6	6.5	6.6	13.1	49.62
7	6.2	5.8	12.0	51.67
8	7.6	6.5	14.1	53.90
9	6.2	7.0	13.2	46.97
10	8.2	4.9	13.1	62.60
11	6.8	5.3	12.1	56.20
12	7.5	6.0	13.5	55.56
13	6.3	5.5	11.8	53.39

　　WY-8 井和 WY-5 井的含油性分布具有较高的相似性，WY-8 井的第 1、2 小层的总含油量和游离油含量均明显偏低，这导致了该井的储量和可动用性相对较差。相比之下，在第 5 小层、第 10～13 小层，WY-8 井的总含油量和游离油含量均达到了最高值，这些层位成为了页岩油富集的优势储层（图 5.30）。

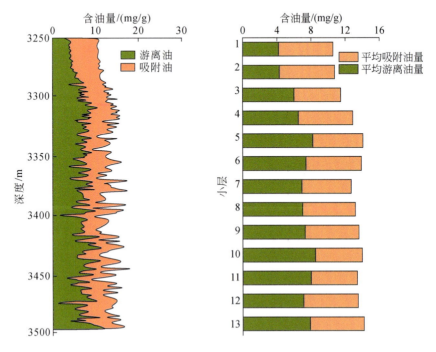

图 5.30　WY-8 井含油性剖面

进一步的统计数据显示（表 5.5），在 WY-8 井中，第 5 小层、第 10、11 小层的游离油比例明显高于其他层位，这一特点充分展现了这些层位卓越的可动性。这是由于这些小层中的页岩油具有较高的渗透性和孔隙连通性，使得游离油能够更有效地被开采出来。同时，第 6 小层、第 9 小层、第 10～13 小层的游离油含量也很丰富，平均水平超过 7mg/g，这一结果明确揭示了该层位具有极高的油藏价值。

表 5.5　WY-8 井各小层含油性统计

小层	平均游离油量 /（mg/g）	平均吸附油量 /（mg/g）	平均总含油量 /（mg/g）	游离油比例 /%
1	4.2	6.4	10.6	39.62
2	4.3	6.5	10.8	39.81
3	6.0	5.5	11.5	52.17
4	6.5	6.4	12.9	50.39
5	8.2	5.9	14.1	58.16
6	7.4	6.5	13.9	53.24
7	6.9	5.8	12.7	54.33
8	7.0	6.2	13.2	53.03
9	7.3	6.3	13.6	53.68
10	8.5	5.5	14.0	60.71
11	8.0	5.4	13.4	59.70
12	7.1	6.4	13.5	52.59
13	7.9	6.3	14.2	55.63

第六节　页岩油可动条件与可动下限

本节主要通过页岩油可动条件与可动下限的研究明确了不同类型页岩油可动油赋存的孔隙空间和孔径大小，并对页岩油可动性的主控因素进行了分析，为页岩油储层甜点预测提供了基础。

一、弛豫时间与孔径转换

在均匀磁场中，孔径的大小在很大程度上影响着横向弛豫时间的长短。原子核在外部磁场作用下，横向磁化矢量恢复到原始状态所需的时间不同，当孔径较大时，横向弛豫时间相对较长。孔径与横向弛豫时间（T_2）之间的关系可以通过式（5.3）来表示，即两者之间存在一种正比例线性关系，其中表面弛豫因子 C 是将 T_2 值转换为孔径的关键参数。

本书采用核磁共振-高压压汞-氮气吸附联合标定的方法，将 65nm 作为分界线，对小于 65nm 的孔隙采用低温氮气吸附实验测试得出的孔径分布曲线，对大于 65nm 的孔隙采用高压压汞实验的测试结果，对一维核磁 T_2 谱进行标定，将 T_2 值转换为孔径，从而利用核磁共振技术直观地表征页岩油的赋存孔径，标定的结果显示，该地区页岩油储层岩石的表面弛豫因子 C 的值大约为 10（图 5.31）。

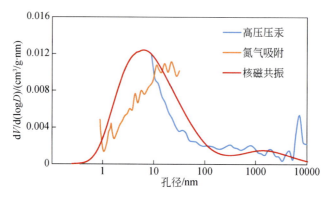

图 5.31　不同方法得到的页岩孔径分布曲线

V 为孔隙体积，cm^3；D 为孔隙直径，nm

二、页岩油可动下限

离心-核磁共振测试能够有效地分析页岩油的可动性与可动条件。对饱和状态、各转速下离心状态以及洗油后的干样状态的样品进行一维核磁共振测试，如图 5.32 所示，为典型页岩样品饱油-离心-洗油三状态核磁共振 T_2 谱。观察图 5.32 可知，自饱和油状态开始，离心过程汇总随离心转速的增大，样品的核磁共振 T_2 谱信号的幅度逐渐降低，整体上呈现出向左下方收敛的趋势。其中，最左边的 p1 峰的变化几乎可以忽略不计，而中间的 p2 和最右边的 p3 峰的信号幅度则出现了十分明显的降低。通过计算各状态时 T_2 曲线之间的积分差值面积，可以准确地表征出页岩油的可动量。

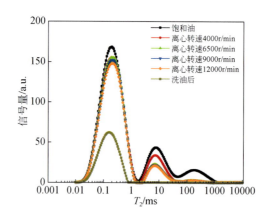

图 5.32　典型页岩样品饱油-离心-洗油三状态核磁共振 T_2 谱

此外，随着离心转速的增加，在孔径小于 1nm 时，页岩中的核磁信号量基本不发生变化。因此，本书认为赋存在小于 1nm 的孔隙中的页岩油是不可动的，并根据不同孔径区间内离心处理时的信号变化特征，将页岩的孔径分为 4 个区域（图 5.33），来研究页岩油的可动性。其中区域Ⅰ为孔径小于1nm，区域Ⅱ为孔径1～20nm，区域Ⅲ为孔径20～300nm，区域Ⅳ为孔径＞300nm。在此基础上，对不同区域的离心、饱和油以及洗油后的 T_2 信号量进行了积分处理，以便更准确地计算各个孔径范围内可动油与不可动油占总含油量的比例。

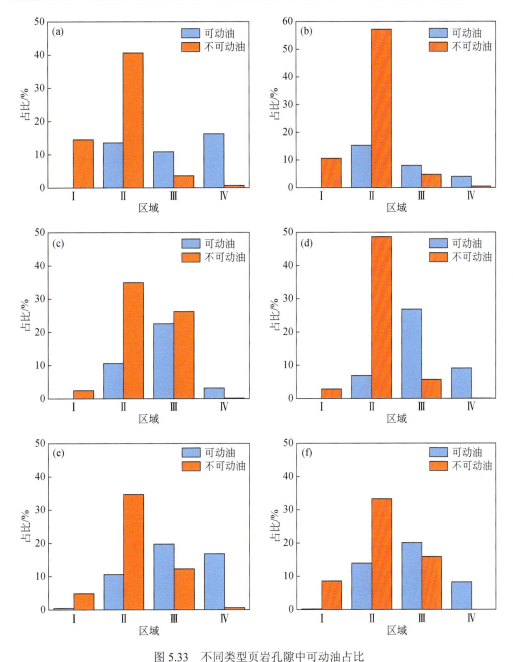

图 5.33 不同类型页岩孔隙中可动油占比

（a）（b）基质型页岩；（c）（d）混合质纹层型；（e）（f）夹层型页岩

从图 5.33 中我们可以观察到 4 个明显的区域。在区域Ⅰ内（孔径小于 1nm），页岩油在 12000r/min 的转速下基本上都是不可动的。这部分不可动油主要吸附在有机质、黏土矿物等纳米孔隙中，形成了类固体状态的吸附油。在这个孔径范围内，页岩油与孔隙的相互作用非常强烈，使得油很难流动。

区域 II 内（孔径 1～20nm）页岩油中出现了部分可动油，占比约为 10%。虽然大部分仍为不可动油，但不同岩相不可动油占比差距较大。在这个区域内，不可动油比例最高的为基质型页岩，其次是混合质纹层型页岩，而夹层型页岩的不可动油比例最低即可动油比例最高。这一现象与基质型页岩中较高的黏土矿物含量有关。一方面黏土矿物的强吸附性易形成吸附油的聚集，另一方面较小的黏土矿物颗粒间孔隙限制了原油的流动。

进一步观察区域 III（孔径 20～300nm），可以发现可动油的占比普遍高于不可动油。这意味着在这个孔径范围内，页岩油流动性较好，油与孔隙之间的相互作用较弱。而在区域 IV 内（孔径＞300nm），最大离心转速下，几乎所有的页岩油都能流动。这说明在这个孔径范围内，页岩油的流动性非常好，油与孔隙之间的相互作用较弱，因此油可以很容易地从孔隙中流出。

综上所述，该地区页岩油的可动性在很大程度上受孔隙结构的控制作用，在不同类型的储层中均表现为在孔径＜1nm 的孔隙中，页岩油基本上全部不可动；在孔径介于 1～20nm 的孔隙中，页岩油仍难以动用，其中可动油仅占 10%左右，约 90%的油仍为不可动油；而在孔径＞20nm 的中大孔隙中，可动油的比例超过不可动油，整体上可动性较强，为页岩油的主要产出区域，具有较高的勘探开发潜力。

三、页岩油可动性主控因素

页岩油的可动性受到多种因素的控制，使得页岩油的可动性研究变得极为复杂。从矿物组成的视角来看，泥页岩中黏土矿物含量较低，而长英质矿物和碳酸盐矿物含量较高时，其页岩油的可动比例通常相对较高。这是因为黏土矿物在页岩中含量过高时，微小孔的含量也会随之增多，孔隙结构变得更加复杂，非均质性也更加强烈。这种复杂的孔隙结构对于页岩油的流动造成了极大的阻碍。因此，黏土矿物含量的增加会导致可动油比例迅速降低（图 5.34）。

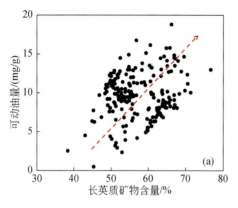 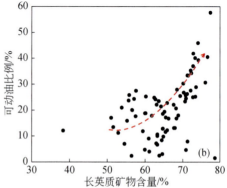

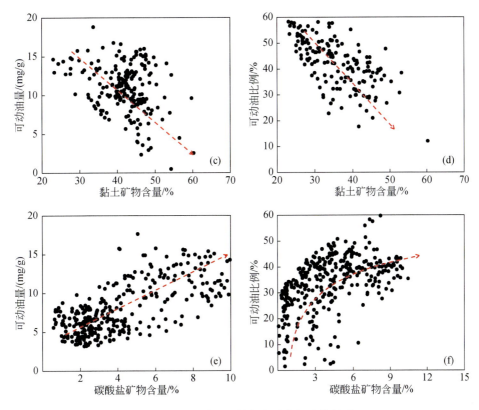

图 5.34　页岩油可动性与各矿物组分的关系

另外，长英质矿物含量的增加对于页岩油可动油比例的影响是先降低后增加。当长英质矿物含量在 0%～60% 之间时，长英质矿物含量的增加会导致可动油百分比降低。这是因为，长英质矿物含量较低时，其对页岩孔隙结构的发育影响较小，页岩油的可动性受到限制。然而，当长英质矿物含量大于 60% 时，页岩的大孔隙发育较为完善，有利于页岩油的流动，长英质矿物含量的增加会导致可动油比例显著增加。因此，富长英质泥页岩的可动油比例较高。

页岩油的流动性还受到其他诸多因素的影响，如页岩的成熟度、埋藏深度、构造应力等。这些因素在不同的地质条件下，对页岩油可动性的影响程度可能会有所不同。

如图 5.35 所示，随着 R_o 的不断提高，可动油量呈现明显的增加趋势。从图 5.35 中可以观察到，R_o 在一定范围内增加时，可动油量的增幅较为显著。这是因为在 R_o 较低的情况下，原油中的胶质、沥青质等高分子物质含量较多，导致原油的流动性较差，不易流动。而随着 R_o 的提高，这些高分子物质逐渐降解，原油的流动性得到显著改善，从而使得可动油量增加。

值得注意的是，在成熟度过高时，可动油量的增幅逐渐减缓，甚至趋于平缓。这是因为当 R_o 过高时，原油中的轻烃组分逐渐减少，重烃组分增加，导致原油的密度增大，流动性降低，从而使得可动油量的增加速度放缓。

综上所述，通过分析可动油量随 R_o 变化的趋势，可以对油气藏的产能潜力进行更为准确的评估，并为油气藏的开发提供科学依据。在实际勘探开发过程中，应根据油藏特性、地质条件等多种因素，合理选择成熟度，以实现油气藏的高效开发。

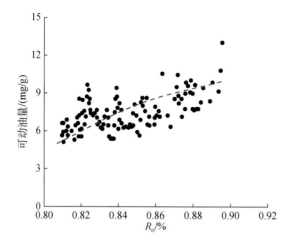

图 5.35　可动油量与 R_o 的关系

第六章 页岩油富集条件与超甜点预测

北部湾盆地涠西南凹陷是我国南海北部最主要的页岩油勘探开发区域之一。随着我国海上第一口页岩油探井在涠西南凹陷获得商业油流,海上页岩油展现了广阔的开发前景(胡晨晖,2022;徐长贵等,2022;邓勇等,2023)。为了更好地预测页岩油资源潜力和寻找勘探开发甜点,研究页岩油富集要素并归纳总结页岩油富集模式至关重要。本章以北部湾盆地涠西南凹陷古近系页岩油为研究对象,系统梳理页岩油富集控制因素和富集规律,总结涠西南凹陷海上页岩油富集模式,开展页岩油储层地层压力预测,提出海上页岩油超甜点概念,形成了涠西南凹陷页岩油地质工程一体化综合超甜点评价标准体系,为我国海上页岩油勘探靶点预测提供理论依据。

第一节 页岩油富集控制因素

页岩油的富集规律与富集模式往往受多种因素的共同制约与影响,各沉积盆地内的页岩油储层的富集规律也展示出了多样化的特征。以美国的二叠(Permian)盆地和西部海湾(Western Gulf)盆地为代表的北美地区,页岩油的富集具有以下特点:①储层大面积连续分布且多形成于宽缓构造背景下,且含油层厚度整体较大;②岩性复杂且区域性致密顶底板控制页岩油分布;③脆性矿物含量高,黏土矿物含量低;④裂缝发育密度大,且裂缝类型多样,有利于组成复杂的缝网系统;⑤热成熟度较高,总有机碳普遍较高,具有良好的生烃能力;⑥储层孔隙度高,含油饱和度高;⑦地层原油黏度低,流动性能与可动性较好;⑧地层压力系数高,能量充足,有利于页岩油的开采(黎茂稳等,2019;李志明等,2015;赵文智等,2023)。

而我国的页岩油储层主要发育在陆相沉积盆地中(杨华等,2016;李国欣等,2022;Guo et al.,2022),与北美地区的页岩油储层相比,有着以下几个明显的特点:①储集层横向均质性较强,连续性偏差,厚度偏小;②储层岩性复杂;③黏土矿物含量高,脆性矿物含量低,不利于开展压裂工作;④热演化程度和有机质含量都偏低,整体的生烃能力和生烃潜力不及北美地区;⑤原油密度和黏度偏高,原油本身的流动性能较差;⑥地层压力系数整体低,但局部存在异常高压;⑦部分区块页岩油井生产过程中存在乳化、结蜡、盐析和凝析现象,对产能会有不利的影响。系统对比国内外不同页岩油富集条件,可发现不同的储层岩石的矿物组分、孔隙结构发育情况以及裂缝发育情况对于页岩油的富集具有重要影响,是制约页岩油富集程度的主要因素(张林晔等,2014;柳波等,2018;赵贤正等,2018;胡素云等,2022;孙龙德等,2023;Yang et al.,2024)。针对北部湾盆地涠西南凹陷页岩油储层,本节重点探究矿物组分的影响、储集空间的影响及页岩油差异富集模式。

一、矿物组分的影响

矿物组分是控制页岩油富集的最主要的地质因素之一。对于所述的北部湾盆地的页岩油储层，矿物组分是岩相划分的直接依据，不同类型的页岩储层中矿物组分也有较大的差异。总地来说，该地区页岩油储层中的矿物类型以为长英质矿物、黏土矿物和碳酸盐矿物为主，不同的矿物类型对于页岩油孔缝储集空间的形成与保存、页岩油的赋存状态与赋存量都有着差异化的影响。前文中已经利用 XRD 与 BP 神经网络预测技术对该地区的矿物组分进行了定量测试，并利用核磁共振技术对不同类型的页岩进行了含油量测试。分析了典型样品的总含油量、游离油含量与各矿物组分的关系。

北部湾盆地涠西南凹陷页岩油储层总含油量、游离油含量与长英质矿物的含量呈现出了明显的正相关关系，而与黏土矿物的含量展示出了较强的负相关性。这是因为石英和长石的大面积发育更有利于形成颗粒间孔隙、粒内孔隙以及长石溶蚀溶解等较大的孔隙，为页岩油提供了充足的存储空间，有利于页岩油的大面积聚集，同时石英与长石矿物表面对油的吸附能力较弱，且润湿性偏水湿，不利于吸附油的连续性聚集，是有利于游离油赋存的甜点矿。

相较于石英和长石矿物，黏土矿物对有机质和液态烃有着较强的吸附能力，在页岩内部很容易形成团块状或条带状的有机质-黏土聚集体，聚集体内部及表面极易形成大面积的吸附油层。同时，黏土矿物含量的增多也意味着刚性矿物的含量对应减少，不利于孔隙结构的保存，极易造成原有的孔隙结构被压缩。而黏土矿物内部及其边缘虽然会发育一定数量的微裂缝，但多数裂缝表面会由于其较强的吸附能力而形成吸附油聚集带，所以总含油量与游离油含量均随黏土矿物含量的增大而降低。此外，这些样品的总含油量与游离油含量均随着碳酸盐矿物含量的增加而增大，这说明虽然该区域的页岩油储层中碳酸盐矿物（主要是白云石和方解石）的含量整体较少，但其对页岩油富集的影响仍不容忽视。页岩内的碳酸盐矿物在有机酸、地层水等酸性物质的影响下，能够形成较多的溶蚀孔隙及少量的溶蚀边缘缝，为游离油的赋存提供了更多的空间。

二、储集空间的影响

储集性能是决定页岩油储层含油性最为重要的因素，衡量页岩油储层储集性能最直接的参数就是孔隙度，利用各井的测井数据结合 BP 神经网络对各井的孔隙度进行了定量预测。WY-1 井、WY-4 井、WY-5 井、WY-8 井不同类型储层孔隙度如图 6.1 所示，4 口重点井均展示出了一致的规律，孔隙度的大小顺序体现为夹层型＞纹层型＞基质型。其中基质型储层的孔隙度集中分布在 0.5%～11%，平均值为 4.6%，纹层型储层的孔隙度集中分布在 0%～12%，平均值为 6.2%，夹层型储层的孔隙度集中分布在 0%～22%，平均值为 9.7%。不同类型的储层孔隙度的差异实质上反映的是矿物组分与沉积环境的不同，基质型储层发育大量连续的黑色泥页岩，且均质性较强，整体上无特殊构造，所以其孔隙度最小。而纹层型储层内则发育有较多的砂质条带，且有较多的层理缝、纹层缝出现，在一定程度上改善了储层的孔隙空间，相较于基质型储层，其孔隙度得到了大幅提升，但在垂向上分布不均匀，砂质条带的孔隙度明显高于黑色泥页岩。夹层型储层则是出现了更多、更厚的砂质小层，砂地比最高，故其整体的孔隙度也是最高的。

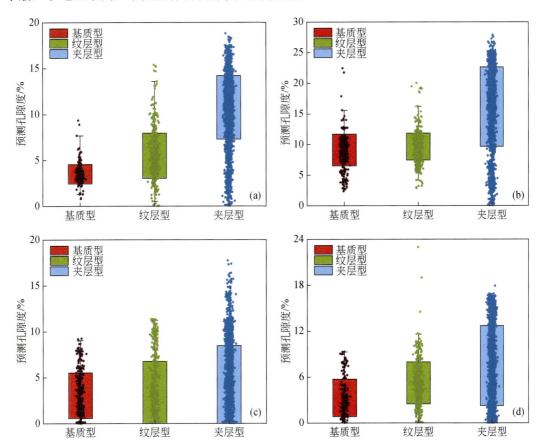

图 6.1　WY-1 井、WY-4 井、WY-5 井、WY-8 井不同类型储层孔隙度

从孔隙度的角度来看，纹层型储层和夹层型储层无疑是更好的页岩油储集层位，且纹层型储层内大部分仍为黑色泥页岩，具有较高的生烃能力和生烃潜力，夹层型储层的泥页岩规模整体较小，但大面积发育的砂质层为页岩油提供了最理想的储集空间。而基质型储层的黑色泥页岩虽然有着较高的生烃能力和生烃潜力，但受限于其孔隙发育情况，因此基质型储层的整体含油性和可动性不会太高，其生出的油更多的已经运移到邻近的纹层型储层和夹层型储层中并保存。

除孔隙度外，储集层的储集性能还受到孔隙分布情况以及孔隙连通性的影响，不同尺寸孔喉连通的孔隙体积决定了储集层的储集性能，储集层中较大尺寸的孔喉连通的孔隙体积越大，储集层的储集性能越好。现阶段表征页岩孔隙结构的手段可以划分为微成像法、流体侵入法、吸附法。微成像法主要包括场发射扫描电子显微镜（FE-SEM）、聚焦离子束扫描电子显微镜（FIB-SEM）、原子力显微镜（AFM）、氦离子显微镜（HIM）等，可以在纳米尺度下观察页岩样品中的孔隙大小、形态、分布等特征，但视域角度较小，无法反映样品整体的孔径分布情况。气体吸附法主要是氮气吸附法和二氧化碳吸附法两种，流体侵入方法主要是高压压汞法（HPMI）和核磁共振（NMR）法等。不同的表征方法所表征的孔径范围也各不相同，如图 6.2 所示，常用的氮气吸附法与高压压汞法表征的孔径范围有限，分为 3～300nm、3nm～10μm，而二氧化碳吸附法所表征的孔径范围更小，仅能在小于 3nm 的范围内进行有效表征。然而页岩中的多尺度孔隙的孔径分布区间较大，既发育有大量的纳米级孔隙，还发育一定数量的微米级孔隙，常用的压汞法和吸附法已无法对其进行准确地表征。

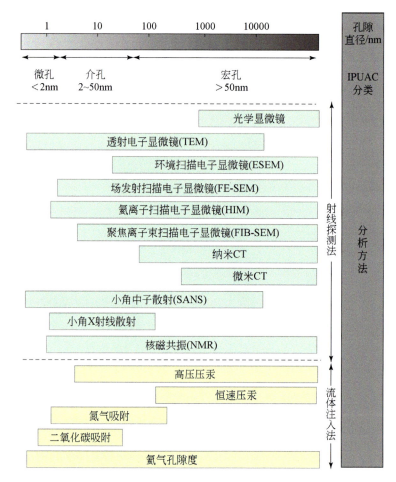

图 6.2　各孔隙结构表征方法应用范围

IPUAC 即国际纯粹与应用化学联合会

为了准确评价北部湾盆地流沙港组页岩油储集层中不同尺寸的孔隙的分布情况，利用核磁共振技术对该区域的孔隙尺寸及孔径分布进行了划分。近些年来，核磁共振法作为一种快速、便捷、无损的方法，已在岩石孔隙结构表征领域得到了广泛的应用，其较大的孔径表征范围，能够准确地对页岩储层的多尺度孔隙结构进行全尺寸精准表征。前文中已经阐述了利用核磁共振技术表征页岩孔径分布的基本原理，饱油后样品的核磁共振 T_2 谱反映的则是页岩样品的全尺寸孔隙信息，现将各类型储层的核磁共振孔隙表征结果展示如下。

如图 6.3 所示，饱油后基质型页岩油储层的孔径分布曲线呈单峰状分布，峰值在 10nm

以内，主要集中在孔径＜10nm 的区间，孔径＞10nm 的孔隙的信号很弱，说明基质型储层的孔隙主要是微孔和小孔，中大孔发育极少。

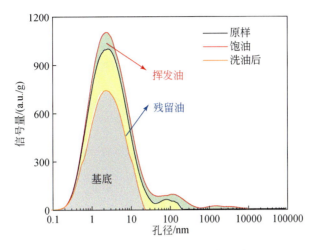

图 6.3　基质型页岩油储层孔径分布

如图 6.4 所示，纹层型页岩油储层的孔径分布曲线则呈双峰状分布，相较于基质型页岩油储层，纹层型页岩油储层的孔径分布范围变宽，孔径＞10nm 的中孔信号明显增强，说明其储集空间更为充足。

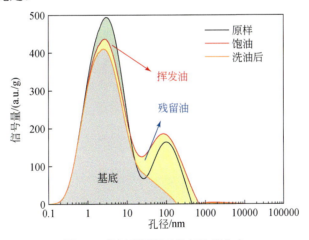

图 6.4　纹层型页岩油储层孔径分布

如图 6.5 所示，夹层型页岩油储层的孔隙进一步发育，其孔径分布曲线已经呈现出了三峰状态，孔径分布范围最宽，孔径＞500nm 的大孔信号明显增强，但仍是以小孔信号为主，小孔、中孔、大孔并存。

总地来说，从基质型到纹层型再到夹层型，核磁共振孔径分布曲线的谱峰逐渐右移，小孔含量逐渐降低，中孔-大孔含量显著增加，储层的储集空间发育情况愈发良好。对各类型储层的孔径分布信息进行了分类划分与定量统计，基于核磁共振孔径分布曲线的面积峰的分界点，将孔隙划分为小孔（孔径＜20nm）、中孔（20nm＜孔径＜500nm）和大孔（孔径＞500nm）。如图 6.6 所示，基质型页岩油储层中以小孔为主，占比超过 70%；中孔占比仅为 20%左右；大孔占比更少，不足 10%；纹层型页岩油储层的中孔占比得到了显著提升，超过了 40%，但大孔占比仍不足 10%；夹层型页岩油储层内大孔占比提升至 20%左右，中孔占比维持在 40%，展示出了小−中−大多尺度孔隙共同发育的特点。

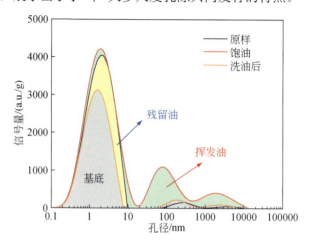

图 6.5　夹层型页岩油储层孔径分布

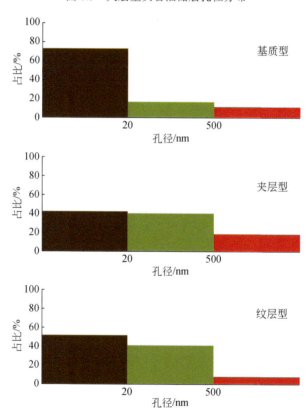

图 6.6　涠西南凹陷不同类型页岩油储层孔径分布信息统计

棕色为小孔；绿色为中孔；红色为大孔

上述孔径分布情况直接决定了页岩油在各类储层中的赋存状态与赋存量,如图6.4～图6.6,饱油后状态与原样状态之间的信号差异代表的则是轻质挥发油,原样状态与洗油后状态之间的差异则是残留油的信号,而洗油后的信号代表的则是岩石的基底以及固体有机质等物质的信号。夹层型页岩油储层轻质挥发油的比例最高,纹层型页岩油储层次之,最少的则是基质型页岩油储层,而残留油的比例在不同类型的储层中的分布情况则展示出完全相反的趋势,即基质型页岩油储层最高,其次是纹层型页岩油储层,夹层型页岩油储层最低。以上结果说明,轻质的油组分更趋向于赋存在孔径超过 20nm 的中孔隙和大孔隙内,重质的油组分主要赋存于孔径<20nm 的小孔中。

此外,裂缝的存在对于页岩油赋存于富集的影响同样不可忽略,对于页岩油来说,裂缝既是优质的储集空间又是良好的运移通道,裂缝的存在能够有效地提升储层的储集性以及可动性。为此,对各类型储层的裂缝发育情况进行了统计,如图6.7所示,基质型页岩油储层在岩心尺度上并无明显的裂缝发育,但正如前文中所述,在微观的薄片尺度和扫描电子显微电镜尺度可观察到一些纳米级和微米级的有机质收缩缝和黏土矿物层间缝等。而在岩心尺度,纹层型页岩油储层和夹层型页岩油储层均可见明显的裂缝发育,纹层型页岩油储层主要发育较多的层理缝、高角度缝及网状缝等,夹层型页岩油储层的网状缝也比较发育,这些裂缝周围聚集了较多的具有蓝色荧光特征的轻质油组分,为页岩油的规模化聚集与运移提供了有效支撑。

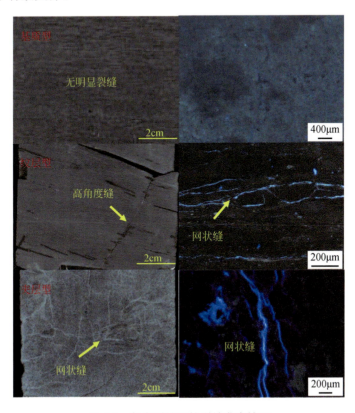

图 6.7　各类型储层的裂缝发育情况

三、页岩油差异富集模式

在不同类型页岩油储层（基质型、纹层型、夹层型），不同状态（吸附/游离）页岩油赋存机理研究的基础上，阐明不同类型储层中的吸附态/游离态页岩油的聚集差异，对于北部湾盆地页岩油的高效开发具有重要意义。本小节合孔隙结构特征、矿物组成及含油性特征等对该区域页岩油在不同类型储层中的差异富集机制进行了分析与探讨，建立岩相-孔喉-矿物三位一体的涠西南凹陷页岩油差异富集模式及分布模型（图6.8）。

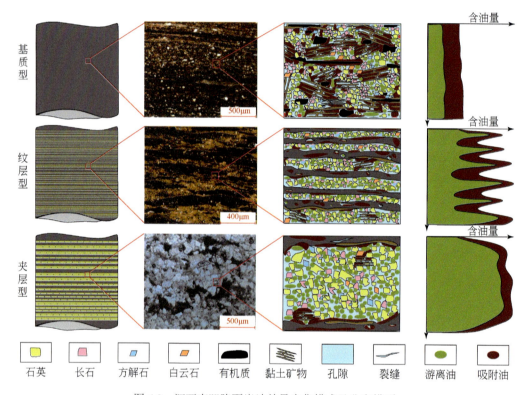

图 6.8　涠西南凹陷页岩油差异富集模式及分布模型

前人对鄂尔多斯盆地页岩油储层的研究结果表明，页岩油富集的主要控制因素为有机质富集程度，页岩中总有机碳越高，页岩油富集程度也越高。然而在北部湾盆地由于发育较多的纹层型页岩油储层和夹层型页岩油储层，砂质储层与泥页岩储层之间交错复杂，使得该地区的页岩油富集规律与鄂尔多斯盆地等地区有着较大的差异。富有机质烃源岩控制了页岩油的分布范围，纹层型页岩油储层和夹层型页岩油储层中的粉砂岩部分为页岩油提供了充足的储集空间，控制了油藏整体的规模。多类型细粒沉积间相互分布控制了甜点段空间分布，富有机质供烃和高强度持续充注控制了页岩油富集程度，四者的有效耦合是北部湾盆地涠西南凹陷页岩油大规模聚集的关键。

分析结果表明，页岩油气的富集与富有机质泥页岩和砂岩的配置关系密切。在垂向上，涠西南凹陷流沙港组自上而下发育有基质型、纹层型、夹层型三套不同类型的储集层。在基质型页岩油储层中,几乎全部为均质性很强的黑色泥页岩层,且无明显的构造特征,是天然的生烃优势层位。但受限于基质型页岩油储层的孔隙发育情况较差,孔隙以<20nm 的小孔为主,且发育有大量的有机质孔隙、黏土矿物间孔隙等,并不利于油的规模性聚集,导致基质型页岩油储层的含油性反而在三类储层中最低,且可动性也是最差的,这也说明虽然基质型页岩油储层是优质的生油层,但其生出的油多数已经运移出去。而在纹层型页岩油储层内泥质粉砂岩条带和泥页岩交相发育,其中的泥页岩提供了良好的生烃来源,粉砂质条带则成了页岩油良好的储集层,是良好的自生自储型储层,其内部的烃源岩所生成的油组分,优先被运移到粉砂质条带内的石英长石粒间孔、碳酸盐矿物溶蚀孔以及纹层缝、层理缝等较大的储集空间中,形成规模化游离油聚集。与之相对应的泥页岩条带中,因为孔隙结构发育受限且黏土矿物和有机质对油组分的强吸附能力,所以仅储集了少量的油且其中吸附油的含量较多。位于最下部的夹层型页岩油储层中,粉砂岩的比例进一步提升,部分与页岩形成大面积互层,这类砂体部分被包裹于页岩中,周缘均是富有机质页岩,砂体内的孔隙以孔径>20nm 的中孔和大孔为主,在烃源岩大规模生烃前未被碳酸盐胶结致密,则常被油气充注,既能为邻近的页岩层中生成的油气提供良好的储集空间,同时又保存了一部分来自基质型页岩油储层的油,非常有利于页岩油的大面积富集。

综上所述,北部湾盆地涠西南凹陷页岩油在三种不同类型的储层中的富集规律差异明显,整体来看,夹层型页岩油储层和纹层型页岩油储层的含油性和可动性均优于基质型页岩油储层,是该区域页岩油开采的甜点层位。

第二节 页岩油储层地层压力

近年来,页岩油气的勘探开发实践表明页岩油产量与压力系数呈正相关关系,地层超压是页岩油气井高产的基础。页岩储层内部的压力状况会对油气的赋存和流动产生重要影响,并对页岩油气的生成、运移、富集、甜点形成产生直接的影响作用。地层压力是页岩油储层综合评价的重要指标之一,通过研究页岩地层压力的分布是了解页岩油聚集规律的重要手段之一。根据声波测井资料分析页岩油储层超压响应,采用 PetroMod 软件开展涠西南凹陷页岩油地层压力场预测,为页岩油甜点预测提供基础。

一、单井压力分析

单井压力分析是识别压力纵向分布最为有效的证据。先前的研究显示涠西南凹陷地层超压与声波时差有较好的响应关系,能够较为准确地反映出钻井区地层压力的纵向分布特征。

依据以上分析思路,选择资料齐全的单井,分析 5 口单井压力,并厘定其与页岩储层类型的关系。结果显示,基质型页岩油储层原油可动性差,原位滞留,位于超压幅度最强区;混合质纹层型页岩油储层原油为上部封盖,自生自储,位于超压带底界面;夹层型页岩油储层原油为下部超压驱动,自生近储,位于压力过渡带顶面(图 6.9)。

二、压力模拟的数学模型

本书所用的是德国有机地化研究所(IES)研制的 PetroMod 软件,在地层压力史模拟恢复中主要涉及基本压力方程和增压方程两类数学模型。

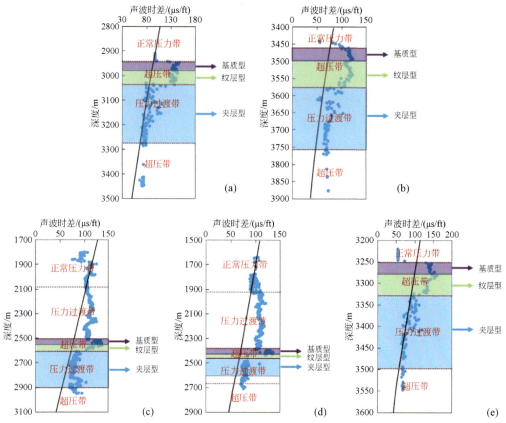

图 6.9 各典型单井页岩储层类型及声波时差分布

（a）WY-1 井；（b）WY-4 井；（c）WY-5 井；（d）WY-7 井；（e）WY-8 井；1ft=3.048×10^{-1}m

1. 压力方程

在模拟系统中，压力模拟是建立在瞬态方程的基础上，将压力作为时间与深度的函数，由达西定律与遵守质量守恒的连续性方程结合而得。

1）质量守恒方程

质量守恒方程假定在流体流动时，质量保持不变，其数学表达式为

$$-\nabla \cdot \rho v = \frac{\partial}{\partial t}(\rho \phi) + q \tag{6.1}$$

式中，$-\nabla = \dfrac{\partial}{\partial x_i}, i = 1, 2, \cdots, n$；$\rho$ 为密度，kg/m^3；v 为速度，m/s；ϕ 为孔隙度，%；q 为流体源项。

2）质量状态方程

质量状态方程描述的是流体性质（密度、黏度）对温度和压力的依赖关系，其数学表达式为

$$\rho = \rho_{sc} \cdot \exp[\beta(P-0.1)-\alpha(T-25)] \tag{6.2}$$

式中，ρ 为密度，kg/m^3；ρ_{sc} 为 $T=25℃$ 和 $P=0.1MPa$ 时的流体密度，kg/m^3；P 为压力 MPa；T 为温度，℃；α 为常数，$5\times10^{-4}℃^{-1}$；β 为常数，$4.3\times10^{-4}MPa^{-1}$。

$$\mu = 10^a \tag{6.3}$$

$$a = \left[\frac{1.3272\times(20-T)-0.001053\times(T-20)^2}{T+105}\right] \tag{6.4}$$

式中，μ 为随温度变化的黏度，mPa·s；T 为温度，℃。

3）达西定律

达西定律是描述流体以单相流形式通过孔隙介质的一般公式，表示为

$$v = -\frac{K}{\mu}\frac{\partial P}{\partial l} \tag{6.5}$$

式中，v 为速度，m/s；μ 为黏度，mPa·s；K 为渗透率，D；$\partial P/\partial l$ 为异常压力梯度。

2. 增压方程

国内外相关研究表明，异常压力是沉积盆地内发育的一种普遍现象，且其形成机制十分复杂，异常压力的产生往往是由多种互相叠置的因素所引起的，其中可能包括地质、物理、化学和动力学等因素；迄今为止，地质学家认为异常压力的形成机制可分为与应力有关的、与流体膨胀有关的和与流体流动及浮力有关的等三大类，其中每大类中又包含若干种，如不均衡压实、构造挤压、水热增压、黏土矿物脱水、烃类生成、石膏/硬石膏转化、浓差与逆浓差作用、浮力、深部气体充填封存箱的分隔与抬升、水势面的不规则性等，但对某一特定研究区域而言，异常压力的产生与演化则可能仅与某一种或几种机制相关。

在本次压力模拟恢复中，主要考虑沉积物不均衡压实、烃类生成等增压机制。

1）沉积物不均衡压实

沉积物压实通过式（6.6）与压力相联：

$$\phi = f(P) \tag{6.6}$$

式（6.6）可具体表述为

$$\phi = \frac{e}{1+e} \tag{6.7}$$

$$e = e_{*A}\left(\frac{P_f}{P_{f*}}\right)^A(组分A)+[e_{*B}-B(P_f-P_{f*})](组分B) \tag{6.8}$$

式中，e 为空隙率，等于 $\phi/(1-\phi)$，无量纲；e_{*A} 为组分 A 的初始空隙率；e_{*B} 为组分 B 的初始空隙率；P_f 为骨架压力，MPa；P_{f*} 为初始骨架压力，MPa；A 为指数压实因子；B 为线性压实因子；组分 A 为呈指数压实规律的岩性部分（如除砂岩外的其他所有岩性）；组分 B 为呈线性压实规律的岩性部分（如砂岩类）。且有

$$组分\ A=1-组分\ B \tag{6.9}$$

$$P_x = P_{上覆}-(P_{静水}-P_{骨架}) \tag{6.10}$$

据此于某个时间段与沉积物压实/孔隙度减小有关的剩余压力可计算出，并与下一时间段的剩余压力相耦合。

2）烃类生成

在干酪根降解阶段，于某一特定的时间间隔Δt，其体积变化可表述为

$$\Delta V = \frac{m_o}{\rho_o} + \frac{m_g}{\rho_g} + \frac{m_r}{\rho_r} - \frac{m_k}{\rho_k} \tag{6.11}$$

式中，ΔV 为Δt 时间间隔内的体积增量；m_o、m_g、m_r、m_k 分别为油、气、残留物和干酪根的质量，g；ρ_o、ρ_g、ρ_r、ρ_k 分别为油、气、残留物和干酪根的密度，kg/m^3。

在模拟计算中，密度是温度和孔隙压力的函数；干酪根的密度与成熟度有关，且成熟度越高，其密度越大。

根据有关物理化学原理，当干酪根转换成石油、天然气和残留物时，其孔隙体积（孔隙度）将增大，且体积增量等于被降解干酪根的体积与残留物体积之差。干酪根和残留物的体积可基于转换率、生烃潜量和干酪根与残留物的密度计算出。在计算模型中假定残留物仍然保持其固体状态，且水及石油与天然气占据新增加的孔隙空间。

式（6.11）可改写为

$$\Delta V = \left(\frac{v_o}{\rho_o} + \frac{v_g}{\rho_g} + \frac{v_r}{\rho_r} \right) \Delta t - \left(\frac{v_o + v_g + v_r}{\rho_k} \right) \Delta t \tag{6.12}$$

式中，v_o、v_g、v_r 分别为石油、天然气和残留物的生成速率；Δt 为时间。

新孔隙度可被计算为

$$\phi = \phi_{old} + \Delta\phi \tag{6.13}$$

式中，ϕ_{old} 为烃类生成前的孔隙度；$\Delta\phi$ 为由于烃类生成而改变的孔隙度。

式（6.13）又可改写为

$$\varphi = \varphi_{old} + \frac{m_k}{\rho_k} - \frac{m_r}{\rho_r} \tag{6.14}$$

基于 Lerche（1990）提出的方程，由石油生成导致的增压为

$$\Delta P_L = \left(1 \Big/ C_P \right) \left(\Delta\rho_o \Big/ \rho_o \right) \Big/ \left(1 + \Delta\rho_o \Big/ \rho_o \right) \tag{6.15}$$

式中，ΔP_L 为石油生成导致的增压；C_P 为石油的压缩率，1.0×10^{-10}；$\Delta\rho_o$ 为受压力影响的油的密度变化。

天然气的生成导致的增压为

$$\Delta P_g = 0.5 \times f_g \times \Delta N_g \times k_k \times T \tag{6.16}$$

式中，ΔP_g 为天然气的生成导致的增压；f_g 为天然气分子的自由度，6.452；ΔN_g 为天然气的数密度；k_k 为玻尔兹曼（Boltzmann）常数；T 为温度，K。

因此，总的增压为

$$P_{生烃} = \Delta P_L + \Delta P_g \tag{6.17}$$

3. 边界条件

1）底部边界

在二维模拟中，底部边界条件是最底部模拟层与相邻上覆层之间剩余压力梯度的测度，可以设置为开放、部分开放和封闭共三种条件。

对开放条件而言，底部网格节点的剩余压力（P_x）等于 0，且水能从底部层流出但不能流入，设置值为 1。

封闭条件意味着两层之间无压力梯度，即剩余压力相等，设置值为 0，其数学表达式为

$$\frac{\partial P_x}{\partial Z} = 0 \tag{6.18}$$

式中，Z 为垂向距离。

部分开放条件位于开放与封闭之间，设置值为 0～1。

在本书中，将底部边界条件设为封闭，即设置值为 0。

2）侧向边界

侧向边界（左、右侧）条件可以定义成常量流动、开放或封闭三种状态。

对常量流动条件：

$$\frac{\partial P_x}{\partial X} = C \tag{6.19}$$

式中，X 为横向距离；C 为常数；对开放条件，压力等于静水压力；对封闭条件，压力等于临界破裂压力；沉积物表面的压力设置为 0；在本书中，将侧向边界设置为常量流动条件。

三、压力场模拟

（一）关键参数的选取

基于上述模拟方法与原理，在收集整理研究区各种地质、钻井、地球物理和分析测试等资料的基础上，在涠西南凹陷选取了完钻深度较深且具有一定代表性的 6 口钻井进行了单井模拟，分别为 WY-1、WY-4、WY-5、WY-6、WY-7、WY-8。在模拟过程中，主要需要输入地层厚度、地层年龄、地层岩性、热流和古水深等。

1. 地层厚度和地层年龄

地层厚度和地层年龄主要依据钻井分层的厚度和目前所测试的地层年龄来指定，并将页岩储层精细划分为 13 小层（表 6.1），指定结果较为可靠。

表 6.1　涠西南凹陷代表性单井分层数据

地层	顶深/m	底深/m
$Q+N_{2w}+N_{1d}$	38	790
N_{1j}	790	1096
N_{1x}	1096	1375
$E_{3w1}+E_{3w2}$	1375	1510
E_{3w3}	1510	1815
E_{2l1}	1815	2225
E_{2l2}	2225	2944
E_{2l2-1}	2944	2974
E_{2l2-2}	2974	2992
E_{2l2-3}	2992	3014

续表

地层	顶深/m	底深/m
E_{2l2-4}	3014	3024
E_{2l2-5}	3024	3045
E_{2l2-6}	3045	3058
E_{2l3-7}	3058	3074
E_{2l3-8}	3074	3100
E_{2l3-9}	3100	3157
E_{2l3-10}	3157	3182
E_{2l3-11}	3182	3208
E_{2l3-12}	3208	3252
E_{2l3-13}	3252	3286
E_{2l3}	3286	3461

2. 地层岩性

地层岩性主要依据对钻井岩性的统计结果来指定,因此指定结果也较为准确。从单井相出发,统计了 WY-1、WY-4、WY-5、WY-6、WY-7、WY-8 六口单井的岩性数据,为模拟中岩性参数的指定做参考。具体规则是:对于凹陷内有钻井分布的地区,井深范围内的地层岩性根据单井相和实际统计的岩性数据相结合的原则指定;对于井深范围以下的地层、中央拗陷带及其以南少井无井区的地层岩性,主要参考区域沉积相方面的研究成果来指定。

岩性指定过程中,根据统计的单井不同层位、不同相的岩性组成,按需混合了若干种不同的岩性,其中纯岩性对应的岩石热导率和热容等参数见表 6.2。

表 6.2 混合岩性时用到的纯岩性基本参数

岩性	密度/(g/cm³)	热导率/[W/(m·K)]	热容/[kcal*/(kg·K)]
砂岩	2.66	2.64	0.209
粉砂岩	2.672	2.03	0.242
泥岩	2.68	1.91	0.258

* 1cal=1calrr（国际蒸汽表卡）=4.1868J。

3. 烃源岩属性

烃源岩属性主要包括有机质类型、总有机碳（TOC）和氢指数（HI）等。本节根据收集到的地化测试资料,分不同层位统计了各参数的取值。

考虑到现今的地化测试值实际上是有机质经过漫长热演化阶段后的残余值,所以模拟中参数的实际取值均比统计值稍大,具体大多少合适则取决于各地层沉积时的相带和地层的埋藏史。由陆坡区往中央拗陷,有机质丰度的总体变化趋势是随水深的增加而增加;古近系中深湖相取较高值,滨浅湖和滨浅海非含煤系地层取较低值,即中深湖相＞滨浅湖相、中深海相＞滨浅海相;沉积越早的地层,往往埋藏越深且热演化程度越高,实际取值可以稍大些。

4. 生烃动力模型选择

本次模拟中实际选用的生烃动力学模型（图 6.10）是 Burnham（1989）$\_T_2$（应用于始新统）与 Burnham（1989）$\_T_3$（应用于渐新统与中新统）。

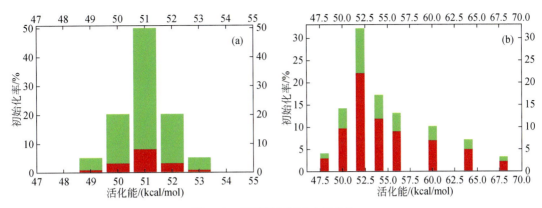

图 6.10　干酪根生烃动力学参数

左图为 Burnham（1989）_T_2；右图为 Burnham（1989）_T_3；红色为干气；绿色为中质油

5.边界条件

边界条件参数主要包括古热流（HF）、古沉积-水界面温度（SWIT）和古水深（PWD），其中古热流参数最为关键，对模拟结果的影响程度最大。古热流和古水深选取分别如表 6.3 和表 6.4 所示，古沉积-水界面温度由模拟软件根据研究区经纬度指定。

表 6.3　涠西南凹陷古热流演化表

年代/Ma	古热流/(W/m²)	年代/Ma	古热流/(W/m²)
0.0	51.94	35.4	58.80
5.5	52.92	38.6	55.86
10.4	53.9	50.0	58.80
16.3	53.41	56.5	70.56
23.3	57.82	65.5	75.46

表 6.4　涠西南凹陷古水深演化表

年代/Ma	古水深/m	年代/Ma	古水深/m
0.0	38.00	25.3	40.00
2.6	44.44	30.3	38.89
5.3	18.89	35.4	46.67
10.4	27.78	38.6	38.89
16.3	41.11	50.0	38.89
23.3	46.67	56.5	48.89

（二）单井压力模拟

依据以上模拟参数的指定，对研究内所选的 6 口典型钻井进行了压力的一维模拟：WY-1、WY-4、WY-5、WY-6、WY-7、WY-8。模拟结果可依照实测温度、R_o 和实测压力进行检验，不符合再进行参数的调整，最大限度地保证最后的模拟结果真实可靠（图 6.11）。

模拟结果显示，靠近洼陷中心的 WY-1 井和 WY-4 井页岩储层地层压力较大，压力系数可达 1.5 以上，相应的，地层孔隙度较低，多在 10%左右；WY-8 井页岩储层地层压力其次，压力系数在 1.36～1.38，地层孔隙度在 10%～15%；离洼陷中心较远的 WY-5 井、WY-6

井、WY-7 井页岩储层地层压力较小，压力系数在 1.1～1.4，地层孔隙度分布在 10%～15%，部分层位可达 15%以上（图 6.12～图 6.17）。

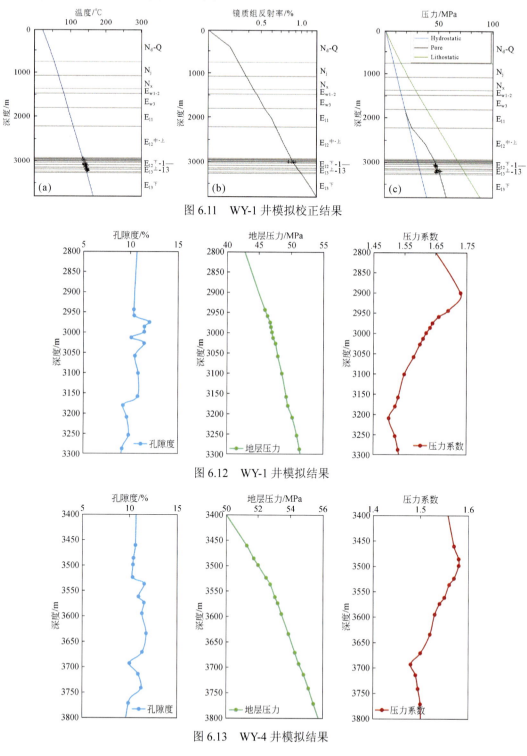

图 6.11　WY-1 井模拟校正结果

图 6.12　WY-1 井模拟结果

图 6.13　WY-4 井模拟结果

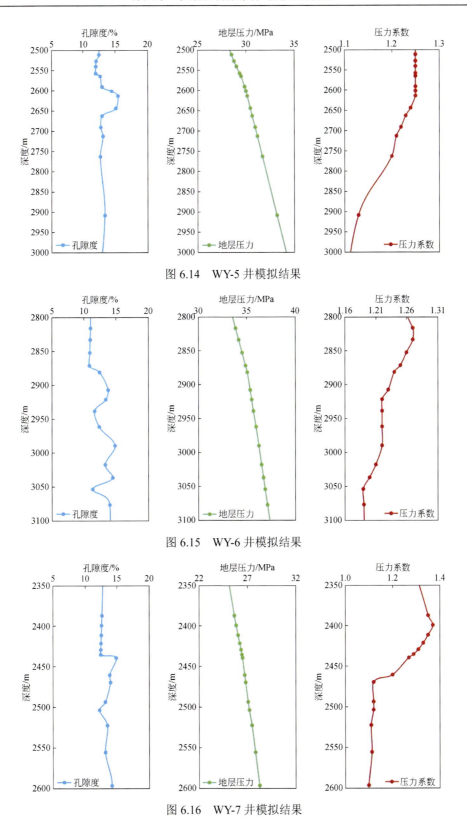

图 6.14 WY-5 井模拟结果

图 6.15 WY-6 井模拟结果

图 6.16 WY-7 井模拟结果

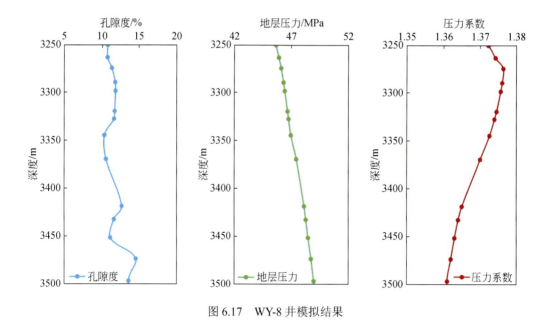

图 6.17　WY-8 井模拟结果

（三）二维剖面压力模拟

1. 模拟选用的地震数据

以涠西南凹陷为主要研究区，根据实际井震资料的质量和分布以及项目设计的需求，选取了一条 NW 向长测线（图 6.18）进行二维压力演化模拟，测线通过 WY-4 井，并穿过 A 洼。模拟应用到的层位数据主要有：海底、T40、T50、T60、T70、T72、T80、T83、T86、T100，层位比较全。

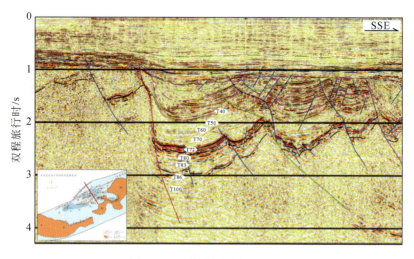

图 6.18　二维模拟测线及位置

2. 剖面地质模型的建立

将地震资料解释的层位、断层等成果数据进行时深转换后，选用 IES 的 PetroMod 软件搭建地层格架，从而建立起剖面地质模型，为后期的模拟运算做准备。

3. 二维模拟结果分析

在充分考证相关输入参数的准确性之后，以现今实测的 R_o 和现今地层温-压数据为约束，对选择的一条长剖面进行了压力演化模拟。

模拟结果显示，研究区从涠洲组沉积时期（24Ma）开始发育超压。此后，剩余压力不断增大，现今剩余压力达到最大，超压顶界面位于流一段底界附近。同一层位，洼陷中心剩余压力幅度最大，从洼陷中心向四周逐渐减小（图 6.19）。

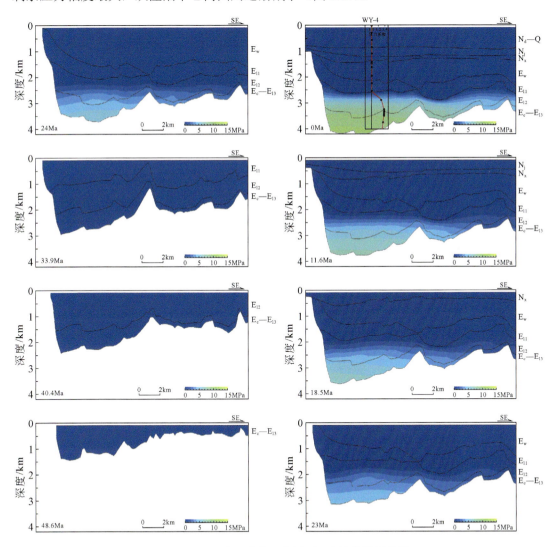

图 6.19　涠西南凹陷北西向剖面压力演化模拟结果

（四）平面压力分布

以单井压力模拟结果为基础，结合基质型、纹层型和夹层型油页岩层地貌特征及沉积相、岩相分布，对基质型、纹层型和夹层型油页岩孔隙压力进行合理外推，可得到三类油页岩孔隙压力系数平面分布图（图 6.20～图 6.24）。

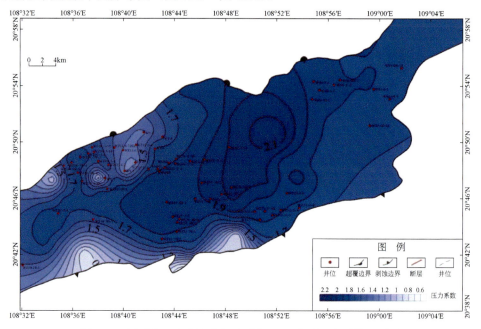

图 6.20　涠西南凹陷流沙港组油页岩 1～2 小层压力系数平面图

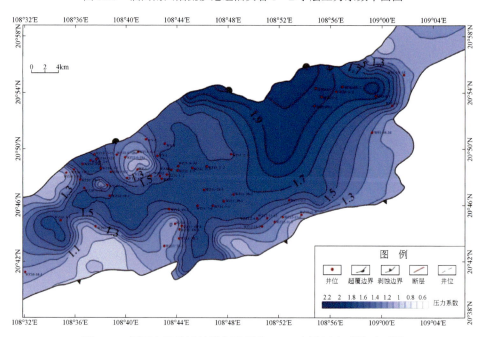

图 6.21　涠西南凹陷流沙港组油页岩 3～4 小层压力系数平面图

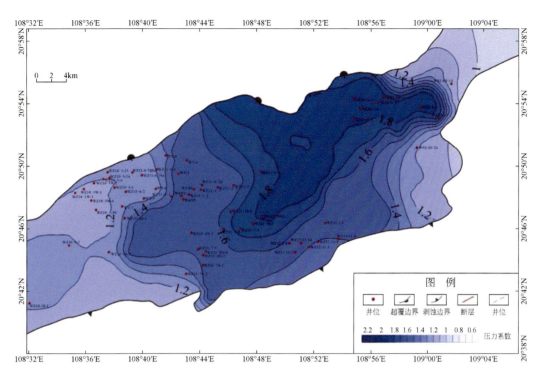

图 6.22　涠西南凹陷流沙港组油页岩 5～6 小层压力系数平面图

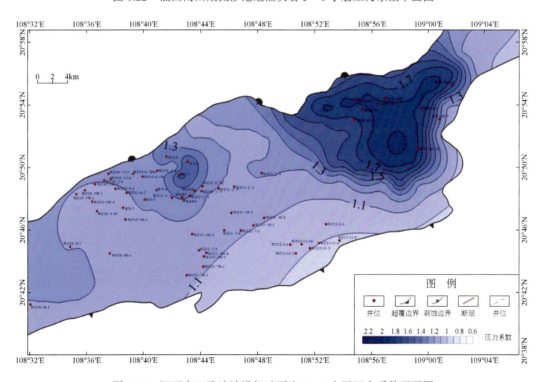

图 6.23　涠西南凹陷流沙港组油页岩 7～9 小层压力系数平面图

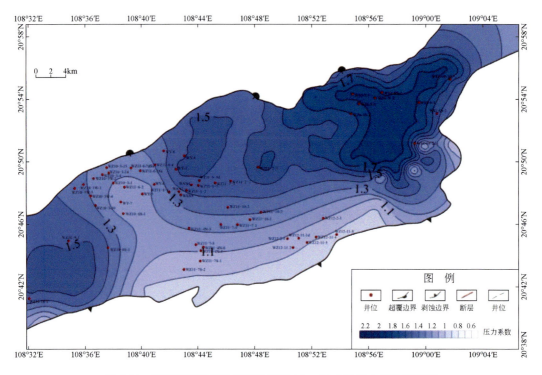

图 6.24　涠西南凹陷流沙港组油页岩 10～13 小层压力系数平面图

涠西南凹陷油页岩可分为 13 个小层，其中 1～2 小层为基质型、3～6 小层为纹层型、7～13 小层为夹层型。其中，1～2 小层油页岩压力系数最大，基质型油页岩分布面积最广，沉积中心压力系数可达 2.2（图 6.20）；3～4 小层和 5～6 小层油页岩孔隙压力其次，沉积中心压力系数可达 2.0（图 6.21 和图 6.22）；7～9 小层和 10～13 小层油页岩压力系数较小，沉积中心压力系数可达 1.9（图 6.23 和图 6.24）。从 1～2 小层到 10～13 小层，压力中心呈现出向东迁移的特征。

第三节　页岩油储层可压性评价

与常规的砂岩储层和碳酸盐岩储层相比，页岩储层一般不具有自然产能，通常需要利用压裂技术对其储层进行改造。水力压裂技术是通过井筒将携带有支撑剂的高黏压裂液注入地层，在井底憋起高压而使岩石发生破裂，最终在水平井井筒附近产生不断向远筒区域扩展的水力裂缝。水力裂缝在扩展过程中，沟通天然裂缝，采用支撑剂诱导裂缝网络继续扩展，使页岩气储层产生高渗透路径，从而达到增产的目的扩展，使页岩气储层产生高渗透路径，从而达到增产的目的（程远方等，2013；蒋廷学等，2017；Claire et al.，2018；Lei et al.，2021）。而在页岩储层开发中，通过对储层地化特征进行勘察检测，确定某区块为优质储层，需要对其开发效果进行评价，识别最有利压裂的层段，即可压性评价（郭海萱等，2013）。与常规砂岩和碳酸盐岩储层不同，页岩储层的可压性评价并非指是否适合压裂，而是在压裂的前提下，评价裂缝网络形成的难易程度，并论证能否有效开展体积压裂

（Cipolla et al.，2008；Maulianda et al.，2019）。根据国内外页岩油气储层压裂结果来看，一般可压性较好的层段压后具备以下特征：裂缝扩展充分，能够与天然裂缝有效沟通，形成复杂缝网。而可压性差的层段压裂后缝网形态单一，或者压裂过程中滤失严重，加砂困难，无法形成复杂的裂缝通道，使得产量偏低甚至丧失产量（金衍等，2006；郭天魁等，2013）。可压性是页岩地质、储层特征的综合反映，影响因素众多（赵金洲等，2015）。目前，国内学者针对页岩的可压性评价主要是考虑了脆性指数、杨氏模量、泊松比、水平地应力差等因素。本节在矿物脆性指数和岩石动静态力学参数的基础上，开展页岩油储层可压性评价。

一、脆性指数

岩石力学参数作为储层评价的重要参数之一，在储层勘探开发工作中有着重要的意义，在井网设计、预防和处理井眼坍塌及施工安全等方面有着重要作用（崔春兰等，2019）。有效地对岩石力学参数进行评价可以为储层的勘探、钻井及完井等工作提供数据支撑，也是保证安全施工的重要前提。在进行岩石力学参数评价时，往往利用测井评价以及岩石力学实验，同时与实际钻井、完井数据相结合，建立储层岩石力学模型，对岩石力学参数进行计算（陈吉等，2013；Yang and Xu，2024）。

脆性指数作为岩石的一种重要特性，往往与岩石力学的很多特征息息相关。页岩储层属于致密储层，在开发过程中需要进行储层压裂才可得到工业产能，岩石的脆性特征对于页岩储层的勘探开发极为重要，尤其是在压裂过程中，脆性特征往往起到指导作用（Jin et al.，2015）。

常用的岩石脆性评价的方法有以下两种。

（一）弹性参数评价岩石脆性

岩石的力学特征有着静态与动态之分。其中，静态岩石力学特征指的是岩石受到静态载荷的作用发生体积及形态变化的特征，动态岩石力学特征则是岩石受到动态载荷作用下发生体积和形态变化的特征。对于致密储层而言，静、动态泊松比差异较小，但静、动态杨氏模量却存在较大差异。

由于在岩石脆性评价中需要使用静态泊松比以及静态杨氏模量对岩石进行脆性评价，但是利用声波测井资料只能取得动态泊松比及动态杨氏模量，因此还需要对样品进行岩石力学实验取得岩心分析数据，并根据岩心分析数据动、静态泊松比以及杨氏模量间的关系，从而实现利用声波测井数据评价岩石静态泊松比及杨氏模量，进而对岩石脆性特征进行评价。

利用式（6.20）～式（6.22）可对动态泊松比及动态杨氏模量进行计算：

$$\upsilon = \frac{V_p^2 - 2V_s^2}{2 \times (V_p^2 - V_s^2)} \tag{6.20}$$

$$E = \frac{V_s^2 \times \rho (3V_p^2 - 4V_s^2)}{2 \times (V_p^2 - V_s^2)} \tag{6.21}$$

$$B_{\text{Rickman}} = \frac{1}{2} \left(\frac{E - E_{\min}}{E_{\max} - E_{\min}} \times 100 \right) \tag{6.22}$$

式中，V_p 为横波速度，m/s；V_s 为纵波速度，m/s；ρ 为储层岩石密度，g/cm^3；υ 为动态泊松比，无量纲；E 为动态杨氏模量，GPa；$B_{Rickman}$ 为动态脆性指数（由动态泊松比和动态杨氏模量计算得出的脆性指数），%；E_{min} 为动态杨氏模量的最小值，GPa；E_{max} 为动态杨氏模量的最大值，GPa。

利用实验室岩石力学实验取得的动态泊松比、杨氏模量与静态泊松比、杨氏模量建立动、静态脆性指数拟合模型，实现两者之间的转化。动态脆性指数与静态脆性指数间的关系式为

$$B_D = 0.8176 B_{Rickman} - 0.1623 \tag{6.23}$$

式中，B_D 为静态脆性指数。

（二）矿物组分评价岩石脆性

岩石的脆性受到矿物种类及其含量的影响较大。因此，也可以利用脆性矿物含量与总矿物含量的比值对岩石脆性进行评价：

$$B_{brit} = \frac{W_{brit}}{W_{brit} + W_{carb} + W_{clay}} \tag{6.24}$$

式中，W_{brit} 为脆性矿物含量，%；W_{carb} 为碳酸盐矿物含量，%；W_{clay} 为黏土矿物含量，%；B_{brit} 为矿物组分评价模型得出的脆性指数。

两种评价方法各有利弊，弹性参数评价法直接对岩石杨氏模量及泊松比进行计算，该套力学参数在说明岩石力学性质上具有很好的一致性，对储层开发具有指导意义，但由于纵、横波测井不属于常规测井序列，测井数据往往较少，难以实现大范围的岩石脆性评价，而矿物组分评价法利用脆性矿物含量对岩石脆性指数进行评价，评价的结果准确度相对较低，但岩石矿物组分可由常规测井资料计算得出，可以实现连续的大范围评价。因此，本书中利用实测弹性参数评价得出的脆性指数对矿物组分法评价得出的脆性指数进行校正，建立以矿物组分法为基础的岩石脆性评价模型：

$$B = 0.8977 B_{brit} - 0.2015 \tag{6.25}$$

式中，B 为校正后的脆性指数。

二、水平应力差

储层水平地应力差值对压裂缝网的形成影响显著。在自然环境下，页岩一般会受到垂直向应力、最大水平主应力和最小水平主应力的综合作用。这种作用使得一般压裂产生的裂缝先在最小水平主应力方向起裂，然后沿着最大水平主应力的方向扩展。然而，由于天然裂缝的存在和注液方式的不同，可能会产生诱导应力，导致裂缝发生偏转。

已有研究发现，裂缝的延伸方向和形态受水平主应力差值的影响较大。当水平主应力差越小，应力分布越均匀，这有利于裂缝向多方向延伸，形成复杂的缝网，从而提高储层的可压性。相反，当水平主应力差越大，裂缝的形态就越单一，这会导致储层的可压性降低。

此外，水平应力差异系数的大小也是影响裂缝形态的重要因素。当水平应力差异系数<0.3 时，裂缝易产生复杂缝网，且储层的可压性好，有利于压裂作业的进行。而当水平应力差异系数>0.5 时，裂缝形态单一，储层的可压性差，压裂效果不理想。

因此，在进行压裂作业时，需要根据储层的应力分布情况，合理选择压裂剂和注液方式，以达到最佳的压裂效果。同时，对水平主应力差值和水平应力差异系数的研究，也有助于更好地理解储层裂缝的形成机制，为压裂技术的改进提供理论依据。

三、可压性评价

潿西南凹陷流二段、流三段为半深湖-深湖相沉积，岩性以灰黑色、深灰色泥页岩为主，夹粉砂质页岩、粉砂岩和薄层细砂岩，脆性指数波动范围较大，整体来看基质型储层、纹层型储层的脆性指数低于夹层型储层，可压性相对较差。此外，杨氏模量和泊松比也可以揭示储层的可压性，当杨氏模量增大时，储层的可压性增强；泊松比与其相反，泊松比越低，储层可压性越强。

如图 6.25 所示，以 WY-1 井为例，其脆性指数整体介于 35%～75%，且基质型储层与纹层型储层的脆性指数（35%～58%）明显低于夹层型储层（45%～75%），说明夹层型储层的脆性矿物含量更多，可压性更强，更有利于压裂施工。从静态杨氏模量的角度来看，基质型储层、纹层型储层与夹层型储层之间同样存在一明显的分界线，前者的静态杨氏模量仅为 2～10GPa，而夹层型储层则上升到了 5～35GPa，且整体上体现为随埋藏深度的增加杨氏模量增大的规律。而对于泊松比而言，该值则是随埋藏深度的增大而降低，且基质型储层、纹层型储层之间同样与夹层型储层存在明显的分界线，前者的分布范围为 0.27～0.4，后者仅为 0.11～0.37。综合以上三个评价参数可发现，夹层型储层的可压性整体最优，

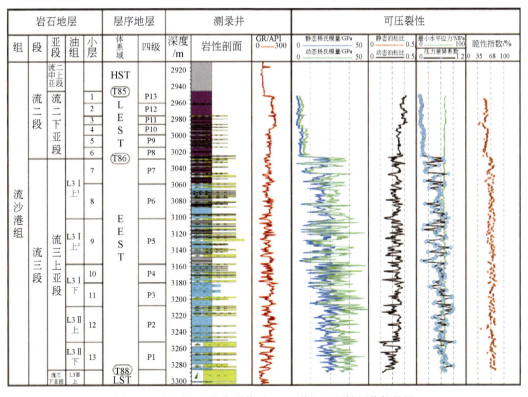

图 6.25　潿西南凹陷典型井（WY-1 井）可压性评价柱状图

其中第 9 小层、第 11～13 小层为压裂施工的甜点储层,对于纹层型储层而言,第 4、5 小层是可压性较强的甜点层位,但整体弱于夹层型储层。值得注意的是,基质型储层的可压性是最差的,相较于其他两类储层,不推荐其作为压裂施工的区域。

第四节　页岩油超甜点评价体系

全球非常规油气勘探实践表明,甜点是非常规油气优先开发的对象,也是效益开发的保障,因此甜点评价与优选已成为全球油气工业界和学术界关注的重点工作。甜点富集是多因素综合作用的结果(邹才能等,2023)。对于非常规油气而言,对甜点的评价参数众多,调研发现,前人选用的参数指标多达五十余个(蔚远江等,2023)。目前,国内外对页岩储层甜点评价主要包含 4 个方面的参数,分别是:①源岩品质,TOC、有机质成熟度、游离烃含量等;②储层品质,厚度、孔隙度、渗透率、含油饱和度等;③工程品质,埋藏深度、黏土矿物含量、泊松比、杨氏模量、破裂压力、水平应力差等;④流体品质,地层压力系数、流体密度、流体黏度、气油比等。本节通过系统对比北美海相与中国陆上重点探区的甜点评价标准,结合海上页岩油开发的特殊性,综合考虑海上页岩油储集性、含油性、可动性、可压性、地层压力和开发的经济性,建立了涠西南凹陷海上页岩油超甜点评价标准。

一、北美海相页岩油甜点评价标准

北美海相页岩油研究表明,甜点区主要发育于稳定宽缓的构造背景,富集控制因素包括区域性致密顶底板、脆性矿物含量高、裂缝网络普遍发育且密度大、岩石破裂压力梯度较低、热成熟度较高、总有机碳高、孔隙度和含油饱和度高、地层原油流动性好、地层压力系数高等特点。综合荷兰皇家壳牌石油公司与马拉松石油公司,提出北美海相页岩油甜点评价关键参数包括:现今 TOC>2%,恢复 TOC>2.5%,HI>400mg/g TOC;厚度>25m,理想值>50m;整体处于生油窗～凝析气窗,理想值 R_o>1.0%;页岩段具气显示和测试产量;平均孔隙度>6%;硅/钙质等脆性矿物含量>45%;蒙脱石等黏土矿物含量低;现今埋深<4100m;发育天然裂缝,地层超压等(李国欣等,2022)。

与北美海相页岩油相比,中国页岩油形成的地质背景及构造沉积环境更为复杂,盆地类型多样,湖盆沉积体系变化更为迅速且一般经历了多期调整改造,这就导致了中国陆相页岩油的形成与分布具有独特的地质属性(图6.26)。整体来说,在地质背景方面,北美地区富含页岩油的盆地以海相沉积为主,构造稳定且分布范围较大,中国则是以陆相沉积为主,且构造活动较强,分布的范围也比较局限。从烃源岩的角度来看,北美地区烃源岩的TOC 较高,一般为 2%～20%,有机质成熟度也较高,范围为 0.9%～1.5%,具有更强的生烃能力和生烃潜力,而中国的页岩油储层的 TOC 稍低一些,范围在 0.4%～16.0%,有机质成熟度也仅为 0.7%～1.2%,生烃能力与北美地区仍有不小差距。从储集层品质角度来看,北美地区的储集层物性相对更好,且储层分布更为稳定、连续性强、油层较厚,储集层之间的连通性也较好,而中国的页岩油储集层的物性整体不如北美地区,孔隙度介于 5%～12%,低于北美地区的 5%～20%,并且储层非均质性较强,油层普遍偏薄。在原油流体方面,北美地区页岩油的密度更低,密度均<0.85g/cm³,优质更轻,气油比最高可达几千,

中国的页岩油品质则相对较差，密度最高可达 0.92g/cm³，气油比也远不及北美地区（表 6.5）。所以对中国页岩油的进行甜点评价与优选，并不能完全按照北美地区的评价标准。

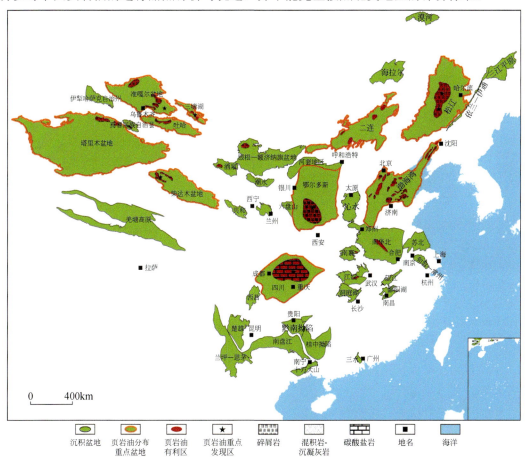

图 6.26　中国陆相页岩油有利区分布与勘探发现（匡立春等，2021）

表 6.5　北美海相页岩油与中国陆相页岩油特征对比

大类	小类	北美	中国
地质背景	构造背景	构造稳定	构造活动强烈
	沉积背景	以海相为主	陆相沉积
	分布范围/km³	（1~7）×10⁴	几百至几百万
烃源岩	岩性	泥页岩与碳酸盐岩、致密砂岩	泥页岩夹混积岩、碳酸盐岩、致密砂岩夹层
	TOC/%	2~20	0.4~16
	R_o/%	0.9~1.5	0.7~1.2
储层	储层分布情况	分布稳定，连续性好	非均质性强
	集中段厚度/m	5~20	10~80
	孔隙度/%	5~12	3~10
流体	压力系数	1.35~1.78	0.7~1.5
	原油密度/（g/cm³）	0.75~0.85	0.75~0.92
	气油比	几百至几千	几十

与北美海相页岩油相似，相对有利的源岩品质、储层品质、工程品质及较好的流体性质是保证北部湾盆地页岩油甜点富集的重要因素。前文已述及，相对较低的有机质丰度导致已有的页岩油甜点评价标准并不适用于北部湾盆地页岩油，如何优选关键参数开展北部湾盆地页岩油甜点评价难度很大。本节主要从源岩品质、储层品质、工程品质与流动品质等 4 个方面，对北部湾盆地页岩油甜点富集的主控因素进行说明。

二、国内陆相页岩油甜点评价标准

我国陆相页岩油的形成与分布具有独特的地质属性，这是由于我国复杂的地质构造和丰富的页岩油资源共同作用的结果（李国欣等，2022）。受到不同地区的地质条件、页岩油含量、开发技术等因素的影响，不同产区的页岩油甜点评价标准存在较大的差异。

（一）大庆油田古龙页岩油

古龙页岩油形成于松辽盆地白垩系青山口组，属于大型拗陷湖盆沉积，岩相以纹层状富有机质页岩为主，局部发育少量粉细砂岩与碳酸盐岩，黏土矿物含量高、地层压力系数高（柳波等，2018；孙龙德等，2023）。在甜点评价时，优先开发的纵向甜点段标准包括：$S_1>6\mathrm{mg/g}$，可动孔隙度$>4.5\%$（核磁 $T_2>8\mathrm{ms}$），总孔隙度$>8\%$，优先动用的平面甜点区标准包括：$R_o>1.2\%$，压力系数>1.4，一类层厚度占比$>60\%$。

（二）长庆油田庆城页岩油

庆城页岩油形成于我国鄂尔多斯盆地上三叠统，这一地区的地质条件非常独特，属于大型拗陷湖盆沉积。在这个地区，页岩油的岩相主要是纹层状富有机质页岩和块状粉细砂岩，地层压力相对较小（杨华等，2016）。

在甜点评价时，需要从多个方面进行全面评估，包括烃源岩品质、源储组合、储油能力、渗流能力和可压性 5 个重要指标（付金华等，2015）。烃源岩品质是衡量油页岩中有机质含量和油质潜力的关键因素；源储组合则涉及油页岩中油气的生成、运移和保存等多个环节；储油能力和渗流能力则是评价油页岩能否有效储存和产出油气的关键因素；可压性则涉及油页岩在开采过程中的压力变化和稳定性问题。

在确定优先动用的甜点区/段时，需要考虑一些关键参数，页岩厚度$>15\mathrm{m}$，发育多期叠置厚层型源储组合，储层厚度$>10\mathrm{m}$，孔隙度$>8\%$，含油饱和度$>55\%$，地面原油黏度$<3\mathrm{mPa\cdot s}$，气油比超过 $100\mathrm{m^3/t}$，岩石脆性指数$>45\%$，最小水平主应力差$<30\mathrm{MPa}$。

（三）新疆油田吉木萨尔页岩油

吉木萨尔页岩油形成于准噶尔盆地吉木萨尔凹陷二叠系，属于咸化湖盆混积沉积体系，岩相以云屑砂岩、砂屑云岩为主，原油黏度高，地层压力大。在甜点评价时，重点从原油黏度、可动油储量丰度和Ⅰ类油层厚度三个方面进行评价。优先动用的甜点区/段关键参数包括：地层原油黏度$<30\mathrm{mPa\cdot s}$，Ⅰ类油层厚度$>1.5\mathrm{m}$，可动油储量丰度$>25\times10^4\mathrm{t/km^2}$，地质储量丰度$>35\times10^4\mathrm{t/km^2}$。

（四）胜利油田济阳页岩油

济阳页岩油形成于渤海湾盆地古近系，属于断陷型湖盆沉积，岩相以纹层状富有机质页岩、灰质页岩、泥灰岩为主。在甜点区评价时，关键参数包括：TOC>2.0%，R_o>0.7%，资源丰度>100×10^{4}t/km^2。在甜点段评价时，关键参数包括：岩相以富有机质纹层灰质页岩为主，含砂质与灰质夹层，S_1>2mg/g，S_1/TOC>100，基质孔隙度>5%，压力系数>1.4%；地应力各向异性<1.2，可压性指数>0.36。

三、海上页岩油超甜点评价标准

（一）海上页岩油超甜点概念

许多学者认为应该采用地质参数和工程参数相结合的方法，综合地质、石油工程、岩石力学和油层物理等多学科，优选页岩厚度、埋深、有机碳含量、成熟度、含油气量、矿物成分、页岩物性、力学性质等评价指标，形成页岩富集区综合评价流程和综合分析评层选区技术。国家标准《页岩油地质评价方法》（GB/T 38718—2020）指出页岩油甜点段为含油性好、储集条件优越、可改造性强，在现有经济技术条件下具有商业开发价值的页岩油层段。国家标准《致密油地质评价方法》（GB/T 34906—2017）将致密油甜点区定义为烃源岩、储层和工程力学品质配置较好，通过水平井、储层改造可获得潜在开发价值的致密油分布范围。孙龙德等（2023）指出页岩油甜点段/区评价主要考虑三个方面：①含油性评价，主要通过烃源岩品质、成熟度、厚度和油气运移通道研究来界定；②页岩储层质量评价，主要通过构造格架（距断裂远近、断层活动性、地层倾角、钻进深度）分析，储层品质（储集岩性、总厚度、净厚度、孔隙度、含油饱和度、岩石物理类比、测试数据）分析，可采性（流体性质、原油流动性、流体品质、超压以及烃类标志物参数）分析来确定；③岩石力学与完井质量评价，包括确定能够压开的岩性、压裂顶底板等。这些均强调了页岩油甜点评价不仅要考虑储层方面，还应考虑完井条件和经济性，通过水平井和多级压裂等增产措施后具有商业开采价值，应从地质、工程和经济三个角度全面评价页岩油气甜点。

与陆上页岩油开发相比，海上页岩油开发具有特殊性。海上页岩油主要采用丛式井或水平井组平台，结合压裂改造进行开采。由于钻完井平台或者作业空间的限制，海上页岩油开发成本更高。因此，海上页岩油综合评价时的甜点要求更高。这里采用超甜点概念来表示海上页岩油综合甜点，即储集条件优越、含油饱和度高、可流动性强、可改造性优，地层压力系数高，利用丛式井或者水平井平台经过储层改造可获得商业开发价值的页岩油层段。

（二）涠西南凹陷海上页岩油超甜点评价标准

1. 页岩油超甜点综合评价参数体系

在进行页岩油涠西南凹陷海域的研究过程中，首先对页岩油储层的多个关键参数进行了深入分析。这些参数包括孔隙度、可动油饱和度、总有机碳（TOC）、油稳性指数（OSI）以及脆性指数等，都是衡量页岩油储层质量和潜力的重要指标。

　　孔隙度是指岩石中孔隙体积与岩石总体积之比,它是影响储层储油能力的重要因素。渗透率则是油气在岩石中流动的能力,对于油气的开采效率有着直接影响。总有机碳(TOC)是反映有机物质在岩石中的丰度和质量的重要参数,它直接关系到页岩油的形成和储量。油稳定性指数(OSI)则是描述了岩石中油气的饱和程度,是预测油气藏潜力的关键指标。脆性指数则是衡量岩石脆硬程度的参数,对页岩油的开采方式有着重要影响。

　　在详细分析了这些参数后,进一步优化了研究区页岩油的"五性"评价指标,这包括储层的储集性、含油性、可动性、可压性和经济性 5 个方面。这些指标可以全面评估页岩油藏的经济效益和开发潜力。根据这些评价指标建立了页岩油涠西南凹陷海域页岩油甜点综合评价体系(图 6.27)。这个体系可以对页岩油的储层质量、开发潜力、经济效益等进行全面、准确地评估,为我国页岩油资源的开发提供了重要的科学依据。

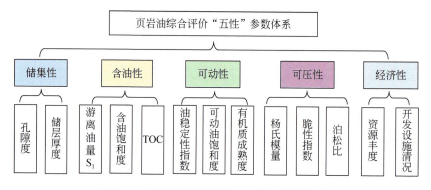

图 6.27　页岩油综合评价"五性"参数体系

2. 页岩油超甜点综合评价参数测井曲线判识

　　现阶段,页岩油甜点分级评价的参数复杂多样,涵盖了热解 S_1 值、镜质组反射率 R_o、储层孔隙度、总有机碳(TOC)、含油饱和度、脆性指数等多个方面。这些参数不仅有助于全面评估页岩油的品质,还对确定页岩油的开采价值和方式具有重要的指导意义。如前文所述,前人在针对国内外各页岩油盆地进行甜点综合评价时,共涉及的各类参数指标多达五十多个,这些指标因不同的页岩油盆地而异,反映出各个盆地独特的地质特征和资源特性。

　　因此,如何准确地选取合适的、具有代表性的参数类别,是建立北部湾盆地页岩油储层甜点综合评价体系的关键所在。北部湾盆地的页岩油储层甜点评价,需要综合考虑多种因素,包括储层岩石的物性、地层流体的性质、矿物的组成等,这些因素都可以通过测井数据得到反映。测井数据作为第一手资料,是受控于页岩油储层本身的物理化学性质,每一口油井在进行钻探的同时或完成钻探之后,都会进行各类测井测试,以获取这些关键数据。

　　本书通过利用测试资料与各参数进行相关性分析,优选出与之相关性较强的参数类别,用于页岩油储层的甜点综合评价。将各相关参数与现有的测井资料数据进行了拟合分析,如图 6.28 所示,结果表明,这些参数与测井数据的相关性较高,可以作为评价北部湾盆地页岩油储层甜点的重要依据。

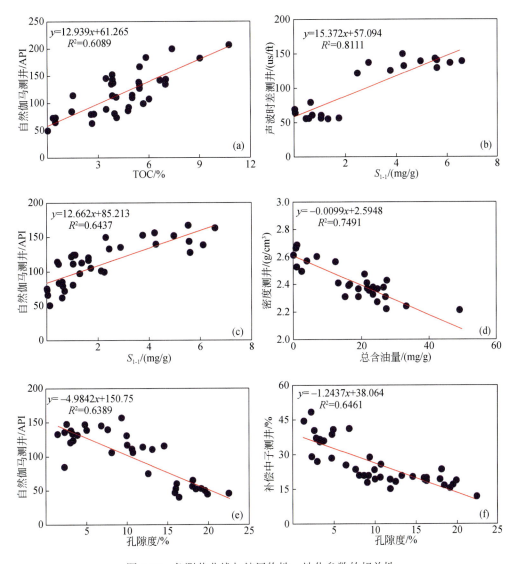

图 6.28　各测井曲线与储层物性、地化参数的相关性

3. 页岩油超甜点综合评价参数门槛值优选

陆相页岩油是一种源于页岩或泥岩中的石油资源，其中富含总有机碳（TOC）的泥页岩是其形成的物质基础。根据地质条件和沉积特征，将涧西南地区页岩油的甜点储集层划分为基质型、纹层型和夹层型三类。其中，夹层型储集层源-储共存，富 TOC 的泥页岩与贫 TOC 的砂岩等夹层相邻共生，砂岩等作为有利储集层近源捕获石油形成甜点；基质型储集层和纹层型储集层源-储共存，富 TOC 的泥页岩既是生烃层，又是有利储集层，原地滞留石油形成甜点。

尽管烃源层系内页岩/泥岩的 TOC 越高，越有利于源-储共存的储集层赋存富集页岩油，但就夹层型储集层本身而言，其是低含甚至不含 TOC 的细砂岩/粉砂岩、碳酸盐岩等，其中赋存富集的页岩油主要源自邻层富 TOC 的页岩/泥岩。故评价这类页岩油甜点段时，TOC

与页岩型储层评价标准不同，应结合含油性等其他因素一起考虑。

（1）海上基质型、纹层型页岩油储层综合评价标准。根据海上基质型、纹层型页岩孔隙度与渗透率的关系，可以将孔隙度与渗透率的关系判分为三个阶段（图6.29），可以发现在整个范围内，它们的关系可以被划分为三个不同的阶段。首先，当孔隙度<2%时，渗透率的增加速度非常缓慢，这意味着孔隙度和渗透率都处于相对较低的水平，在孔隙度较低的情况下，油气分子难以在岩石中进行有效的运移，这种情况下，油气资源的开发价值并不高。

当孔隙度介于2%～4%时，渗透率开始呈现迅速增加的趋势。在这个孔隙度范围内，岩石中的孔隙开始能够有效地容纳和运移油气分子，从而使得渗透率有了显著提升。这个阶段其储量可能并不算太大，但由于其渗透率的增加，开采效率将会比较高。当孔隙度介于4%～6%时，渗透率的增加速度达到最大。在这个孔隙度范围内，岩石中的孔隙已经足够大，能够有效地容纳和运移大量的油气分子，从而使得渗透率达到了最大，其储量和开采效率都相对较高。当孔隙度>6%时，渗透率的增加速度开始趋于平缓。

因此，可以将2%确定为孔隙度的下限，孔隙度介于2%～4%的储层被划分为Ⅲ类储层，孔隙度介于4%～6%的储层被划分为Ⅱ类储层，而孔隙度>6%的储层则被划分为Ⅰ类储层。

含油性评价标准的选取根据涠西南页岩油总有机碳（TOC）与S_1散点图的分析结果以及测井实测含油饱和度数据的分布情况，从而确定各参数的下限标准。从图6.29中，可以清晰地观察到，当S_1的达到4mg/g时，对应的TOC为3%。这表明，当TOC低于3%时，

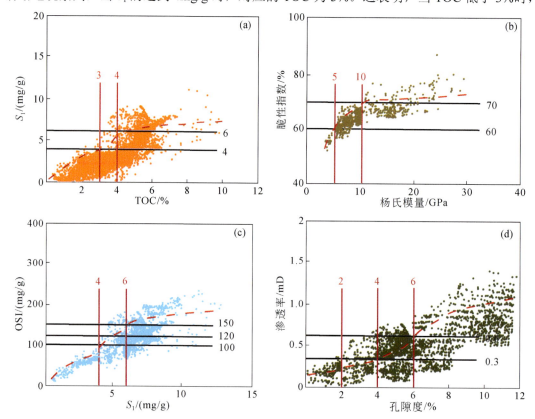

图6.29　基质型、纹层型页岩储层各参数相关性

S_1 的浓度会处于一个稳定的低值段，这意味着此时生成的油量尚不能满足页岩原位滞留的需求。因此，将甜点评价的 TOC 下限定为 3%。另外，当 TOC 介于 3%～4% 时，S_1 的浓度会呈现逐渐上升的趋势。这是因为随着 TOC 的增加，生成的油量也开始逐渐增加，从而使得 S_1 的浓度也随之上升。而当 TOC>4% 时，S_1 的浓度会进入一个稳定的高值段，这意味着此时生成的油量总体上已经能够满足页岩原位滞留的需求。

因此，综合考虑，将涠西南页岩油 TOC 的评价标准分别定于 TOC 为 3% 和 4%。其中，TOC=3% 作为评价甜点的下限标准，主要用于判断生成的油量是否能够满足页岩原位滞留的需求；而 TOC=4% 则作为评价甜点的上限标准，主要用于判断生成的油量是否已经充足。这样的评价标准，能更加准确地评估涠西南页岩油的开发潜力。OSI 与生烃潜量（S_1）分析结果表明（图 6.29），当 OSI>150mg/g 时，生烃潜量（S_1）的主体值超过 6mg/g，这意味着在这个范围内，油的含量非常丰富。这也进一步证实了涠西南地区具有很高的油藏潜力。另外，当 OSI 介于 120～150mg/g 时，生烃潜量（S_1）的值在 4～6mg/g，这表明在这个区域内，油的含量适中，但仍然具有开采价值。这一发现对于进一步评估涠西南页岩油的开发潜力具有重要意义。此外，当 OSI<120mg/g 时，生烃潜（S_1）会降低到 <4mg/g，这意味着在这个区域，油的含量相对较低，开采难度较大，经济效益不高。因此，根据对 OSI 与生烃潜量（S_1）的分析结果，将涠西南页岩油的 OSI 下限确定为 100mg/g，既可以确保油藏的开发效益，又可以避免在油含量较低的地区进行无效的开采。这一研究结果为我国涠西南页岩油资源的合理开发提供了重要的科学依据。

在可动性方面，根据测井实测的 OSI 数据的分布情况结合离心实验的实测数据，可将可动油饱和度的下限定为 20%，Ⅰ类超甜点标准定为 30%。同理，采用相同的分析思路，可将镜质组反射率 R_o 的Ⅰ类超甜点标准定为 0.75%～1.3%，Ⅱ类标准为 0.7%～0.75%，Ⅲ类标准为 0.5%～0.7%。

在可压性评价中，根据对脆性指数与杨氏模量的分析结果，脆性指数为 60%～70%，杨氏模量表现为快速上升的趋势，说明在这个区间内，储层的硬度和弹性有着较为显著提升；当脆性指数超过 70% 之后，杨氏模量的增长速度逐渐趋于平缓，即使脆性指数继续增加，杨氏模量的增幅也不再明显。这种现象可能是岩石本身的结构特性所导致的，当脆性指数达到一定程度后，岩石结构已经趋向于稳定，因此杨氏模量的增长也会受到限制（图 6.29）。

基于以上分析，将脆性指数的下限确定为 60%，在这个数值以下，杨氏模量的增长速度并没有明显提升，而当脆性指数超过 70% 后，杨氏模量的增长速度又趋于平缓。同时，杨氏模量的下限设定为 5GPa，在这个数值以下，物质的硬度和弹性表现较差，无法满足实际应用的需求。

综上所述，在全面考虑储集性、含油性、可动性、可压性、技术性和经济性的基础上，结合前文中的地层压力体系，建立了北部湾盆地涠西南海域海上基质型、纹层型页岩储层甜点综合评价体系，如表 6.6 所示。

（2）海上夹层型砂岩储层页岩油综合评价标准体系。夹层型砂岩储层由于 TOC、S_1、孔隙度和矿物含量等与基质型、纹层型页岩储层差异较大，评价参数的选取及评价标准界限值亦不同。含油性评价标准选取，由于砂岩储层中基本上不含生烃母质，其内的有机质来源于附近的页岩层位，故而在此不将 TOC 和 OSI 当作评价夹层型砂岩的参数。同样根据各参数之间的相关性及各参数的分布规律，可对夹层型砂岩储层的各评价参数的界限值进行系统的选取。

表 6.6　海上基质型、纹层型页岩储层甜点综合评价标准体系

评价类别	评价参数	参数标准		
		Ⅰ类	Ⅱ类	Ⅲ类
储集性	孔隙度/%	>6	4～6	2～4
	厚度/m	>40	30～40	20～30
含油性	TOC/%	>4	3～4	2～3
	OSI/（mg/g）	>150	120～150	100～120
	S_1/（mg/g）	>6	4～6	2～4
可动性	R_o/%	0.75～1.3	0.7～0.75	0.5～0.7
	可动油饱和度/%	>30	20～30	<20
可压性	脆性指数/%	>70	60～70	<60
	杨氏模量/GPa	>10	5～10	<5
	泊松比	<0.2	0.2～0.35	>0.35
地层压力	压力系数	>1.5	1.3～1.5	1.1～1.3
技术性和经济性	资源丰度/（10^4t/km^2）	>250	150～250	<150
	有无开发设施	完备	部分有	无

　　由于夹层型页岩储层中孔隙度普遍较大，在储集性评价标准中，根据孔隙度与 S_1 的相关性图中（图 6.30），当 S_1>6mg/g 时，孔隙度大部分<6%；S_1>8mg/g 时，孔隙度大部分>8%。因此，将夹层型页岩储层的孔隙度评价标准确定为 6% 和 8%。此外，脆性指数、泊

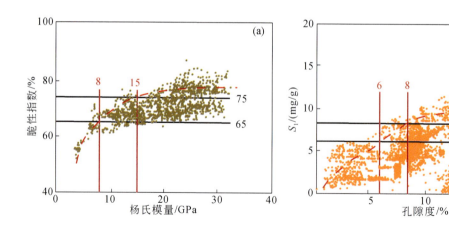

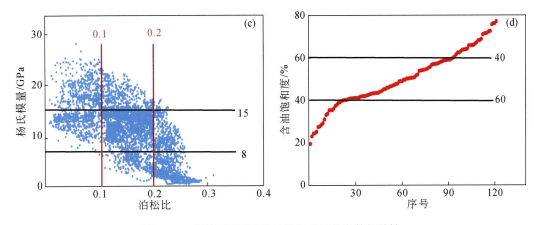

图 6.30　夹层型页岩系统里砂岩储层各参数相关性

松比、杨氏模量等参数亦是用同样的方法进行确定。相对于基质型、纹层型页岩储层而言，夹层型砂岩储层将可动油饱和度作为可动性评价因素，对夹层型页岩油的可动性进行评价。结合测井实测的含油饱和度以及核磁-离心实验分析的结果，可将夹层型砂岩储层的含油饱和度和可动油饱和度的评价标准进行确定（表 6.7）。

表 6.7　海上夹层型页岩系统砂岩储层甜点综合评价标准体系

评价类别	评价参数	参数标准		
		I 类	II 类	III 类
储集性	孔隙度/%	>8	6~8	4~6
	厚度/m	>60	40~60	20~40
含油性	含油饱和度/%	>60	40~60	<40
	S_1/（mg/g）	>8	6~8	<6
可动性	可动油饱和度/%	>45	30~45	<30
可压性	脆性指数/%	>75	65~75	<65
	杨氏模量/GPa	>15	8~15	<8
	泊松比	<0.1	0.1~0.2	>0.2
地层压力	压力系数	>1.4	1.2~1.4	1.0~1.2
技术性和经济性	资源丰度/（10^4/km²）	>200	100~200	<100
	有无开发设施	完备	部分有	无

第五节　页岩油有利区预测与优选

页岩有利储层预测对探区资源评价和井位部署意义重大。页岩油甜点评价是一个非常复杂的过程，它不仅需要对平面上的甜点区进行评估，还需要对纵向的甜点段进行深入的考察。甜点区是指在平面上，那些成熟且优质的烃源岩分布范围，具有工业价值的非常规油气高产富集区。这些区域的特点是，页岩油含量丰富，开采价值高，是进行页岩油开发的重要目标区域。甜点段则是指在剖面上，源储共生的黑色页岩层系内，人工改造可以形成工业价值的非常规油气高产层段。这些层段是页岩油开采的核心区域，通过对这些层段的深入理解和评价，可以有效地指导页岩油的开发工作。本节在页岩油储层综合评价标准的基础上，优选涠西南凹陷页岩油源岩品质、储层品质和工程品质甜点层段，并进行综合甜点等级划分，确定了涠西南凹陷页岩油有利层段。

一、涠西南凹陷页岩油超甜点层段

根据建立的涠西南凹陷页岩油储层"五性+压力"品质综合评价体系标准，优选了纹层型页岩自生自储、夹层型页岩自生近储地质工程一体化超甜点段。WY-1 井纹层型页岩主要发育一套自生自储超甜点段（4 小层）；夹层型页岩主要发育三套自生近储超甜点段（8 小层、9～10 小层、11 小层）。WY-1 井纹层型"三高"特征：含油性、可动性、地层压力系数高；夹层型"三高"特征：可动性、储集性、可压裂性高（图 6.31）。

WY-4 井纹层型页岩主要发育一套自生自储甜点段（3～4 小层）；夹层型页岩主要发育三套自生近储超甜点段（8 小层、9 小层、11～13 小层）。WY-4 井纹层型"三高"特征：含油性高、可动性高、地层压力系数高；夹层型"三高"特征：可动性高、物性好、可压裂性高（图 6.32）。

WY-5 井纹层型页岩主要发育两套自生自储超甜点段（5 小层、6～7 小层）；夹层型页岩主要发育两套自生近储超甜点段（8 小层、13 小层）。WY-5 井纹层型"三高"特征：含油性高、可动性好、地层压力系数高；夹层型体现"三高"特征：可动性高、物性好、可压裂性高（图 6.33）。

WY-8 井纹层型页岩主要发育两套自生自储超甜点段（4～5 小层、6 小层）；夹层型页岩主要发育两套自生近储超甜点段（12 小层、13 小层）。WY-8 井纹层型"三高"特征：含油性高、可动性好、地层压力系数高；夹层型"三高"特征：可动性好、物性好、可压裂性高（图 6.34）。

二、涠西南凹陷页岩油甜点有利区分布

在单井甜点段分析基础上，综合有利岩相平面分布、S_1 平面分布、TOC 平面分布、OSI 平面分布、页岩地层厚度分布、储层物性及地层压力系数等因素，开展了涠西南凹陷页岩油平面上的超甜点有利区预测，明确了内环低隆带和中环下斜坡带的高压裂缝发育区为有利勘探区带，并据此划分出了三类甜点区，其类型分别为超甜点区（I 类）、甜点区（II 类）及有利勘探区（III 类）。

（一）基质段甜点区预测

基质段主要发育在流二下亚段内，甜点区主要有两大类依次分布甜点区（II 类）及有利勘探区（III 类）两类甜点区。其中甜点区（II 类）及有利勘探区（III 类）属于中环带的

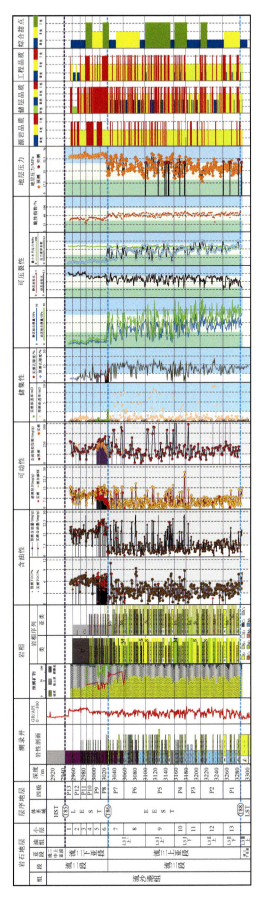

图6.31　WY-1井页岩油储层"五性+压力"品质综合评价与超甜点层段

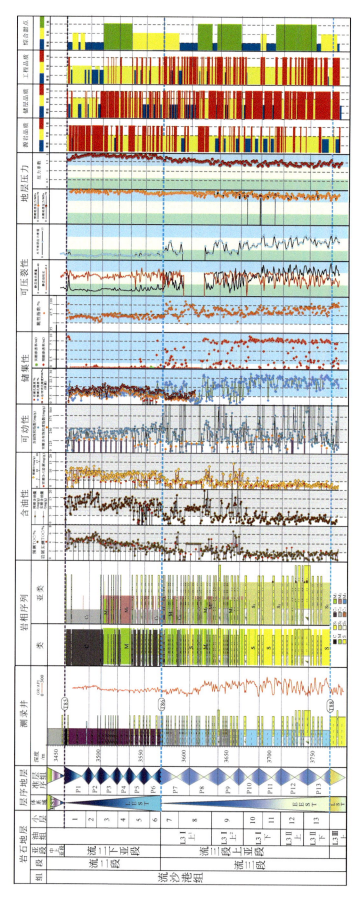

图6.32　WY-4井页岩油储层"五性+压力"品质综合评价与超甜点层段

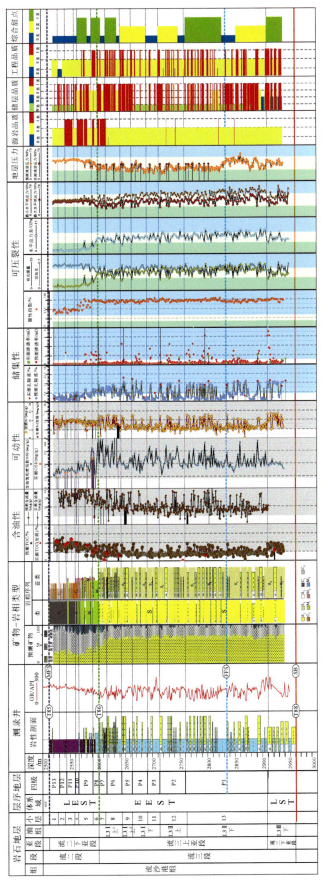

图6.33　WY-5井页岩油储层"五性+压力"品质综合评价与超甜点层段

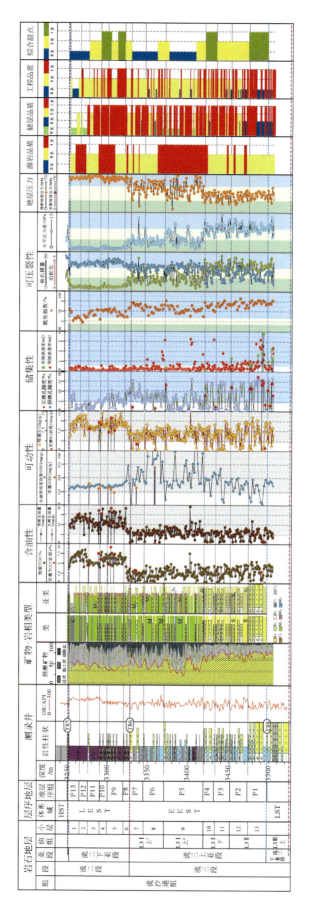

图6.34　WY-8井页岩油层储层"五性+压力"品质综合评价与超甜点层段

长英质含量相对较高的区域，岩相类型主要介于Ⅱ类-Ⅲ类岩相，以含长英质泥岩为主，长英质含量介于10%～30%；甜点区（Ⅱ类）及有利勘探区（Ⅲ类）发育，超甜点区（Ⅰ类）未发育，其甜点区（Ⅱ类）面积约80.9km²，有利勘探区（Ⅲ类）面积约32.7km²，整体以甜点区（Ⅱ类）为主，其地层压力系数大于1.5，TOC大于4%，OSI含量大于150；有利勘探区（Ⅲ类）地层压力系数大于1.3，TOC大于3%，OSI大于100（图6.35）。

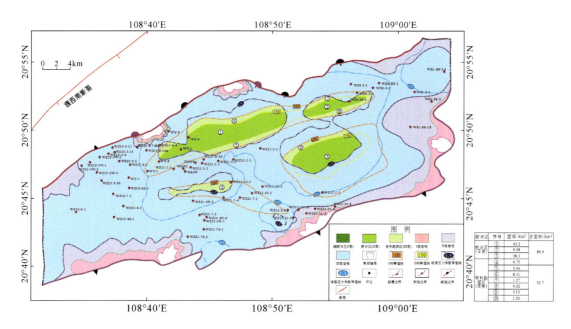

图6.35　涠西南凹陷基质段页岩油甜点区评价预测图

（二）纹层段甜点区预测

纹层段要发育在流二下亚段内，甜点区主要有三大类依次分别为超甜点区（Ⅰ类）、甜点区（Ⅱ类）及有利勘探区（Ⅲ类），主要发育在内环低隆微相区，其次为中环带下斜坡微相区。其中超甜点区（Ⅰ类）属于内环带与中环带的长英质含量较高的区域，长英质含量大于35%，地层压力系数大于1.5，TOC大于4%，OSI大于150，主要为层状-纹层状岩相沉积区，其岩相类型主要为Ⅰ类岩相，其超甜点区总共有5块，总面积约134.2km²；甜点区（Ⅱ类）的发育紧靠超甜点区（Ⅰ类）发育，属于内环带低隆区与中环带下斜坡区的高长英质含量较高区域，长英质含量大于30%，地层压力系数大于1.3，TOC大于3%，OSI大于100，主要为层状-纹层状岩相沉积区，其岩相类型介于Ⅰ类-Ⅱ类优质岩相，其甜点区总共有5块，总面积约318.6km²；有利勘探区（Ⅲ类）发育在中环带中-下斜坡区的层状、纹层状、断续纹层状的含泥长英质页岩，其岩相类型介于为Ⅰ类-Ⅱ类优质岩相，该区地层压力系数介于1.3～1.5，TOC为3%～4%，OSI介于100～150，其有利勘探区总共有三块，总面积约326.4km²（图6.36）。

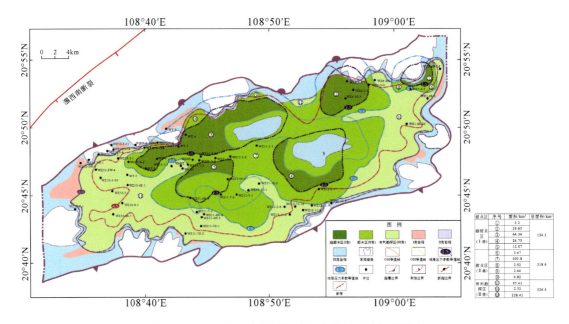

图 6.36　涠西南凹陷纹层段页岩油甜点区评价预测图

（三）夹层段甜点区预测

夹层段发育在流三上亚段内，甜点区主要有三大类依次分别为超甜点区（Ⅰ类）、甜点区（Ⅱ类）及有利勘探区（Ⅲ类）。夹层段发育的超甜点区（Ⅰ类），主要分布在内环低隆微相区，其次为中环带下斜坡微相区，长英质含量大于 40%，其地层压力系数大于1.4，孔隙度大于 8%，其整体厚度都大于 60m，其岩相类型主要为长英质岩相夹有含泥长英质岩相，岩相的类型主要为Ⅰ类型，其超甜点区总共有 6 块，总面积约 76.5km²；甜点区（Ⅱ类）属于内环带与中环带的长英质含量高的区域，长英质含量大于 40%，地层压力系数介于 1.2～1.4，孔隙度大于 6%，区域裂缝较为发育，岩相类型主要为含泥长英质岩相沉积区，岩相类型介于Ⅰ类-Ⅱ类优质岩相，其甜点区总共有 8 块，总面积约 82.3km²；有利勘探区（Ⅲ类）为发育在中环带区的层状、纹层状、断续纹层状的含泥长英质页岩，长英质含量大于 35%，岩相类型介于Ⅰ类-Ⅱ类优质岩相，该区是地层压力系数大于 1.2，孔隙度大于 4%，该区域断裂缝较为发育，其甜点区总共有两块，总面积约 102.7km²（图6.37）。

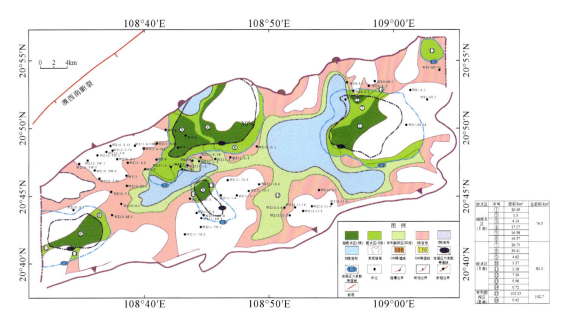

图 6.37　涠西南凹陷夹层段页岩油甜点区评价预测图

参 考 文 献

白斌, 朱如凯, 吴松涛, 等. 2013. 利用多尺度 CT 成像表征致密砂岩微观孔喉结构[J]. 石油勘探与开发, 40(3): 329-333.

白国平, 邱海华, 邓舟舟, 等. 2020. 美国页岩油资源分布特征与主控因素研究[J]. 石油实验地质, 42(4): 524-532.

白雪峰, 王民, 王鑫, 等. 2024. 四川盆地东北部侏罗系凉高山组页岩油甜点与富集区评价[J]. 地球科学, 49(12): 4483-4500.

蔡国福. 1981. 珠江流域地质构造及其各大水系发育简史[J]. 人民珠江, (2): 13-18.

蔡立英. 2020. 马克·马斯林. 天体力学与地球冰期的神秘关联[J]. 世界科学, (8): 15-19.

曹磊. 2021. 北部湾盆地流二段烃源岩的有机质富集机理及发育模式[D]. 北京: 中国石油大学.

曹强, 王韶华, 孙建峰, 等. 2009. 北部湾盆地迈陈凹陷油气成藏条件分析[J]. 海洋地质动态, 25(8): 1-6.

曹涛涛, 宋之光, 王思波, 等. 2015. 上扬子区古生界页岩的微观孔隙结构特征及其勘探启示[J]. 海相油气地质, 20(1): 71-78.

曹婷婷, 蒋启贵, 钱门辉, 等. 2023. 页岩含油量热解分析关键技术[J]. 石油学报, 44(2): 329-338.

陈吉, 肖贤明. 2013. 南方古生界 3 套富有机质页岩矿物组成与脆性分析[J]. 煤炭学报, 38(5): 822-826.

陈践发, 张水昌, 鲍志东, 等. 2006. 海相优质烃源岩发育的主要影响因素及沉积环境[J]. 海相油气地质, 11(3): 49-54.

陈杰, 周改英, 赵喜亮, 等. 2005. 储层岩石孔隙结构特征研究方法综述[J]. 特种油气藏, 12(4): 11-14.

陈居凯, 朱炎铭, 崔兆帮, 等. 2018. 川南龙马溪组页岩孔隙结构综合表征及其分形特征[J]. 岩性油气藏, 30(1): 55-62.

陈善斌, 甘华军, 夏存银, 等. 2014. 北部湾盆地福山凹陷白莲洼陷烃源岩热史及成烃史模拟[J]. 新疆石油地质, 35(6): 672-677.

陈尚斌, 夏筱红, 秦勇, 等. 2013. 川南富集区龙马溪组页岩气储层孔隙结构分类[J]. 煤炭学报, 38(5): 760-765.

程远方, 李友志, 时贤, 等. 2013. 页岩气体积压裂缝网模型分析及应用[J]. 天然气工业, 33(9): 53-59.

崔宝文, 陈春瑞, 林旭东, 等. 2020. 松辽盆地古龙页岩油甜点特征及分布[J]. 大庆石油地质与开发, 39(3): 45-55.

崔春兰, 董振国, 吴德山. 2019. 湖南保靖区块龙马溪组岩石力学特征及可压性评价[J]. 天然气地球科学, 30(5): 626-634.

邓宏文. 1995. 美国层序地层研究中的新学派——高分辨率层序地层学[J]. 石油与天然气地质, 16(2): 89-97.

邓勇, 范彩伟, 胡德胜, 等. 2023. 北部湾盆地涠西南凹陷流沙港组二段下亚段页岩油储层非均质性特征[J]. 石油与天然气地质, 44(4): 923-936.

邓勇, 胡德胜, 朱继田, 等. 2024. 北部湾盆地油气成藏规律与勘探新领域、新类型、资源潜力[J]. 石油学报, 45(1): 202-225.

丁文龙, 王垚, 王生晖, 等. 2024. 页岩储层非构造裂缝研究进展与思考[J]. 地学前缘, 31(1): 297-314.

董春梅, 马存飞, 栾国强, 等. 2015. 泥页岩热模拟实验及成岩演化模式[J]. 沉积学报, 33(5): 1053-1061.

董贵能, 杨希冰, 何小胡, 等. 2020. 北部湾盆地涠西南凹陷流二段三角洲的沉积特征及油气勘探意义[J]. 大庆石油地质与开发, 39(4): 32-41.

杜金虎, 胡素云, 庞正炼, 等. 2019. 中国陆相页岩油类型、潜力及前景[J]. 中国石油勘探, 24(5): 560-568.

范彩伟, 游君君, 周刚. 2025. 北部湾盆地涠西南凹陷流沙港组页岩油赋存空间多尺度表征及可动性评价[J]. 地球科学, 50(1): 127-143.

范代军. 2023. 松辽盆地徐家围子断陷白垩系沙河子组古气候古环境及烃源岩发育模式[D]. 长春: 吉林大学.

范萌萌, 卜军, 袁珍, 等. 2023. 鄂尔多斯盆地中东部延安组古环境恢复[J]. 西安科技大学学报, 43(5): 912-922.

付金华, 喻建, 徐黎明, 等. 2015. 鄂尔多斯盆地致密油勘探开发新进展及规模富集可开发主控因素[J]. 中国石油勘探, 20(5): 9-19.

付锁堂, 姚泾利, 李士祥, 等. 2020. 鄂尔多斯盆地中生界延长组陆相页岩油富集特征与资源潜力[J]. 石油实验地质, 42(05): 698-710.

傅宁, 刘建升. 2018. 北部湾盆地流二段3类烃源岩的生烃成藏特征[J]. 天然气地球科学, 29(7): 932-941.

傅宁, 林青, 王柯. 2017. 北部湾盆地主要凹陷流沙港组二段主力烃源岩再评价[J]. 中国海上油气, 29(5): 12-21.

公言杰, 柳少波, 朱如凯, 等. 2015. 松辽盆地南部白垩系致密油微观赋存特征[J]. 石油勘探与开发, 42(3): 294-299.

宫厚健, 姜振学, 朱峰, 等. 2024. 苏北盆地高邮凹陷阜宁组二段页岩油赋存状态定量表征及控制因素[J]. 东北石油大学学报, 48(2): 59-71.

郭海萱, 郭天魁. 2013. 胜利油田罗家地区页岩储层可压性实验评价[J]. 石油实验地质, 35(3): 339-346.

郭秋麟, 陈晓明, 宋焕琪, 等. 2013. 泥页岩埋藏过程孔隙度演化与预测模型探讨[J]. 天然气地球科学, 24(3): 439-449.

郭秋麟, 王建, 陈晓明, 等. 2021. 页岩油原地量和可动油量评价方法与应用[J]. 石油与天然气地质, 42(6): 1451-1463.

郭秋麟, 米石云, 张倩, 等. 2023. 中国页岩油资源评价方法与资源潜力探讨[J]. 石油实验地质, 45(3): 402-412.

郭天魁, 张士诚, 葛洪魁. 2013. 评价页岩压裂形成缝网能力的新方法[J]. 岩土力学, 34(4): 947-954.

郭旭升, 李宇平, 腾格尔, 等. 2020. 四川盆地五峰组—龙马溪组深水陆棚相页岩生储机理探讨[J]. 石油勘探与开发, 47(1): 193-201.

郭旭升, 申宝剑, 李志明, 等. 2024. 论我国页岩油气的统一性[J]. 石油实验地质, 46(5): 889-905.

韩文中. 2022. 沧东凹陷孔二段页岩油富集特征与控制因素[D]. 青岛: 中国石油大学(华东).

何川, 郑伦举, 王强, 等. 2021. 烃源岩生排烃模拟实验技术现状、应用与发展方向[J]. 石油实验地质, 43(5): 862-870.

何家雄, 张伟, 颜文, 等. 2014. 中国近海盆地幕式构造演化及成盆类型与油气富集规律[J]. 海洋地质与第四纪地质, 34(2): 121-134.

何文渊, 蒙启安, 张金友. 2021. 松辽盆地古龙页岩油富集主控因素及分类评价[J]. 大庆石油地质与开发, 40(5): 1-12.

何文渊, 蒙启安, 冯子辉, 等. 2022. 松辽盆地古龙页岩油原位成藏理论认识及勘探开发实践[J]. 石油学报, 43(1): 1-14.

何香香. 2012. 塔木察格盆地南贝尔凹陷东次凹北洼槽南一段物源方向分析[J]. 内蒙古石油化工, 38(12): 56-58.

侯读杰, 冯子辉. 2011. 油气地球化学[M]. 北京: 石油工业出版社.

侯读杰, 包书景, 毛小平, 等. 2012. 页岩气资源潜力评价的几个关键问题讨论[J]. 地球科学与环境学报, 34(3): 7-16.

胡帮举. 2009. 松辽盆地东南隆起区长春岭背斜带中浅层成藏规律研究[D]. 大庆: 大庆石油学院.

胡晨晖, 徐新德, 鲁海鸥. 2022. 涠西南凹陷优质烃源岩发育控制因素研究[J]. 石油化工应用, 41(8): 80-84.

胡德胜, 宫立园, 满晓, 等. 2022. 北部湾盆地涠西南凹陷雁列断层变换带发育特征及其控储作用——以古近系流沙港组一段重力流沉积为例[J]. 石油与天然气地质, 43(6): 1359-1369.

胡海燕. 2013. 富有机质 Woodford 页岩孔隙演化的热模拟实验[J]. 石油学报, 34(5): 820-825.

胡素云, 郭秋麟, 谌卓恒, 等. 2007. 油气空间分布预测方法[J]. 石油勘探与开发, 34(1): 113-117.

胡素云, 赵文智, 侯连华, 等. 2020. 中国陆相页岩油发展潜力与技术对策[J]. 石油勘探与开发, 47(4): 819-828.

胡素云, 白斌, 陶士振, 等. 2022. 中国陆相中高成熟度页岩油非均质地质条件与差异富集特征[J]. 石油勘探与开发, 2022, 49(2): 224-237.

胡涛, 庞雄奇, 于飒, 等. 2017. 准噶尔盆地风城地区风城组烃源岩生排烃特征及致密油资源潜力[J]. 中南大学学报(自然科学版), 48(2): 427-439.

胡文瑄, 姚素平, 陆现彩, 等. 2019. 典型陆相页岩油层系成岩过程中有机质演化对储集性的影响[J]. 石油与天然气地质, 40(5): 947-956.

黄保家, 黄合庭, 吴国瑄, 等. 2012. 北部湾盆地始新统湖相富有机质页岩特征及成因机制[J]. 石油学报, 33(1): 25-31.

黄第藩. 1996. 成烃理论的发展——(Ⅱ)煤成油及其初次运移模式[J]. 地球科学进展, 11(5): 432-438.

黄思静, 黄培培, 王庆东, 等. 2007. 胶结作用在深埋藏砂岩孔隙保存中的意义[J]. 岩性油气藏, 19(3): 7-13.

黄振凯, 刘全有, 黎茂稳, 等. 2008. 鄂尔多斯盆地长 7 段泥页岩层系排烃效率及其含油性[J]. 石油与天然气地质, 39(3): 513-521, 600.

霍进, 支东明, 郑孟林, 等. 2020. 准噶尔盆地吉木萨尔凹陷芦草沟组页岩油藏特征与形成主控因素[J]. 石油实验地质, 42(4): 506-512.

霍秋立, 曾花森, 张晓畅, 等. 2020. 松辽盆地古龙页岩有机质特征与页岩油形成演化[J]. 大庆石油地质与开发, 39(3): 86-96.

贾承造. 2024. 中国石油工业上游前景与未来理论技术五大挑战[J]. 石油学报, 45(1): 1-14.

贾承造, 郑民, 张永峰. 2012. 中国非常规油气资源与勘探开发前景[J]. 石油勘探与开发, 39(2): 129-136.

贾承造, 姜林, 赵文. 2023. 页岩油气革命与页岩油气、致密油气基础地质理论问题[J]. 石油科学通报, 8(6): 695-706.

贾岫, 姜在兴, 张文昭. 2018. 沾化凹陷页岩油储层特征及控制因素[J]. 海洋地质前沿, 34(12): 29-38.

姜在兴, 梁超, 吴靖, 等. 2013. 含油气细粒沉积岩研究的几个问题[J]. 石油学报, 34(6): 1031-1039.

姜在兴, 张建国, 孔祥鑫, 等. 2023. 中国陆相页岩油气沉积储层研究进展及发展方向[J]. 石油学报, 44(1): 45-71.

蒋启贵, 黎茂稳, 钱门辉, 等. 2016. 不同赋存状态页岩油定量表征技术与应用研究[J]. 石油实验地质, 38(6): 842-849.

蒋廷学, 卞晓冰, 王海涛, 等. 2017. 深层页岩气水平井体积压裂技术[J]. 天然气工业, 37(1): 90-96.

焦堃, 姚素平, 吴浩, 等. 2014. 页岩气储层孔隙系统表征方法研究进展[J]. 高校地质学报, 20(1): 151-161.

焦淑静, 韩辉, 翁庆萍, 等. 2012. 页岩孔隙结构扫描电镜分析方法研究[J]. 电子显微学报, 31(5): 432-436.

金成志, 董万百, 白云风, 等. 2020. 松辽盆地古龙页岩岩相特征与成因[J]. 大庆石油地质与开发, 39(3): 35-44.

金旭, 李国欣, 孟思炜, 等. 2021. 陆相页岩油可动用性微观综合评价[J]. 石油勘探与开发, 48(1): 222-232.

金衍, 陈勉, 张旭东. 2006. 天然裂缝地层斜井水力裂缝起裂压力模型研究[J]. 石油学报, 27(5): 124-126.

金之钧, 朱如凯, 梁新平, 等. 2021. 当前陆相页岩油勘探开发值得关注的几个问题[J]. 石油勘探与开发, 48(6): 1276-1287.

金之钧, 张谦, 朱如凯, 等. 2023. 中国陆相页岩油分类及其意义[J]. 石油与天然气地质, 44(4): 801-819.

柯思. 2017. 泌阳凹陷页岩油赋存状态及可动性探讨[J]. 石油地质与工程, 31(1): 80-83.

匡立春, 侯连华, 杨智, 等. 2021. 陆相页岩油储层评价关键参数及方法[J]. 石油学报, 42(1): 1-14.

黎茂稳, 马晓潇, 蒋启贵, 等. 2019. 北美海相页岩油形成条件、富集特征与启示[J]. 油气地质与采收率, 26(1): 13-28.

黎茂稳, 金之钧, 董明哲, 等. 2020. 陆相页岩形成演化与页岩油富集机理研究进展[J]. 石油实验地质, 42(4): 489-505.

黎茂稳, 马晓潇, 金之钧, 等. 2022. 中国海、陆相页岩层系岩相组合多样性与非常规油气勘探意义[J]. 石油与天然气地质, 43(1): 1-25.

李爱芬, 任晓霞, 王桂娟, 等. 2015. 核磁共振研究致密砂岩孔隙结构的方法及应用[J]. 中国石油大学学报(自然科学版), 39(6): 92-98.

李昂, 张丽艳, 杨建国, 等. 2021. 松辽盆地三肇凹陷青山口组页岩油地震甜点预测方法及应用[J]. 地质与资源, 30(3): 366-376.

李春荣, 张功成, 梁建设, 等. 2012. 北部湾盆地断裂构造特征及其对油气的控制作用[J]. 石油学报, 33(2): 195-203.

李国萃, 石巨业, 樊太亮, 等. 2023. 天文周期约束下始新统湖相地层页岩岩相组合类型及其发育模式——以北部湾盆地涠西南凹陷流沙港组为例[J]. 第四纪研究, 43(6): 1614-1629.

李国欣, 刘国强, 侯雨庭, 等. 2021. 陆相页岩油有利岩相优选与压裂参数优化方法[J]. 石油学报, 42(11): 1405-1416.

李国欣, 朱如凯, 张永庶, 等. 2022. 柴达木盆地英雄岭页岩油地质特征、评价标准及发现意义[J]. 石油勘探与开发, 49(1): 18-31.

李辉, 姜振学, 邓勇, 等. 2022. 南海涠西南凹陷页岩油形成条件及富集特征[J]. 南海矿业大学学报, (5): 1-17.

李进步. 2020. 页岩油赋存机理及可动性研究[D]. 青岛: 中国石油大学(华东).

李进步, 卢双舫, 陈国辉, 等. 2016. 热解参数 S1 的轻烃与重烃校正及其意义——以渤海湾盆地大民屯凹陷 ES42 段为例[J]. 石油与天然气地质, 37(4): 538-545.

李军亮, 刘惠民, 王勇, 等. 2024. 济阳陆相断陷盆地页岩油研究进展[J]. 油气地质与采收率, 31(4): 60-72.

李俊. 2023. 富烃凹陷形成的地质背景及实例分析[J]. 西安文理学院学报(自然科学版), 26(1): 111-115.

李梦柔. 2019. 沧东凹陷孔二段页岩油资源量评价及关键参数分析[D]. 北京: 中国石油大学.

李敏, 庞雄奇, 罗冰, 等, 2021. 生烃潜力法在深层页岩气资源评价中的应用——以四川盆地五峰—龙马溪组优质烃源岩为例[J]. 中国矿业大学学报, 50(6): 1096-1107.

李森, 朱如凯, 崔景伟, 等. 2019.古环境与有机质富集控制因素研究——以鄂尔多斯盆地南缘长 7 油层组为例[J]. 岩性油气藏, 31(1): 87-95.

李守军. 2002. 定量再造湖泊古生产力的尝试[J]. 高校地质学报, 8 (2): 215-219.

李思佳, 唐玄, 昝灵, 等. 2024. 溱潼凹陷阜二段页岩岩相组合特征及其对含油性的影响[J]. 中国海上油气, 36(2): 37-49.

李太伟, 郭和坤, 李海波, 等. 2012. 应用核磁共振技术研究页岩气储层可动流体[J]. 特种油气藏, 19(1): 107.

李天义, 何生, 杨智. 2008. 海相优质烃源岩形成环境及其控制因素分析[J]. 地质科技情报, 27 (6): 63-70.

李洋, 朱筱敏, 赵东娜, 等. 2014. 琼东南盆地崖13-1 气田陵三段高分辨率层序地层及沉积体系研究[J]. 天然气地球科学, 25(7): 999-1010.

李一波, 何天双, 胡志明, 等. 2021. 页岩油藏提高采收率技术及展望[J]. 西南石油大学学报(自然科学版), 43(03): 101-110.

李友川, 兰蕾, 王柯, 等.2019. 北部湾盆地流沙港组湖相烃源岩的差异[J]. 石油学报, 40(12): 1451-1459.

李友川, 王柯, 兰蕾.2020. 北部湾盆地主要凹陷油气差异性及其控制因素[J]. 中国海上油气, 32(5): 1-8.

李志明, 芮晓庆, 黎茂稳, 等. 2015. 北美典型混合页岩油系统特征及其启示[J]. 吉林大学学报(地球科学版), 45(4): 1060-1072.

李忠, 韩登林, 寺建峰.2006. 沉积盆地成岩作用系统及其时空属性[J]. 岩石学报, 22(8): 2151-2164.

梁超, 籍士超, 操应长, 等. 2024. 深水页岩黄铁矿特征、形成及意义[J]. 中国科学: 地球科学, 54(2): 327-359.

梁晓伟, 关梓轩, 牛小兵, 等. 2020. 鄂尔多斯盆地延长组 7 段页岩油储层储集性特征[J]. 天然气地球科学, 31(10): 1489-1500.

林畅松, 张燕梅, 刘景彦, 等. 2000. 高精度层序地层学和储层预测[J]. 地学前缘, 7(3): 111-117.

刘欢. 2023. 南堡凹陷古近系页岩层系岩相发育特征及其控制因素研究[D]. 北京: 中国石油大学.

刘惠民. 2008. 牛庄洼陷沙三段上亚段—沙二段高精度层序地层学[J]. 油气地质与采收率, 15(5): 49-52, 114.

刘惠民.2024. 胜利油田"十四五"勘探形势与发展战略[J]. 油气地质与采收率, 31(4): 1-12.

刘惠民, 张顺, 包友书, 等. 2019. 东营凹陷页岩油储集地质特征与有效性[J]. 石油与天然气地质, 40(3): 512-523.

刘惠民, 王勇, 杨永红, 等. 2020. 东营凹陷细粒混积岩发育环境及其岩相组合: 以沙四上亚段泥页岩细粒沉积为例[J]. 地球科学, 45(10): 3543-3555.

刘惠民, 李军亮, 刘鹏等. 2022. 济阳坳陷古近系页岩油富集条件与勘探战略方向[J]. 石油学报, 43(12): 1717-1729.

刘惠民, 高阳, 秦峰, 等. 2023. 渤海湾盆地济阳坳陷油气勘探新领域、新类型及资源潜力[J]. 石油学报, 44(12): 2141-2159.

刘惠民, 王勇, 李军亮, 等. 2023. 济阳坳陷始新统页岩岩相发育主控因素及分布特征[J]. 古地理学报, 25(4): 752-767.

刘惠民, 王敏生, 李中超, 等. 2024. 中国页岩油勘探开发面临的挑战与高效运营机制研究[J]. 石油钻探技术, 52(3): 1-10.

刘金钟, 唐永春. 1998. 用干酪根生烃动力学方法预测甲烷生成量之一例[J]. 科学通报, 43 (11): 1187-1191.

刘俊海, 吴志轩, 于水, 等. 2005. 丽水凹陷古新统微量元素地球化学特征及其地质意义[J]. 中国海上油气, 17 (1): 8-11.

刘可禹, 刘畅. 2019. "化学-沉积相"分析: 一种研究细粒沉积岩的有效方法[J]. 石油与天然气地质, 40(3): 491-503.

刘庆, 张林晔, 沈忠民, 等. 2004. 东营凹陷湖相盆地类型演化与烃源岩发育[J]. 石油学报, 25(4): 42-45.

刘圣. 2023. 北部湾盆地涠西南凹陷多级次源-汇系统及控储研究[D]. 武汉: 中国地质大学.

刘跃杰, 刘书强, 马强, 等. 2019. BP神经网络法在三塘湖盆地芦草沟组页岩岩相识别中的应用[J]. 岩性油气藏, 31(4): 101-111.

柳波, 石佳欣, 付晓飞, 等. 2018. 陆相泥页岩层系岩相特征与页岩油富集条件——以松辽盆地古龙凹陷白垩系青山口组一段富有机质泥页岩为例[J]. 石油勘探与开发, 45(5): 828-838.

龙海岑, 李绍鹏. 2022. 泥页岩层系非均质性及其控制因素研究——以苏北盆地阜二段为例[J]. 非常规油气, 9(4): 78-90.

卢林, 汪企浩. 黄建军. 2007. 北部湾盆地涠西南和海中凹陷新生代局部构造演化史[J]. 海洋石油, 27(1): 25-29.

卢双舫, 张敏. 2017. 油气地球化学(第二版)[M]. 北京: 石油工业出版社.

卢双舫, 黄文彪, 陈方文, 等. 2012. 页岩油气资源分级评价标准探讨[J]. 石油勘探与开发, 39(2): 249-256.

卢双舫, 薛海涛, 王民, 等. 2016. 页岩油评价中的若干关键问题及研究趋势[J]. 石油学报, 37(10): 1309-1322.

卢双舫, 黄文彪, 李文浩, 等. 2017. 松辽盆地南部致密油源岩下限与分级评价标准[J]. 石油勘探与开发, 44(3): 473-480.

陆加敏, 林铁锋, 李军辉, 等. 2024. 松辽盆地古龙页岩油富集耦合机制[J]. 大庆石油地质与开发, 43(3): 62-74.

路长春, 陆现彩, 刘显东, 等. 2008. 基于探针气体吸附等温线的矿物岩石表征技术Ⅳ: 比表面积的测定和应用[J]. 矿物岩石地球化学通报, 27(1): 28-34.

罗婷婷. 2011. 鄂尔多斯南缘及邻区石盒子组、延长组沉积期盆地原型及演化[D]. 西安: 西北大学.

吕岑. 2019. 东濮凹陷南部古近系烃源岩地球化学特征与油源对比[D]. 荆州: 长江大学.

吕传炳, 吴卓雅, 梁星如, 等. 2020. 饶阳凹陷蠡县斜坡油藏单元划分及其地质意义[J]. 科学技术与工程, 20(17): 6812-6821.

马存飞. 2017. 湖相泥页岩储集特征及储层有效性研究[D]. 青岛: 中国石油大学(华东).

马克, 侯加根, 刘钰铭, 等. 2017. 吉木萨尔凹陷二叠系芦草沟组咸化湖混合沉积模式[J]. 石油学报, 38(6): 636-648.

马永生, 蔡勋育, 赵培荣, 等. 2018. 中国页岩气勘探开发理论认识与实践[J]. 石油勘探与开发, 45(4):

561-574.

马永生, 蔡勋育, 赵培荣, 等. 2022. 中国陆相页岩油地质特征与勘探实践[J]. 地质学报, 96(1): 155-171.

马云, 李三忠, 刘鑫, 等. 2014. 华南北部湾盆地的形成机制[J]. 吉林大学学报(地球科学版), 44(6): 1727-1736.

聂海宽, 张培先, 边瑞康, 等. 2016. 中国陆相页岩油富集特征[J]. 地学前缘, 23(02): 55-62.

宁方兴, 王学军, 郝雪峰, 等. 2015. 济阳坳陷页岩油赋存状态和可动性分析[J]. 新疆石油天然气, (3): 1-5.

宁方兴, 王学军, 郝雪峰, 等. 2017. 济阳坳陷不同岩相页岩油赋存机理[J]. 石油学报, 38(2): 185-195.

潘仁芳, 陈美玲, 张超谟, 等. 2018. 济阳坳陷渤南洼陷古近系页岩油"甜点"地震预测及影响因素分析[J]. 地学前缘, 25(04): 142-154.

庞雄奇, 李倩文, 陈践发, 等. 2014. 含油气盆地深部高过成熟烃源岩古 TOC 恢复方法及其应用[J]. 古地理学报, 16(6): 769-789.

彭金宁, 邱岐, 王东燕, 等. 2020. 苏北盆地古近系阜宁组致密油赋存状态与可动用性[J]. 石油实验地质, 42(1): 53-59.

彭丽. 2017. 济阳坳陷古近系沙三下亚段湖相泥页岩岩相非均质性及控制因素研究[D]. 武汉: 中国地质大学.

齐雪峰, 何云生, 赵亮, 等. 2013. 新疆三塘湖盆地二叠系芦草沟组古生态环境[J]. 新疆石油地质, 34(6): 623-626.

钱门辉, 蒋启贵, 黎茂稳, 等. 2017. 湖相页岩不同赋存状态的可溶有机质定量表征[J]. 石油实验地质, 39(2): 278-286.

秦春雨. 2020. 北部湾盆地涠西南凹陷古近系双层构造演化及沉积响应[D]. 武汉: 中国地质大学.

秦建中, 刘井旺, 刘宝泉, 等. 2002. 加温时间、加水量对模拟实验油气产率及地化参数的影响[J]. 石油实验地质, (2): 152-157.

秦建中, 钱志浩, 曹寅, 等. 2005. 油气地球化学新技术新方法[J]. 石油实验地质, (5): 99-108.

邱桂强. 2005. 陆相断陷盆地高精度层序地层研究现状与思路[J]. 油气地质与采收率, 12(3): 1-4, 8-81.

任拥军, 徐志尧, 李福来, 等. 2016. 北部湾盆地乌石凹陷东部地区流沙港组烃源岩孢粉相特征及其意义[J]. 中国石油大学学报(自然科学版), 40(2): 34-42.

邵宸, 樊太亮, 孙宇. 2013. 基于自然伽马数据绘制并分析 Fischer 图解——以大庆长垣姚家组为例[J]. 资源与产业, 15(1): 64-70.

沈忠民, 周光甲, 洪志华. 1998. 陆相低成熟烃源岩有机硫与热解成烃动力学关系初探[J]. 沉积学报, 16(4): 133-139.

石巨业, 金之钧, 樊太亮, 等. 2016. 南图尔盖盆地 Aryskum 坳陷北部层序发育特征及充填演化模式[J]. 地质科技情报, 35(6): 70-76, 89.

石巨业, 金之钧, 刘全有, 等. 2019. 基于米兰科维奇理论的湖相细粒沉积岩高频层序定量划分[J]. 石油与天然气地质, 40(6): 1205-1214.

史燕青, 季汉成, 张国一, 等. 2021. 准噶尔盆地阜东斜坡梧桐沟组储层沸石分布特征及成因机制[J]. 石油科学通报, 6(1): 1-15.

寿建峰, 张惠良, 沈扬, 等. 2006. 中国油气盆地砂岩储层的成岩压实机制分析[J]. 岩石学报, 22(8): 2165-2170.

宋海强, 刘慧卿, 王敬, 等. 2024. 鄂尔多斯盆地东南部长 7 段页岩油气富集主控因素[J]. 新疆石油地质,

45(1): 27-34.

宋明水, 刘惠民, 王勇, 等. 2020. 济阳坳陷古近系页岩油富集规律认识与勘探实践[J]. 石油勘探与开发, 47(2): 225-235.

苏思远. 2017. 页岩油富集临界条件及有利区预测[D]. 北京: 中国石油大学.

孙焕泉. 2017. 济阳坳陷页岩油勘探实践与认识[J]. 中国石油勘探, 22(4): 1-14.

孙军昌, 陈静平, 杨正明, 等. 2012. 页岩储层岩芯核磁共振响应特征实验研究[J]. 科技导报, 30(14): 25-30.

孙龙德, 刘合, 何文渊, 等. 2021. 大庆古龙页岩油重大科学问题与研究路径探析[J]. 石油勘探与开发, 48(3): 453-463.

孙龙德, 赵文智, 刘合, 等. 2023. 页岩油"甜点"概念及其应用讨论[J]. 石油学报, 44(1): 1-13.

孙龙德, 崔宝文, 朱如凯, 等. 2023. 古龙页岩油富集因素评价与生产规律研究[J]. 石油勘探与开发, 50(3): 441-454.

唐勇, 郭晓燕, 浦世照, 等. 2003. 马朗凹陷芦草沟组储集层特征及有利储集相带[J]. 新疆石油地质, 24(4): 299-301.

唐友军. 2023. 咸化湖盆优质烃源岩与成藏[D]. 荆州: 长江大学.

腾格尔, 卢龙飞, 俞凌杰, 等. 2021. 页岩有机质孔隙形成、保持及其连通性的控制作用[J]. 石油勘探与开发, 48(4): 687-699.

田华, 张水昌, 柳少波, 等. 2012. 压汞法和气体吸附法研究富有机质页岩孔隙特征[J]. 石油学报, 33(3): 419-427.

田辉. 2006. 塔里木盆地台盆区天然气生成动力学模拟与成藏研究[D]. 中国科学院研究生院（广州地球化学研究所）.

田在艺, 张庆春. 1993. 沉积盆地控制油气赋存的因素[J]. 石油学报, 14(4): 1-19.

汪品先. 2006. 地质计时的天文"钟摆"[J]. 海洋地质与第四纪地质, 26(1): 1-7.

王国平, 刘景双, 翟正丽. 2005. 沼泽沉积剖面特征元素比值及其环境意义——盐碱化指标及气候干湿变化[J]. 地理科学, (3): 3335-3339.

王建, 郭秋麟, 赵晨蕾, 等. 2023. 中国主要盆地页岩油气资源潜力及发展前景[J]. 石油学报, 44(12): 2033-2044.

王剑, 周路, 刘金, 等. 2020. 准噶尔盆地吉木萨尔凹陷二叠系芦草沟组酸碱交替成岩作用特征及对页岩储集层的影响[J]. 石油勘探与开发, 47(5): 898-912.

王金艺, 金振奎, 王昕尧, 等. 2023. 陆相细粒岩储层质量的控制因素——以四川盆地下侏罗统为例[J]. 沉积学报, 41(2): 646-659.

王民, 石蕾, 王文广, 等. 2014. 中美页岩油、致密油发育的地球化学特征对比[J]. 岩性油气藏, 26(3): 67-73.

王民, 马睿, 李进步, 等. 2019. 济阳坳陷古近系沙河街组湖相页岩油赋存机理[J]. 石油勘探与开发, 46(4): 789-802.

王鹏威, 刘忠宝, 张殿伟, 等. 2023. 川东地区二叠系海相页岩有机质富集对有机质孔发育的控制作用[J]. 石油与天然气地质, 44(2): 379-392.

王为民. 2001. 核磁共振岩石物理研究及其在石油工业中的应用[D]. 武汉: 中国科学院武汉物理与数学研究所.

王夏斌, 姜在兴, 胡光义, 等. 2019. 辽河盆地西部凹陷古近系沙四上亚段沉积相及演化[J]. 吉林大学学报

(地球科学版), 49(5): 1222-1234.

王秀平, 牟传龙, 王启宇, 等. 2015. 川南及邻区龙马溪组黑色岩系成岩作用[J]. 石油学报, 36(9): 1035-1047.

王勇, 王学军, 宋国奇, 等. 2016. 渤海湾盆地济阳坳陷泥页岩岩相与页岩油富集关系[J]. 石油勘探与开发, 43(5): 696-704.

王玉满, 董大忠, 李建忠, 等. 2012. 川南下志留统龙马溪组页岩气储层特征[J]. 石油学报, 33(4): 551-561.

王治朝, 米敬奎, 李贤庆, 等. 2009. 生烃模拟实验方法现状与存在问题[J]. 天然气地球科学, 20(4): 592-597.

蔚远江, 王红岩, 刘德勋, 2023. 中国陆相页岩油示范区发展现状及建设可行性评价指标体系[J]. 地球科学, 48(1): 191-205.

魏小松. 2021. 涠西南凹陷始新世沉积环境演化与烃源岩发育机制[D]. 武汉: 中国地质大学.

吴怀春, 房强. 2020. 旋回地层学和天文时间带[J]. 地层学杂志, 44(3): 227-238.

吴怀春, 房强, 张世红, 等. 2016. 新生代米兰科维奇旋回与天文地质年代表[J]. 第四纪研究, 36(5): 1055-1074.

武群虎, 郝冉冉, 周红科, 等. 2019. 埕岛东坡东营组高精度层序地层格架与储层预测[J]. 特种油气藏, 26(5): 1-7.

谢灏辰, 于炳松, 谭聪. 2016. 鄂尔多斯盆地延长组米氏旋回分析及层序划分[J]. 大庆石油地质与开发, 35(1): 43-47.

谢瑞永, 黄保家, 李旭红, 等. 2014. 北部湾盆地涠西南凹陷流沙港组烃源岩生烃潜力评价[J]. 地质学刊, 38(4): 670-675.

谢婷, 李琦, 王向华, 等. 2020. 牛蹄塘与陡山沱组页岩孔隙发育差异性与主控因素分析——以鄂西某井为例[J]. 科学技术与工程, 20(32): 13148-13157.

熊永强, 耿安松, 王云鹏, 等. 2001. 干酪根二次生烃动力学模拟实验研究[J]. 中国科学: 地球科学, 31(4): 315-320.

徐长贵, 邓勇, 范彩伟, 等. 2022. 北部湾盆地涠西南凹陷页岩油地质特征与资源潜力[J]. 中国海上油气, 34(5): 1-12.

徐川. 2023. 珠江口盆地阳江东凹始新统文昌组湖相泥岩有机质富集机制[D]. 长春: 吉林大学.

徐建永, 郑瑞辉, 李宏义, 等. 2024. 涠西南凹陷流二段油页岩与泥岩形成环境及生烃特征差异性[J]. 中国海上油气, 36(3): 25-36.

徐明慧, 王峰, 田景春, 等. 2023. 湖相富有机质泥页岩岩相划分及沉积环境——以鄂尔多斯盆地长 7_3 亚段为例[J/OL]. 沉积学报, 2024: 1-24[2024-10-20]. https://doi.org/10.14027/j.issn.1000-0550.076.

薛海涛, 田善思, 王伟明, 等. 2016. 页岩油资源评价关键参数——含油率的校正[J]. 石油与天然气地质, 37(1): 15-22.

严德天, 陆江, 魏小松, 等. 2019. 断陷湖盆富有机质页岩形成环境及主控机制浅析——以涠西南凹陷流沙港组二段为例[J]. 中国海上油气, 31(5): 21-29.

杨峰, 宁正福, 胡昌蓬, 等. 2013. 页岩储层微观孔隙结构特征[J]. 石油学报, 34(2): 301-311.

杨峰, 宁正福, 孔德涛, 等. 2013. 高压压汞法和氮气吸附法分析页岩孔隙结构[J]. 天然气地球科学, 24(3): 450-455.

杨华, 牛小兵, 徐黎明, 等. 2016. 鄂尔多斯盆地三叠系长 7 段页岩油勘探潜力[J]. 石油勘探与开发, 43(4): 511-520.

杨侃, 陆现彩, 徐金覃, 等. 2013. 气体吸附等温线法表征页岩孔隙结构的模型适用性初探[J]. 煤炭学报, 38(5): 817-821.

杨万芹, 蒋有录, 王勇. 2015. 东营凹陷沙三下—沙四上亚段泥页岩岩相沉积环境分析[J]. 中国石油大学学报(自然科学版), 39(4): 19-26.

杨维磊, 李新宇, 徐志, 等. 2019. 鄂尔多斯盆地安塞地区长 7 段页岩油资源潜力评价[J]. 海洋地质前沿, 35(4): 48-56.

杨焱钧, 柳益群, 蒋宜勤, 等. 2019. 新疆准噶尔盆地吉木萨尔凹陷二叠系芦草沟组云质岩地球化学特征[J]. 沉积与特提斯地质, 39(2): 84-93.

杨振恒, 李志明, 王果寿, 等. 2010. 北美典型页岩气藏岩石学特征、沉积环境和沉积模式及启示[J]. 地质科技情报, 29(6): 59-65.

杨智, 侯连华, 陶士振, 等. 2015. 致密油与页岩油形成条件与"甜点区"评价[J]. 石油勘探与开发, 42(5): 555-565.

姚艳斌, 刘大锰. 2016. 基于核磁共振弛豫谱的煤储层岩石物理与流体表征[J]. 煤炭科学技术, 44(6): 14-22.

游君君, 徐新德, 李里, 等. 2012. 涠西南凹陷流沙港组二段烃源岩有机相研究[J]. 中国矿业, 21(11): 87-90.

于炳松. 2013. 页岩气储层孔隙分类与表征[J]. 地学前缘, 20(4): 211-220.

于利民. 2023. 松辽盆地大情字井地区青山口组一段夹层型页岩油甜点综合评价[D]. 大庆: 东北石油大学.

于水, 邓运华, 李宏义, 等. 2020. 北部湾盆地流二段油页岩形成条件与分布控制因素[J]. 中国海上油气, 32(2): 24-33.

余涛, 卢双舫, 李俊乾, 等. 2018. 东营凹陷页岩油游离资源有利区预测[J]. 断块油气田, 25(1): 16-21.

俞映月, 吴世强, 郑有恒, 等. 2024. 江汉盆地陈沱口凹陷始新统盐湖古环境对富有机质岩相发育的控制[J]. 地质科技通报, 43(5): 70-80.

袁玉松, 周雁, 邱登峰, 等. 2016. 泥页岩非构造裂缝形成机制及特征[J]. 现代地质, 30(1): 155-162.

远光辉, 操应长, 杨田, 等. 2013. 论碎屑岩储层成岩过程中有机酸的溶蚀增孔能力[J]. 地学前缘, 20(5): 207-219.

曾联波, 肖淑蓉. 1999. 低渗透储集层中的泥岩裂缝储集体[J]. 石油实验地质, 21(3): 266-269.

曾联波, 李忠兴, 史成恩, 等. 2007. 鄂尔多斯盆地上三叠统延长组特低渗透砂岩储层裂缝特征及成因[J]. 地质学报, 81(2): 174-180.

曾联波, 赵继勇, 朱圣举, 等. 2008. 岩层非均质性对裂缝发育的影响研究[J]. 自然科学进展, 18(2): 216-220.

张超, 张立强, 陈家乐, 等. 2017. 渤海湾盆地东营凹陷古近系细粒沉积岩岩相类型及判别[J]. 天然气地球科学, 28(5): 713-723.

张道伟, 薛建勤, 伍坤宇, 等. 2020. 柴达木盆地英西地区页岩油储层特征及有利区优选[J]. 岩性油气藏, 32(4): 1-11.

张冬杰. 2013. 松辽盆地北部江桥—平洋地区高台子油层沉积相研究[D]. 大庆: 东北石油大学.

张金川, 林腊梅, 李玉喜, 等. 2012. 页岩油分类与评价[J]. 地学前缘, 19(5): 322-331.

张林晔, 李政, 李钜源, 等. 2012. 东营凹陷古近系泥页岩中存在可供开采的油气资源[J]. 天然气地球科学,

23(1): 1-13.

张林晔, 李钜源, 李政, 等. 2014. 北美页岩油气研究进展及对中国陆相页岩油气勘探的思考[J]. 地球科学进展. 29(6): 700-711.

张林晔, 包友书, 李钜源, 等. 2015. 湖相页岩中矿物和干酪根留油能力实验研究[J]. 石油实验地质, 37(6): 776-780.

张鹏飞. 2019. 基于核磁共振技术的页岩油储集、赋存与可流动性研究[D]. 青岛: 中国石油大学(华东).

张萍. 2014. 涠西南凹陷西南地区油气地质特征及有利勘探区带预测[J]. 物探化探计算技术, 36(5): 619-625.

张启岩. 2014. 榆树林油田徐 30 区块葡萄花油层沉积相及储层物性研究[D]. 杭州: 浙江大学.

张少敏, 操应长, 朱如凯, 等. 2018. 湖相细粒混合沉积岩岩石类型划分: 以准噶尔盆地吉木萨尔凹陷二叠系芦草沟组为例[J]. 地学前缘, 25(4): 198-209.

张水昌, 梁狄刚, 张大江. 2002. 关于古生界烃源岩有机质丰度的评价标准[J]. 石油勘探与开发, (2): 8-12.

张顺, 刘惠民, 王敏, 等. 2018. 东营凹陷页岩油储层孔隙演化[J]. 石油学报, 39(7): 754-766.

张顺, 刘惠民, 王永诗, 等. 2019. 东营凹陷古近系页岩成岩事件及其对页岩储集空间发育特征的影响[J]. 油气地质与采收率, 26(1): 109-118.

张顺, 刘惠民, 张鹏飞, 等. 2022. 东营凹陷中低成熟度富碳酸盐页岩地质特征——以牛庄洼陷沙四段上亚段为例[J]. 中国矿业大学学报, 51(6): 1138-1151.

张文昭. 2014. 泌阳凹陷古近系核桃园组三段页岩油储层特征及评价要素[D]. 北京: 中国地质大学.

张晓辉, 李伟, 王秀娟, 等. 2014. 韩城矿区构造煤纳米级孔隙结构的分形特征[J]. 煤田地质与勘探, 42(5): 4-8.

张雪. 2019. 陆相富有机质页岩的岩相特征与成因分析[D]. 北京: 中国石油大学.

张运波, 王根厚, 余正伟, 等. 2013. 四川盆地中二叠统茅口组米兰科维奇旋回及高频层序[J]. 古地理学报, 15(6): 777-786.

张振英, 邵龙义, 柳广第, 等. 2009. 南堡凹陷无井探区烃源岩评价研究[J]. 石油勘探与开发, 31(4): 64-67.

张智武, 刘志峰, 张功成, 等. 2013. 北部湾盆地裂陷期构造及演化特征[J]. 石油天然气学报, 35(1): 6-10, 172.

赵迪斐. 2020. 川东下古生界五峰组-龙马溪组页岩储层孔隙结构精细表征[D]. 徐州: 中国矿业大学.

赵金洲, 许文俊, 李勇明, 等. 2015. 页岩气储层可压性评价新方法[J]. 天然气地球科学, 26(6): 1165-1172.

赵佩, 李贤庆, 田兴旺, 等. 2014. 川南地区龙马溪组页岩气储层微孔隙结构特征[J]. 天然气地球科学, 25(6): 947-956.

赵文智, 李建忠, 杨涛, 等. 2016. 中国南方海相页岩气成藏差异性比较与意义[J]. 石油勘探与开发, 43(4): 499-510.

赵文智, 胡素云, 侯连华. 2018. 页岩油地下原位转化的内涵与战略地位[J]. 石油勘探与开发, 45(4): 537-545.

赵文智, 贾爱林, 位云生, 等. 2020. 中国页岩气勘探开发进展及发展展望[J]. 中国石油勘探, 25(1): 31-44.

赵文智, 朱如凯, 刘伟, 等. 2023. 我国陆相中高熟页岩油富集条件与分布特征[J]. 地学前缘, 30(1): 116-127, 242-259.

赵贤正, 周立宏, 蒲秀刚, 等. 2018. 陆相湖盆页岩层系基本地质特征与页岩油勘探突破——以渤海湾盆地沧东凹陷古近系孔店组二段一亚段为例[J]. 石油勘探与开发, 45(3): 361-372.

赵贤正, 周立宏, 蒲秀刚, 等. 2020. 歧口凹陷歧北次凹沙河街组三段页岩油地质特征与勘探突破[J]. 石油学报, 41(6): 643-657.

赵贤正, 蒲秀刚, 周立宏, 等. 2021. 深盆湖相区页岩油富集理论、勘探技术及前景——以渤海湾盆地黄骅坳陷古近系为例[J]. 石油学报, 42(2): 143-162.

赵贤正, 蒲秀刚, 金凤鸣, 等. 2023. 黄骅坳陷页岩型页岩油富集规律及勘探有利区[J]. 石油学报, 44(1): 158-175.

郑良烁. 2013. 苏北兴化 2 孔晚中新世以来重矿物物源示踪研究[D]. 南京: 南京师范大学.

郑伦举, 秦建中, 何生, 等. 2009. 地层孔隙热压生排烃模拟实验初步研究[J]. 石油实验地质, 31(3): 296-302, 306.

周家雄, 胡高伟, 邓勇, 等. 2019. 利用地震成藏学研究断陷湖盆油气成藏关键要素[J]. 石油地球物理勘探, 54(5): 945, 1141-1150.

周杰, 庞雄奇. 2002. 一种生、排烃量计算方法探讨与应用[J]. 石油勘探与开发, 29 (1): 24-27.

朱军, 黄黎刚, 杜长江, 等. 2020. 鄂尔多斯盆地页岩油"双甜点"地震预测方法研究[C]. 2020 油气田勘探与开发国际会议论文集, 1557-1564.

朱日房, 张林晔, 李政, 等. 2019. 陆相断陷盆地页岩油资源潜力评价——以东营凹陷沙三段下亚段为例[J]. 油气地质与采收率, 26(1): 129-136.

朱如凯, 白斌, 崔景伟, 等. 2013. 非常规油气致密储集层微观结构研究进展[J]. 古地理学报, 15(5): 615-623.

朱晓萌, 朱文兵, 曹剑, 等. 2019. 页岩油可动性表征方法研究进展[J]. 新疆石油地质, 40(6): 745-753.

朱炎铭, 张寒, 亢韦, 等. 2015. 中上扬子地区龙马溪组、筇竹寺组页岩有机质微孔缝特征: 生物发育与孔隙网络[J]. 天然气地球科学, 26(8): 1507-1514.

邹才能, 朱如凯, 白斌, 等. 2011. 中国油气储层中纳米孔首次发现及其科学价值[J]. 岩石学报, 27(6): 1857-1864.

邹才能, 杨智, 崔景伟, 等. 2013. 页岩油形成机制、地质特征及发展对策[J]. 石油勘探与开发, 40(1): 14-26.

邹才能, 杨智, 孙莎莎, 等. 2020. "进源找油": 论四川盆地页岩油气[J]. 中国科学: 地球科学, 50(7): 903-920.

邹才能, 朱如凯, 董大忠, 等. 2022. 页岩油气科技进步、发展战略及政策建议[J]. 石油学报, 43(12): 1675-1686.

邹才能, 马锋, 潘松圻, 等. 2023. 全球页岩油形成分布潜力及中国陆相页岩油理论技术进展[J]. 地学前缘. 30(1): 128-142.

祖小京, 妥进才, 张明峰, 等. 2007. 矿物在油气形成过程中的作用[J]. 沉积学报, 25(2): 298-306.

Abouelresh M O, Slatt R M. 2011. Shale Depositional processes: example from the Paleozoic Barnett Shale, Fort Worth Basin, Texas, USA [J]. Central European Journal of Geosciences, 3(4): 398-409.

Algeo T J, Liu J. 2020. A re-assessment of elemental proxies for paleoredox analysis[J]. Chemical Geology, 540: 119549.

Andresen B, Barth T, Irwin H. 1993. Yields and carbon isotopic composition of pyrolysis products from artificial maturation processes[J]. Chemical Geology, 106(1): 103-119.

Arif M, Mahmoud M, Zhang Y, et al. 2021. X-ray tomography imaging of shale microstructures: a review in the context of multiscale correlative imaging[J]. International Journal of Coal Geology, 233: 103641.

Bai T, Yang F, Wang H, et al. 2022. Adhesion forces of shale oil droplet on mica surface with different roughness: an experimental investigation using atomic force microscopy[J]. Energies, 15(17): 1-15.

Barrett E P, Joyner L G, Halenda P P. 1951. The determination of pore volume and area distributions in porous substances. I. Computations from nitrogen isotherms[J]. Journal of the American Chemical Society, 73(1): 373-380.

Baruch E T, Kennedy M J, Löhr S C, et al. 2015. Feldspar dissolution-enhanced porosity in Paleoproterozoic shale reservoir facies from the Barney Creek Formation (McArthur Basin, Australia) [J]. AAPG Bulletin, 99(9): 1745-1770.

Baumgarten H, Wonik T. 2015. Cyclostratigraphic studies of sediments from Lake Van (Turkey) based on their uranium contents obtained from downhole logging and paleoclimatic implications[J]. International Journal of Earth Sciences, 104: 1639-1654.

Berger A. 1978. Long-term varitions of caloric iinsolation resulting from the Earth's orbital elements[J]. Quaternary Research, 9(2): 139-167.

Bernard S, Horsfield B, Schulz H M, et al. 2012. Geochemical evolution of organic-rich shales with increasing maturity: a STXM and TEM study of the Posidonia Shale (Lower Toarcian, northern Germany)[J]. Marine and Petroleum Geology, 31(1): 70-89.

Bernard S, Wirth R A, Schreiber H, et al. 2012. Formation of nanoporous pyrobitumen residues during maturation of the Barnett Shale (Fort Worth Basin) [J]. International Journal of Coal Geology, 103: 3-11.

Bian J, Hou D, Cui Y, et al. 2023. Geochemical characteristics and origin of the ultra-deep hydrocarbons from the Shunbei Oilfield in the Tarim Basin, China: insight from molecular biomarkers and carbon isotope geochemistry[J]. Marine and Petroleum Geology, 158: 106542.

Bintanja R, Wal R. 2008. North American ice-sheet dynamics and the onset of 100,000-year glacial cycles[J]. Nature, 454(14): 869-872.

Bjørlykke K. 2014. Relationships between depositional environments, burial history and rock properties. Some principal aspects of diagenetic process in sedimentary basins[J]. Sedimentary Geology, 301: 1-14.

Bohacs K M, Carroll A R, Neal J E, et al. 2000. Lake–basin type, source potential, and hydrocarbon character: an in tegrated sequence stratigraphic geochemical framework[J]. AAPG, 46: 3-34.

Brookfield M E. 2008. Evolution of the great river systems of southern Asia during the Cenozoic India-Asia collision: rivers draining north from the Pamir syntaxis[J]. Geomorphology, 100: 296-311.

Brookfield M E, Martini I P, Zhu D K, et al. 1998. Morphology and land-use of the coastal zone of the north Jiangsu Plan, Jiangsu Province, easten China[J]. Journal of Coastal Research, 14(2): 591.

Brunauer S, Emmett P H, Teller E. 1938. Adsorption of gases in multimolecular layers [J]. Journal of the American Chemical Society, 60: 309-319.

Budaeva A, Zoltoev E. 2010. Porous structure and sorption properties of nitrogen-containing activated carbon [J]. Fuel, 89: 2623-2627.

Burnham A K, Braun R L, Gregg H R, et al. 2002. Comparison of methods for measuring kerogen pyrolysis rates and fitting kinetic parameters[J]. Energy and Fuels, 1(6): 452-458.

Campisano C. 2012. Milankovitch Cycles, Paleoclimatic Change, and Hominin Evolution[J]. Nature Education

Knowledge, 4(3): 5.

Cao H Y, Jin S D, Su M, et al. 2016. Astronomical forcing of sedimentary cycles of Late Eocene Liushagang Formation in the Bailian Sag, Fushan Depression, Beibuwan Basin, South China Sea[J]. Journal of Central South University, 23: 1427-1438.

Cao L, Zhang Z, Li Hongyi, et al. 2020. Mechanism for the enrichment of organic matter in the Liushagang Formation of the Weixinan Sag, Beibuwan Basin, China[J]. Marine and Petroleum Geology, 122: 104649.

Cao T, Deng M, Cao Q, et al. 2021. Pore formation and evolution of organic-rich shale during the entire hydrocarbon generation process: examination of artificially and naturally matured samples[J]. Journal of Natural Gas Science and Engineering, 93: 104020.

Cardott B J, Landis C R, Curtis M E. 2015. Post-oil solid bitumen network in the Woodford Shale，USA: a potential primary migration pathway[J]. International Journal of Coal Geology, 139: 106-113.

Carroll R A, Bohacs M K. 2001. Lake-Type Controls on Petroleum Source Rock Potential in Nonmarine Basins[J]. AAPG Bulletin, 85(6): 1033-1053.

Chalmers G R, Bustin R M, Power I M. 2012. Characterization of gas shale pore systems by porosimetry, pycnometry, surface area, and field emission scanning electron microscopy/transmission electron microscopy image analyses: examples from the Barnett, Woodford, Haynesville, Marcellus, and Doig units[J]. AAPG Bulletin, 96(6): 1099-1119.

Chandra D, Vishal V. 2021. A critical review on pore to continuum scale imaging techniques for enhanced shale gas recovery[J]. Earth-Science Reviews, 217: 103638.

Chen G, Gang W, Chang X, et al. 2020. Paleoproductivity of the Chang 7 unit in the Ordos Basin (North China) and its controlling factors[J]. Palaeogeography, Palaeoclimatology, Palaeoecology, 551: 109741.

Chen J, Yin L , Ren S, et al. 2015. The thermal damage properties of mudstone, gypsum and rock salt from Yingcheng, Hubei, China[J]. Minerals, 5(1): 104-116.

Chen Y, Yan M, Fang X, et al. 2017. Detrital zircon U–Pb geochronological and sedimentological study of the Simao Basin, Yunnan: implications for the Early Cenozoic evolution of the Red River[J]. Earth and Planetary Science Letters, 476: 22-33.

Chen Y, Wang Y, Guo M, et al. 2020. Differential enrichment mechanism of organic matters in the marine-continental transitional shale in northeastern Ordos Basin, China: control of sedimentary environments[J]. Journal of Natural Gas Science and Engineering, 83: 103625.

Chen Z, Jiang C, Lavoie D, et al. 2016. Model-assisted Rock-Eval data interpretation for source rock evaluation: examples from producing and potential shale gas resource plays[J]. International Journal of Coal Geology, 165: 290-302.

Cipolla C L, Warpinski N R, Mayerhofer M J, et al. 2008. The relationship between fracture complexity, reservoir properties, and fracture-treatment design[J]. Spe Production and Operations, 25(4): 115769.

Claire B E, Townsend S A, Nash D B, et al. 2018. Monitoring concentration and isotopic composition of methane in groundwater in the Utica Shale hydraulic fracturing region of Ohio[J]. Environmental Monitoring and Assessment, 190(6): 1-15.

Clark J P, Philp R P. 1989. Geochemical characterization of evaporite and carbonate depositional environments and correlation of associated crude oils in the Black Creek Basin, Alberta[J]. Bulletin of Canadian Petroleum Geology, 37(4): 401-416.

Clarkson C R, Solano N, Bustin R M, et al. 2013. Pore structure characterization of North American shale gas reservoirs using USANS/SANS, gas adsorption, and mercury intrusion[J]. Fuel, 103: 606-616.

Clarkson C R, Haghshenas B, Ghanizadeh A, et al. 2016. Nanopores to megafractures: current challenges and methods for shale gas reservoir and hydraulic fracture characterization[J]. Journal of Natural Gas Science and Engineering, 31: 612-657.

Curtis J B. 2002. Fractured shale-gas systems [J]. AAPG Bulletin, 86(11): 1921-1938.

Curtis M E, Sondergeld C H, Ambrose R J, et al. 2012. Microstructural investigation of gas shales in two and three dimensions using nanometer-scale resolution imaging[J]. AAPG Bulletin, 96(4): 665-677.

Dong D, Guan Q, Wang S, et al. 2015. Shale gas in China: reality and dream[J]. Energy Exploration and Exploitation, 33(3): 397-418.

Dong T, Harris N B, Ayranci K, et al. 2015. Porosity characteristics of the Devonian Horn River shale, Canada: insights from lithofacies classification and shale composition[J]. International Journal of Coal Geology, 141-142: 74-90.

Dong T, Harris N B, McMillan J M, et al. 2019. A model for porosity evolution in shale reservoirs: an example from the Upper Devonian Duvernay Formation, Western Canada Sedimentary Basin [J]. AAPG Bulletin, 103: 1017-1044.

Ehrenberg S N. 1997. Influence of depositional sand quality and diagenesis on porosity and permeability; examples from Brent Group reservoirs, northern North Sea[J]. Journal of Sedimentary Research, 67(1): 197-211.

Ewing R P, Horton R. 2002. Diffusion in sparsely connected pore spaces: temporal and spatial scaling[J]. Water Resources Research, 38 (12): 1285.

Fan D, Shan X, Makeen Y M, et al. 2021. Response of a continental fault basin to the global OAE1a during the Aptian: Hongmiaozi Basin, Northeast China[J]. Scientific Reports, 11(1): 7229.

Fishman N S，Hackley P C，Lowers H A, et al. 2012. The nature of porosity in organic-rich mudstones of the Upper Jurassic Kimmeridge Clay Formation，North Sea，offshore United Kingdom[J]. International Journal of Coal Geology, 103: 32-50.

Fu J, Guo S, Liao G. 2019. Pore characterization and controlling factors analysis of organic-rich shale from Upper Paleozoic marine-continental transitional facies in western Ordos Basin of China[J]. Energy Procedia, 158: 6009-6015.

Gethner J S. 1986. The determination of the void structure of microporous coals by small-angle neutron scattering: void geometry and structure in Illinois No. 6 bituminous coal[J]. Journal of Applied Physics, 59(4): 1068-1085.

Gonçalves T F, Mora A C, Córdoba F, et al. 2002. Petroleum generation and migration in the Putumayo Basin, Colombia: insights from an organic geochemistry and basin modeling study in the foothills[J]. Marine and Petroleum Geology, 19(6): 711-725.

Greenwood P F, Arouri K R, George S C. 2000. Tricyclic terpenoid composition of tasmanites kerogen as determined by pyrolysis GC-MS[J]. Geochimica et Cosmochimica Acta, 64(7): 1249-1263.

Gregg S J, Sing K S W. 1982. Adsorption Surface Area and Porosity[M]. New York: Academic Press.

Guo Q L, Yao Y, Hou L H, et al. 2022. Oil migration, retention, and differential accumulation in "sandwiched" lacustrine shale oil systems from the Chang 7 member of the Upper Triassic Yanchang Formation, Ordos Basin[J]. China International Journal of Coal Geology, 261: 104077.

Hackley P C, Cardott B J. 2016. Application of organic petrography in North American shale petroleum systems: a review[J]. International Journal of Coal Geology, 163: 8-51.

Han C, Jiang Z, Han M, et al. 2016. The lithofacies and reservoir characteristics of the Upper Ordovician and Lower Silurian black shale in the Southern Sichuan Basin and its periphery, China[J]. Marine and Petroleum Geology, 75: 181-191.

Han Y, Horsfield B, Wirth R, et al. 2017. Oil retention and porosity evolution in organic-rich shales [J]. AAPG Bulletin, 101: 807-827.

Han Y, Mahlstedt N, Horsfield B. 2015. The Barnett Shale: compositional fractionation associated with intraformational petroleum migration, retention, and expulsion[J]. AAPG Bull, 99(12): 2173-2202.

Handy L L. 1960. Determination of effective capillary pressures for porous media from imbition data[J]. Transactions of the AIME, 219(1): 75-80.

Hao F, Zhou X, Zhu Y. 2009. Mechanisms for oil depletion and enrichment on the Shijiutuo uplift, Bohai Bay Basin, China[J]. AAPG Bulletin, 93(8): 1015-1037.

Hao F, Zou H, Lu Y. 2013. Mechanisms of shale gas storage: implications for shale gas exploration in China [J]. AAPG Bulletin, 97(8): 1325-1346.

Heller R, Zoback M. 2014. Adsorption of methane and carbon dioxide on gas shale and pure mineral samples[J]. Journal of Unconventional Oil and Gas Resources, 8: 14-24.

Heller R, Vermylen J, Zoback M. 2014. Experimental investigation of matrix permeability of gas shales[J]. AAPG Bulletin, 98(5): 975-995.

Hickey J J, Henk B. 2007. Lithofacies summary of the Mississippian Barnett Shale, Mitchell 2 T. P. Sims well, Wise County, Texas[J]. AAPG Bulletin, 91(4): 437-443.

Hooper E C D. 1991. Fluid migration along growth faults in compacting sediments[J]. Journal of Petroleum Geology, 14(2): 161-180.

Horsfield B, Schenk H J, Mills N, et al, 1992. An Investigation of the In-Resevoir Conversion of Oil to Gas-Compositional and Kinetic Findings from Closed-System Programmed-Temperature Pyrolysis[J]. Organic Geochemistry, 19(1-3): 191-204.

Hu Q, Ewing R P, Dultz S. 2012. Low pore connectivity in natural rock[J]. Journal of Contaminant Hydrology, 133: 76-83.

Hu S, Bai B, Tao S, et al. 2022. Heterogeneous geological conditions and differential enrichment of medium and high maturity continental shale oil in China[J]. Petroleum Exploration and Development, 49 (2): 257-271.

Hu T, Pang X, Jiang S, et al. 2018. Oil content evaluation of lacustrine organic-rich shale with strong heterogeneity: a case study of the middle permian lucaogou formation in jimusaer sag, junggar basin, NW China[J]. Fuel, 221: 196-205.

Huang H, Babadagli T, Li H, et al. 2020. A visual experimental study on proppants transport in rough vertical fractures[J]. International Journal of Rock Mechanics and Mining Sciences, 134: 104446.

Jaroniec M. 1995. Evaluation of the fractal dimension from a single adsorption isotherm[J]. Langmuir, 11(6): 2316-2317.

Jarvie D M. 2012. Shale resource systems for oil and gas: part 2–shale-oil resource systems[J]. AAPG Memoir, 97: 89-119.

Jarvie D M, Hill R J, Ruble T E, et al. 2007. Unconventional shale-gas systems: the mississippian barnett shale of north-central texas as one model for thermogenic shale-gas assessment[J]. AAPG Bulletin, 91(4): 475-499.

Jiang Z, Qiu L, Chen G. 2009. Alkaline diagenesis and its genetic mechanism in the Triassic coal measure strata in the Western Sichuan Foreland Basin, China[J]. Petroleum Science, 6(4): 354-365.

Jin X C, Shan S N, Roegiers J C, et al. 2015. An integrated petrophysics and geomechanics approach for fracability evaluation in shale reservoirs[J]. SPE Journal, 20(3): 518-526.

Katz B J，Arango I. 2018. Organic porosity：a geochemist's view of the current state of understanding [J]. Organic Geochemistry, 123: 1-16.

Kinkel H, Baumann K H, Čepek M. 2000. Coccolithophores in the equatorial Atlantic Ocean: response to seasonal and Late Quaternary surface water variability[J]. Marine Micropaleontology, 39(1-4): 87-112.

Ko L T, Loucks R G, Milliken K L, et al. 2017. Controls on pore types and pore-size distribution in the Upper Triassic Yanchang Formation，Ordos Basin，China：implications for pore-evolution models of lacustrine mudrocks [J]. Interpretation, 5(2): SF127-SF148.

Lai J, Wang G, Wang Z, et al. 2018. A review on pore structure characterization in tight sandstones[J]. Earth-Science Reviews, 177: 436-457.

Lei G, Liao Q Z, Patil S. 2021. A new mechanistic model for conductivity of hydraulic fractures with proppants embedment and compaction[J]. Journal of Hydrology, 601: 126606.

Li A, Ding W, He J, et al. 2016. Investigation of pore structure and fractal characteristics of organic-rich shale reservoirs: a case study of Lower Cambrian Qiongzhusi formation in Malong block of eastern Yunnan Province, South China[J]. Marine and Petroleum Geology, 70: 46-57.

Li C, Tan M, Wang Z, et al. 2023. Nuclear magnetic resonance pore radius transformation method and fluid mobility characterization of shale oil reservoirs[J]. Geoenergy Science and Engineering, 221: 211403.

Li J, Lu S, Jiang C, et al. 2019. Characterization of shale pore size distribution by NMR considering the influence of shale skeleton signals[J]. Energy and Fuels, 33(7): 6361-6372.

Licitra D, Vittore F, Quiroga J R, et al. 2015. Sweet spots in Vaca Muerte: Integration of subsurface and production data in Loma Campana shale development, Argentina[C]. San Antonio: SPE/AAPG/SEG Unconventional Resources Technology Conference.

Liu W, Ye L, Wang Z, et al. 2019. Formation mechanism of organic-rich source rocks in Bozhong sub-basin, Bohai Bay basin, China[J]. Arabian Journal of Geosciences, 12(16): 504.

Löhr S C, Baruch E T, Hall P A, et al. 2015. Is organic pore development in gas shales influenced by the primary porosity and structure of thermally immature organic matter?[J]. Organic Geochemistry, 87: 119-132.

Loucks G R, Ruppel C S. 2007. Mississippian Barnett Shale: lithofacies and depositional setting of a deep-water shale-gas succession in the Fort Worth Basin, Texas[J]. AAPG Bulletin, 91(4): 579-601.

Loucks R G, Reed R M, Ruppel S C, et al. 2009. Morphology, genesis, and distribution of nanometer-scale pores in siliceous mudstones of the Mississippian Barnett Shale[J]. Journal of Sedimentary Research, 79(12): 848-861.

Loucks R G, Reed R M, Ruppel S C, et al. 2012. Spectrum of pore types and networks in mudrocks and a descriptive classification for matrix-related mudrock pores [J]. AAPG Bulletin, 96(6): 1071-1098.

Ma L, Dowey P, Fauchille A L, et al. 2017. Correlative multi-scale 3D imaging of shales: an example from the Haynesville-Bossier Shale, southeast USA[J]. Geophysical Research Abstracts, 19: 2017-3809.

Macquaker J H S, Taylor K G, Keller M, et al. 2014. Compositional controls on early diagenetic pathways in fine-grained sedimentary rocks: implications for predicting unconventional reservoir attributes of mudstones [J]. AAPG Bulletin, 98: 587-603.

Maex K, Baklanov M R, Shamiryan D, et al. 2003. Low dielectric constant materials for microelectronics[J]. Journal of Applied Physics, 93(11): 8793-8841.

Mao Z, Xiao L, Wang Z, et al. 2013. Estimation of permeability by integrating nuclear magnetic resonance (NMR) logs with mercury injection capillary pressure (MICP) data in tight gas sands [J]. Applied Magnetic Resonance, 44: 449-468.

Mares T E, Radliński A P, Moore T A, et al. 2009. Assessing the potential for CO2 adsorption in a subbituminous coal, Huntly Coalfield, New Zealand, using small angle scattering techniques[J]. International Journal of Coal Geology, 77(1): 54-68.

Mastalerz M, Schimmelmann A, Drobniak A, et al. 2013. Porosity of devonian and Mississippian New Albany Shale across a maturation gradient: insights from organic petrology, gas adsorption, and mercury intrusion[J]. AAPG Bulletin, 97(10): 1621-1643.

Maulianda B, Prakasan A, Wong R C K, et al. 2019. Integrated approach for fracture characterization of hydraulically stimulated volume in tight gas reservoir[J]. Journal of Petroleum Exploration and Production Technology, 9(4): 2429-2440.

Mcmahon T P, Larson T E, Zhang T, et al. 2024. 美国页岩油气地质特征及勘探开发进展[J]. 石油勘探与开发, 51(4): 807-828.

Melnichenko Y B, Radlinski A P, Mastalerz M, et al. 2009. Characterization of the CO_2 fluid adsorption in coal as a function of pressure using neutron scattering techniques (SANS and USANS)[J]. International Journal of Coal Geology, 77(1): 69-79.

Milliken K L, Olson T. 2017. Silica diagenesis, porosity evolution, and mechanical behavior in siliceous mudstones, Mowry Shale (Cretaceous), Rocky Mountains, U. S. A. [J]. Journal of Sedimentary Research, 87(4): 366-387.

Milliken K L, Rudnicki M, Awwiller D N, et al. 2013. Organic matter-hosted pore system, Marcellus formation (Devonian), Pennsylvania [J]. AAPG Bulletin, 97(2): 177-200.

Mitchell J, Gladden L F, Chandrasekera T C, et al. 2014. Low-field permanent magnets for industrial process and quality control[J]. Progress in Nuclear Magnetic Resonance Spectroscopy, 76: 1-60.

Modica J C, Lapierre G S. 2012. Estimation of kerogen porosity in source rocks as a function of thermal transformation: example from the Mowry Shale in the Powder River Basin of Wyoming[J]. AAPG Bulletin, 96(1):

87-108.

Moore F C, Lobell D B. 2015. Reply to Gonsamo and Chen: yield findings independent of cause of climate trends[J]. Proceedings of the National Academy of Sciences of the United States of America, 112(18): E2267.

Moore W W. 1949. Closure to "Moore on Pile Lengths"[J]. Transactions of the American Society of Civil Engineers, 114(1): 385-393.

Morad S, Ketzer J M, Ros L F D. 2000. Spatial and temporal distribution of diagenetic alterations in siliciclastic rocks: implications for mass transfer in sedimentary basins[J]. Sedimentology, 47: 95-120.

Mullen J. 2010. Petrophysical characterization of the eagle ford shale in south texas[J]. Canadian Unconventional Resources and International Petroleum Conference, 145: 19-21.

Müller P J, Suess E. 1979. Productivity, sedimentation rate, and sedimentary organic matter in the oceans—I. Organic carbon preservation[J]. Deep Sea Research Part A. Oceanographic Research Papers, 26(12): 1347-1362.

Murphy L S, Haugen E M. 1985. The distribution and abundance of phototrophic ultraplankton in the North Atlantic1, 2[J]. Limnology and Oceanography, 30(1): 47-58.

Neimark A V, Lin Y, Ravikovitch P I, et al. 2009. Quenched solid density functional theory and pore size analysis of micro-mesoporous carbons[J]. Carbon, 47(7): 1617-1628.

Nelson R A. 2001. Geologic Analysis of Naturally Fractured Reservoirs[M]. Oxfold: Gulf Professional Publishing.

Ning C, Ma Z, Jiang Z, et al. 2020. Effect of shale reservoir characteristics on shale oil movability in the lower third member of the Shahejie Formation, Zhanhua Sag[J]. Acta Geologica Sinica English Edition, 94(2): 352-363.

Pan X, Wang Z, Li Q, et al. 2020. Sedimentary environments and mechanism of organic matter enrichment of dark shales with low TOC in the Mesoproterozoic Cuizhuang Formation of the Ordos Basin: evidence from petrology, organic geochemistry, and major and trace elements[J]. Marine and Petroleum Geology, 122: 104695.

Parrish J T. 1982. Upwelling and Petroleum Source Beds, with Reference to Paleozoic[J]. AAPG Bulletin, 66(6): 750-774.

Paxton S, Szabo J O, Ajdukiewicz J, et al. 2002. Construction of an intergranular volume compaction curve for evaluating and predicting compaction and porosity loss in rigid-grain sandstone reservoirs[J]. AAPG Bulletin, 86(12): 2047-2067.

Pedersen T F, Calvert S E. 1990. Anoxia vs. productivity: what controls the formation of organic-carbon-rich sediments and sedimentary rocks?[J]. AAPG Bulletin, 74(4): 454-466.

Peltonen C, Marcussen Ø, Bjørlykke K, et al. 2009. Clay mineral diagenesis and quartz cementation in mudstones: the effects of smectite to illite reaction on rock properties[J]. Marine and Petroleum Geology, 26: 887-898.

Peng R, Yang Y, Ju Y, et al. 2011. Computation of fractal dimension of rock pores based on gray CT images[J]. Chinese Science Bulletin, 56(31): 3346.

Pfeirper P, Avnir D. 1983. Chemistry non-integral dimensions between two and three[J]. The Journal of Chemical Physics, 79(7): 3369-3558.

Philip J R. 1957. The Theory of Infiltration: 4. Sorptivity and algebraic infiltration equations[J]. Soil Science, 84(3): 257-264.

Pommer M, Milliken K L. 2015. Pore types and pore-size distributions across thermal maturity, Eagle Ford Formation, southern Texas[J]. AAPG Bulletin, 99: 1713-1744.

Radlinski A P, Mastalerz M, Hinde A L, et al. 2004. Application of SAXS and SANS in evaluation of porosity, pore size distribution and surface area of coal[J]. International Journal of Coal Geology, 59(3): 245-271.

Ragueneau O, Tréguer P, Leynaert A, et al. 2000. A review of the Si cycle in the modern ocean: recent progress and missing gaps in the application of biogenic opal as a paleoproductivity proxy[J]. Global and Planetary Change, 26(4): 317-365.

Ravikovitch P I, Neimark A V. 2006. Density functional theory model of adsorption on amorphous and microporous solids[J]. Langmuir, 22(26): 11171-11179.

Ravikovitch P I, Neimark A V. 2007. Density functional theory model of adsorption on amorphous and microporous solids[J] Studies in Surface Science and Catalysis, 160(7): 9-16.

Reed R M, Loucks R G. 2007. Imaging nanoscale pores in the Mississippian Barnett Shale of the northern Fort Worth Basin[J]. AAPG Annual Convention Abstracts, 16: 115.

Ross D J K, Bustin M R. 2009. The importance of shale composition and pore structure upon gas storage potential of shale gas reservoirs[J]. Marine and Petroleum Geology, 26(6): 916-927.

Rouquerol J, Avnir D, Everett D H, et al. 1994. Guidelines for the Characterization of Porous Solids[J] Studies in Surface Science and Catalysis, 87: 1-9.

Sakurovs R, Radliński A P, Melnichenko Y B, et al. 2009. Stability of the bituminous coal microstructure upon exposure to high pressures of helium[J]. Energy and Fuels, 23(10): 5022-5026.

Schoepfer S D, Shen J, Wei H, et al. 2015. Total organic carbon, organic phosphorus, and biogenic barium fluxes as proxies for paleomarine productivity[J]. Earth-Science Reviews, 149: 23-52.

Shao D Y, Zhang T W, Ko L T, et al. 2020. Experimental investigation of oil generation, retention, and expulsion within Type II kerogen-dominated marine shales: insights from gold-tube nonhydrous pyrolysis of Barnett and Woodford Shales using miniature core plugs [J]. International Journal of Coal Geology, 217: 103337.

Slatt R M, O'Brien N R. 2011. Poretypes in the Barnett and Woodford gas shales: contribution to understanding gas storage and migration pathways in fine grained rocks[J]. AAPG Bulletin, 95(12): 2017-2030.

Sondergeld C H, Ambrose R J, Rai C S, et al. 2010. Micro-Structural Studies of Gas Shales[C]//SPE Unconventional Gas Conference.

Song M, Liu H, Wang Y, et al. 2020. Enrichment rules and exploration practices of Paleogene shale oil in Jiyang Depression, Bohai Bay Basin, China[J]. Petroleum Exploration and Development, 47(2): 242-253.

Song X, Guo Y, Zhang J, et al. 2019. Fracturing with carbon dioxide: from microscopic mechanism to reservoir application[J]. Joule, 3(8): 1913-1926.

Su S, Jiang Z, Shan X, et al. 2018. The wettability of shale by NMR measurements and its controlling factors[J]. Journal of Petroleum Science and Engineering, 169: 309-316.

Sun M, Yu B, Hu Q, et al. 2017. Pore characteristics of Longmaxi shale gas reservoir in the Northwest of Guizhou, China: investigations using small-angle neutron scattering(SANS), helium pycnometry, and gas sorption isotherm[J]. International Journal of Coal Geology, 171: 61-68.

Sun S, Zhang B, Wang X, et al. 2024. High-resolution geochemistry in the Lucaogou Formation, Junggar Basin: climate fluctuation and organic matter enrichment[J]. Marine and Petroleum Geology, 162: 106734.

Szczerba M, McCarty D K, Derkowski A, et al. 2020. Molecular dynamics simulations of interactions of organic molecules found in oil with smectite: influence of brine chemistry on oil recovery[J]. Journal of Petroleum Science and Engineering, 191: 107148.

Tang L, Song Y, Pang X, et al. 2020. Effects of paleo sedimentary environment in saline lacustrine basin on organic matter accumulation and preservation: a case study from the dongpu depression, bohai bay basin, China[J]. Journal of Petroleum Science and Engineering, 185: 106669.

Tian H, Pan L, Xiao X M, et al. 2013. A preliminary study on the pore characterization of lower Silurian black shales in the Chuandong thrust fold belt, southwestern China using low pressure N2 adsorption and FE-SEM methods[J]. Marine and Petroleum Geology, 48: 8-19.

Tissot B P. 1984. Recent advances in petroleum geochemistry applied to hydrocarbon exploration[J]. AAPG Bulletin, 68(5): 545-563.

Tissot B P, Welte D H. 1984. Petroleum Formation and Occurrence[M]. New York: Springer-Verlag.

Trabucho-Alexandre J, et al. 2012. Toarcian black shales in the dutch central graben: record of energetic, variable depositional conditions during an oceanic anoxic event[J]. Journal of Sedimentary Research, 82(2): 104-120.

Tyson R V, Pearson T H. 1991. Modern and ancient continental shelf anoxia: an overview[J]. Geological Society, 58(1): 1-24.

Van Graas G W. 1990. Biomarker maturity parameters for high maturities: calibration of the working range up to the oil/condensate threshold[J]. Organic Geochemistry, 16(4-6): 1025-1032.

Wan T, Sheng J J. 2015. Evaluation of the EOR potential in hydraulically fractured shale oil reservoirs by cyclic gas injection[J]. Petroleum Science and Technology, 33 (7): 812-818.

Wang M, Yang J, Wang Z, et al. 2015. Nanometer-scale pore characteristics of lacustrine shale, Songliao Basin, NE China[J]. PLoS One, 10(8): 1-18.

Wang Y, Cheng H, Hu Q, et al. 2021. Diagenesis and pore evolution for various lithofacies of the Wufeng-Longmaxi shale, southern Sichuan Basin, China[J]. Marine and Petroleum Geology, 133: 105251.

Washburn K E, Birdwell J E. 2013. Updated methodology for nuclear magnetic resonance characterization of shales[J]. Journal of Magnetic Resonance, 233: 17-28.

Wei W, Algeo T J. 2020. Elemental proxies for paleosalinity analysis of ancient shales and mudrocks[J]. Geochimica et Cosmochimica Acta, 287: 341-366.

Wu Z, Grohmann S, Littke R, et al. 2022. Organic petrologic and geochemical characterization of petroleum source rocks in the Middle Jurassic Dameigou Formation, Qaidam Basin, northwestern China: insights into paleo-depositional environment and organic matter accumulation[J]. International Journal of Coal Geology, 259: 104038.

Xu H, Tang D, Zhao J, et al. 2015. A precise measurement method for shale porosity with low-field nuclear magnetic resonance: a case study of the Carboniferous–Permian strata in the Linxing area, eastern Ordos Basin, China[J]. Fuel, 143: 47-54.

Xu L, Huang S, Wang Y, et al. 2023. Palaeoenvironment evolution and organic matter enrichment mechanisms of the Wufeng-Longmaxi shales of Yuanán block in western Hubei, middle Yangtze: implications for shale gas accumulation potential[J]. Marine and Petroleum Geology, 152: 106242.

Xu Y, Lun Z, Pan Z, et al. 2022. Occurrence space and state of shale oil: a review[J]. Journal of Petroleum Science and Engineering, 211: 110183.

Xue P M, Mei Q Z, Pu Z, et al. 2017. Temporal and spatial distribution of the late devonian (famennian) strata in the northwestern border of the Junggar Basin, Xinjiang, Northwestern China[J]. Acta Geologica Sinica(English Edition), 91(4): 1413-1437.

Xue Z, Jiang Z, Wang X, et al. 2022. Genetic mechanism of low resistivity in high-mature marine shale: insights from the study on pore structure and organic matter graphitization[J]. Marine and Petroleum Geology, 144: 105825.

US Energy Information Administration. 2024. Drilling Productivity Report [R]. Washington D C: EIA.

Yang F, Xu S. 2024. Sedimentation and Reservoirs of Marine Shale in South China [M]. Singapore: Springer Press.

Yang F, Ning Z F, Zhang R, et al. 2015. Investigations on the methane sorption capacity of marine shales from Sichuan Basin, China [J]. International Journal of Coal Geology, 146: 104-117.

Yang F, Nie S J, Jiang S, et al. 2024. Occurrence characteristics of mobile hydrocarbons in lacustrine shales: insights from solvent extraction and petrophysical characterization[J]. Energy and Fuels, 38(1): 374-386.

Yang R, Hu Q, He S, et al. 2019. Wettability and connectivity of overmature shales in the Fuling gas field, Sichuan Basin (China)[J]. AAPG Bulletin, 103(3): 653-689.

Yang R, Li Y, He F, et al. 2024. Analysing of palaeoenvironment and organic matter enrichment: a case study from the Triassic Yanchang Formation in the southern Ordos Basin, China[J]. Geological Journal, 59(2): 732-745.

Yang S, Gao G, Liu Y, et al. 2020. Organic geochemistry and petrographic characteristics of the shales from the Late Miocene Zeit Formation in the Tokar area, Red Sea Basin: implications for depositional environment and hydrocarbon potential[J]. Journal of Petroleum Science and Engineering, 195: 107757.

Yao Y, Liu D, Che Y, et al. 2010. Petrophysical characterization of coals by low-field nuclear magnetic resonance (NMR)[J]. Fuel, 89(7): 1371-1380.

Yu L D, Peng J, Xu T Y, et al. 2024. Analysis of organic matter enrichment and influences in fine-grained sedimentary strata in saline lacustrine basins of continental fault depressions: case study of the upper sub-segment of the upper 4th member of the Shahejie Formation in the Dongying Depression[J]. Acta Sedimentologica Sinica, 42(2): 701-722.

Zargari S, Canter K L, Prasad M. 2015. Porosity evolution in oil-prone source rocks[J]. Fuel, 153: 110-117.

Zeng W, Wang B, Chen X, et al. 2024. Geochemical characteristics and formation mechanism of organic-rich source rocks of mixed sedimentary strata in continental saline lacustrine basin: a case study of Permian Pingdiquan formation in the Shishugou Sag, Junggar Basin, Northwest China[J]. International Journal of Coal Geology, 287: 104508.

Zhang C, Jiang F, Hu T, et al. 2023. Oil occurrence state and quantity in alkaline lacustrine shale using a high-frequency NMR technique[J]. Marine and Petroleum Geology, 154: 106302.

Zhang L, Xiao D, Lu Shuangfang, et al. 2019. Effect of sedimentary environment on the formation of organic-rich marine shale: insights from major/trace elements and shale composition[J]. International Journal of Coal Geology, 204: 34-50.

Zhang P, Lu S, Li J, et al. 2018. Petrophysical characterization of oil-bearing shales by low-field nuclear magnetic resonance (NMR)[J]. Marine and Petroleum Geology, 89: 775-785.

Zhang P, Lu S, Li J, et al. 2022. Evaluating microdistribution of adsorbed and free oil in a lacustrine shale using nuclear magnetic resonance: a theoretical and experimental study[J]. Journal of Petroleum Science and Engineering, 212: 110208.

Zhang W, Yang W, Xie L. 2017. Controls on organic matter accumulation in the Triassic Chang 7 lacustrine shale of the Ordos Basin, central China[J]. International Journal of Coal Geology, 183: 38-51.

Zhao J H, Jin Z J, Jin Z K, et al. 2017. Mineral types and organic matters of the Ordovician-Silurian Wufeng and Longmaxi Shale in the Sichuan Basin，China: implications for pore systems, diagenetic pathways, and reservoir quality in fine-grained sedimentary rocks [J]. Marine and Petroleum Geology, 86: 655-674.

Zheng H, Yang F, Guo Q, et al. 2022. Multi-scale pore structure, pore network and pore connectivity of tight shale oil reservoir from Triassic Yanchang Formation, Ordos Basin[J]. Journal of Petroleum Science and Engineering, 212: 110283.

Zheng T, Zieger L, Baniasad A, et al. 2022. The Shahejie Formation in the Dongpu Depression, Bohai Bay Basin, China: geochemical investigation of the origin, deposition and preservation of organic matter in a saline lacustrine environment during the Middle Eocene[J]. International Journal of Coal Geology, 253: 103967.

Zheng X, Schwark L, Stockhausen M, et al. 2023. Effects of synthetic maturation on phenanthrenes and dibenzothiophenes over a maturity range of 0.6 to 4.7% EASY%Ro[J]. Marine and Petroleum Geology, 153: 106285.

Zhou L, Chen C, Yang F, et al. 2020. Micropore structure characteristics and quantitative characterization methods of lacustrine shale-A case study from the member 2 of Kongdian Formation, Cangdong sag, Bohai Bay Basin[J]. Petroleum Research, 5(2): 93-102.

Zhu H, Ju Y, Qi Y, et al. 2018. Impact of tectonism on pore type and pore structure evolution in organic-rich shale: implications for gas storage and migration pathways in naturally deformed rocks[J]. Fuel, 228: 272-289.

Zou C, Zhu R, Chen Z, et al. 2019. Organic-matter-rich shales of China[J]. Earth-Science Reviews, 189: 51-78.